工科の数学

応用解析

田代嘉宏 著

森北出版株式会社

まえがき

最近の講義の実態に伴う要望に従って，本書は応用解析の主要部分を幅広くしかも簡潔に習得できるよう編集している．各章は基礎的な事項と次の項目を主な目標にまとめている．

第１章　ラプラス変換　微分方程式の解法

第２章　フーリエ級数　２階偏微分方程式の解法

第３章　複素関数　　　複素積分と実積分への応用

第４章　ベクトル解析　微分公式とストークス・ガウスの積分定理

各章はほぼ個別に講義し学習できるよう構成している．いくつかの章に共通に参考となる公式とグリーンの定理を付録に述べている．また，やや進んだ内容の節や項目には＊印を付けている．必要や進度に応じて省略または自習に任せてもよいであろう．

これらは応用数学の重要な分野であり，歴史的な背景と興味深い展開があるが，限られた講義という制約のもとでは割愛せざるを得なかった．もし不明な点あるいはさらに関心を持たれるならば，森北出版刊行の拙著「応用数学要論シリーズ」の各巻また他の成書を参照されたい．

2002 年３月

田代嘉宏

目　　次

第 1 章

ラプラス変換

§ 1.　ラプラス変換

ラプラス変換　関数 $f(t)$ が変数 t の区間 $[0,\infty)$ で定義されているとする．s を t に無関係な実数または複素数として，無限積分

$$\int_0^\infty e^{-st}f(t)dt = \lim_{T\to\infty}\int_0^T e^{-st}f(t)dt$$

が収束するとき，この値は s の関数と考えられる．この関数を $F(s)$ または記号 $\mathcal{L}[f(t)]$，簡単に $\mathcal{L}[f]$，で表し

$$F(s) = \mathcal{L}[f(t)] = \int_0^\infty e^{-st}f(t)dt$$

と書く．これを関数 $f(t)$ の**ラプラス変換**または**ラプラス積分**という．$F(s) = \mathcal{L}[f]$ を $f(t)$ の **像関数**といい，それに対して $f(t)$ を**原関数**という．

指数関数 e^x の指数部分 x が複雑なとき，$\exp x$ と書く．たとえば

$$e^{-\frac{st}{\lambda}} = \exp\left(-\frac{st}{\lambda}\right)$$

である．今後，被積分関数の中に数個の変数が入ってくることが多い．どの変数について積分しているか注意しなければならない．

一般に，点 c における関数 $f(t)$ の左側極限値および右側極限値をそれぞれ

$$f(c-0) = \lim_{h\to-0} f(c+h), \quad f(c+0) = \lim_{h\to+0} f(c+h)$$

で表す．関数 $f(t)$ が c で連続であるというのは，$f(c)$ が定義されていて，かつ左右両側の極限値がそれに等しい場合である．

区間 $[a,b]$ で定義された関数 $f(t)$ が，有限個の点を除いては連続であり，不連続な点では左側および右側極限値が存在するとき，$f(t)$ は区間 $[a,b]$ で**区分的に連続**であるという (図 1.1)．無限の区間 $[a,\infty)$ で定義された関数 $f(t)$ については，任意の有限区間 $[a,b]$ で区分的に連続であるとき， $f(t)$ は $[a,\infty)$ で**区分的に連続**であるという．応用上，区分的に連続な関数だけ考えれ

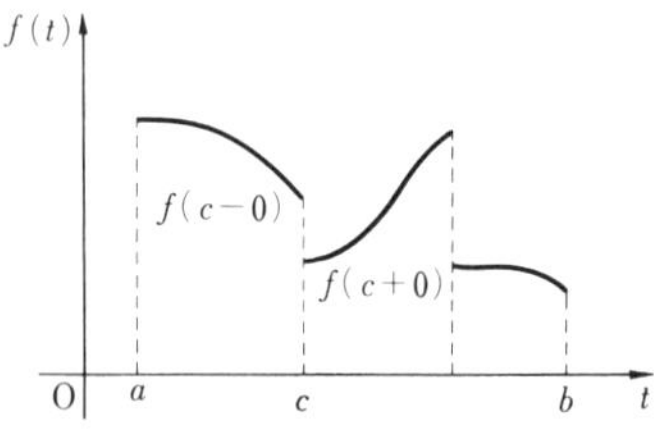

図 1.1

ば十分であるから，このような関数だけを考える．また変数 s は主として実数の範囲で考えていく．

ラプラス変換の積分の区間が $[0, \infty)$ であるから，普通それ以外の区間でも定義されている関数，たとえば t, e^t, $\sin t$ などについても，ラプラス変換を考える場合には区間 $(-\infty, 0)$ では $f(t) = 0$ であると考える．

単位関数　λ を正の定数として

$$U(t-\lambda) = \begin{cases} 0 & (t < \lambda) \\ \dfrac{1}{2} & (t = \lambda) \\ 1 & (t > \lambda) \end{cases}$$

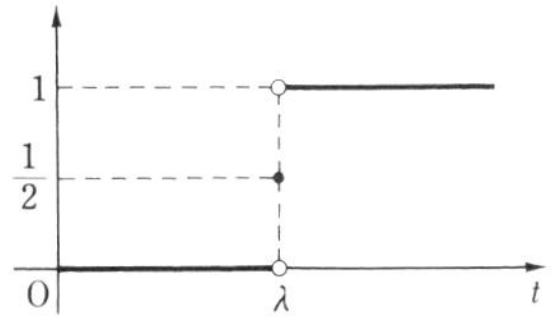

図 **1.2**

で定義される関数 $U(t-\lambda)$ をヘヴィサイドの**単位関数**といい (図 1.2)，ラプラス変換の理論では重要である．単位関数は $H_\lambda(t)$ で表されることも多い．

ガンマ関数

(*1*)
$$\Gamma(s) = \int_0^\infty e^{-t} t^{s-1} dt$$

で定義される関数 $\Gamma(s)$ を**ガンマ関数**という．この積分は $s > 0$ で収束する．

(*2*)
$$\Gamma(1) = 1, \quad \Gamma\left(\frac{1}{2}\right) = \sqrt{\pi}$$

であり，

$$\Gamma(s+1) = s\Gamma(s)$$

が成り立つ．とくに自然数 n について

(*3*)
$$\Gamma(n) = (n-1)!$$

主要な関数のラプラス変換　λ は実数の定数とする．右の [　] の中はラプラス変換が収束する s の範囲を示す．

1.　定数関数　$f(t) = 1 \quad (t \geqq 0)$

$$\mathcal{L}[1] = \frac{1}{s} \quad [s > 0]$$

証明　区間 $[0, T]$ での積分は

$$\int_0^T e^{-st} \cdot 1\,dt = \left[\frac{-1}{s} e^{-st}\right]_0^T = \frac{1}{s}(1 - e^{-sT}) \quad (s \neq 0)$$

この式で $T \to \infty$ とするとき，$s > 0$ ならば $e^{-sT} \to 0$, $s < 0$ ならば $e^{-sT} \to \infty$ となる．ゆえに $s > 0$ のときそしてそのときに限ってラプラス積分は収束し

$$F(s) = \mathcal{L}[1] = \frac{1}{s}$$

2.　単位関数　$U(t-\lambda)$　$(\lambda > 0)$

$$\mathcal{L}[U(t-\lambda)] = \frac{e^{-s\lambda}}{s} \quad [s > 0]$$

証明　$t < \lambda$ に対して $U(t-\lambda) = 0$ であるから

$$\mathcal{L}[U(t-\lambda)] = \int_0^{\infty} e^{-st}U(t-\lambda)dt = \int_{\lambda}^{\infty} e^{-st}dt$$

変数変換 $\tau = t - \lambda$ を行えば $d\tau = dt$ であり，$s > 0$ のとき

$$\begin{aligned}\mathcal{L}[U(t-\lambda)] &= \int_0^{\infty} e^{-s(\tau+\lambda)}d\tau = e^{-s\lambda}\int_0^{\infty} e^{-s\tau}d\tau \\ &= e^{-s\lambda}\mathcal{L}[1] = \frac{e^{-s\lambda}}{s}\end{aligned}$$

3.　$\boldsymbol{t^{\lambda}}$　$(\lambda > -1)$

$$\mathcal{L}[t^{\lambda}] = \frac{\Gamma(\lambda+1)}{s^{\lambda+1}} \quad [s > 0]$$

とくに λ が自然数 n または $-\dfrac{1}{2}$ のとき

$$\mathcal{L}[t^n] = \frac{n!}{s^{n+1}}, \quad \mathcal{L}\left[\frac{1}{\sqrt{t}}\right] = \frac{\sqrt{\pi}}{\sqrt{s}} \quad [s > 0]$$

証明　ガンマ関数の定義式 (*1*) で，$s = \lambda + 1$ とすると

$$\Gamma(\lambda+1) = \int_0^{\infty} e^{-t}t^{\lambda}dt$$

である．この積分は $s > 0$ すなわち $\lambda > -1$ のとき収束する．変数変換 $t = s\tau$ $(s > 0)$ をすると

$$\Gamma(\lambda+1) = \int_0^{\infty} e^{-s\tau}s^{\lambda}\tau^{\lambda}s\,d\tau = s^{\lambda+1}\int_0^{\infty} e^{-s\tau}\tau^{\lambda}d\tau$$

となる．最後の積分は $\mathcal{L}[t^{\lambda}]$ と同じである．

λ が自然数 n または $-\dfrac{1}{2}$ のときは，ガンマ関数の性質 (*2*), (*3*) による．

4.　$e^{\lambda t}$

$$\mathcal{L}[e^{\lambda t}] = \frac{1}{s-\lambda} \quad [s > \lambda]$$

証明

$$\mathcal{L}[e^{\lambda t}] = \int_0^\infty e^{-st} e^{\lambda t} dt = \int_0^\infty e^{-(s-\lambda)t} dt$$

この積分は **1.** のラプラス積分で s の代わりに $s-\lambda$ と考えて，$s > \lambda$ のとき収束し

$$\mathcal{L}[e^{\lambda t}] = \frac{1}{s-\lambda}$$

5.　双曲線関数

$$\mathcal{L}[\sinh \lambda t] = \frac{\lambda}{s^2-\lambda^2}, \quad \mathcal{L}[\cosh \lambda t] = \frac{s}{s^2-\lambda^2} \quad [s > |\lambda|]$$

証明　$$\mathcal{L}[\sinh \lambda t] = \frac{1}{2} \int_0^\infty e^{-st}(e^{\lambda t} - e^{-\lambda t}) dt = \frac{1}{2} \int_0^\infty \{e^{-(s-\lambda)t} - e^{-s(t+\lambda)t}\} dt$$

4. の場合と同じように，この積分は $s > \lambda$ かつ $s > -\lambda$，すなわち $s > |\lambda|$ のとき収束し，

$$\mathcal{L}[\sinh \lambda t] = \frac{1}{2}\left(\frac{1}{s-\lambda} - \frac{1}{s+\lambda}\right) = \frac{\lambda}{s^2-\lambda^2}$$

同様に

$$\mathcal{L}[\cosh \lambda t] = \frac{1}{2}\left(\frac{1}{s-\lambda} + \frac{1}{s+\lambda}\right) = \frac{s}{s^2-\lambda^2}$$

終

6.　三角関数

$$\mathcal{L}[\sin \lambda t] = \frac{\lambda}{s^2+\lambda^2}, \quad \mathcal{L}[\cos \lambda t] = \frac{s}{s^2+\lambda^2} \quad [s > 0]$$

証明

$$I_s = \int e^{-st} \sin \lambda t dt, \quad I_c = \int e^{-st} \cos \lambda t dt$$

とおいて，これらの不定積分を求める．部分積分法により

$$I_s = -\frac{1}{\lambda} e^{-st} \cos \lambda t - \frac{s}{\lambda} \int e^{-st} \cos \lambda t dt = -\frac{1}{\lambda} e^{-st} \cos \lambda t - \frac{s}{\lambda} I_c$$

$$I_c = \frac{1}{\lambda} e^{-st} \sin \lambda t + \frac{s}{\lambda} \int e^{-st} \sin \lambda t dt = \frac{1}{\lambda} e^{-st} \sin \lambda t + \frac{s}{\lambda} I_s$$

となる．これらを I_s と I_c について解くと

$$I_s = \frac{-e^{-st}}{s^2+\lambda^2} (\lambda \cos \lambda t + s \sin \lambda t)$$

$$I_c = \frac{e^{-st}}{s^2+\lambda^2}(\lambda \sin \lambda t - s\cos \lambda t)$$

を得る．$|\sin \lambda t| \leqq 1$，$|\cos \lambda t| \leqq 1$ であり，また $s > 0$ のとき $e^{-st} \to 0\ (t \to \infty)$ であるから，

$$I_s \to 0\ (t \to \infty), \quad I_c \to 0\ (t \to \infty)$$

$$\mathcal{L}[\sin \lambda t] = \lim_{t\to\infty}\Big[I_s\Big]_0^t = \frac{\lambda}{s^2+\lambda^2}$$

$$\mathcal{L}[\cos \lambda t] = \lim_{t\to\infty}\Big[I_c\Big]_0^t = \frac{s}{s^2+\lambda^2}$$

終

以上のように，ラプラス変換は s の値によって収束したり，しなかったりする．それについて次の定理が知られている．

> **[1.1]**　関数 $f(t)$ のラプラス変換 $\mathcal{L}[f] = F(s)$ が $s = s_0$ に対して存在すれば，$s > s_0$ である任意の s に対して存在する．

この定理によって，$\mathcal{L}[f]$ が $s > \alpha$ では存在し，$s < \alpha$ では存在しないような実数値 α が定まる．$\mathcal{L}[f]$ が s のすべての値に対して収束する場合もあり，また s のどんな値に対しても収束しない場合もある．ラプラス変換を用いるためには，それが収束しなければならないが，以下では収束範囲をいちいち述べない．

問題 1.1　次の関数のラプラス変換を求めよ．

(1)　$2t-3$　　(2)　t^2　　(3)　$\sqrt{t}$

問題 1.2　次の関数 $f(t)$ のラプラス変換を求めよ．

$$f(t) = 0\ (0 \leqq t < a), \quad f(t) = 1\ (a \leqq t \leqq b), \quad f(t) = 0\ (t > b)$$

デルタ関数　実数の全区間で定義され，$t \neq 0$ に対しては常に $\delta(t) = 0$ であり，また 0 を含むある区間で連続な任意の関数 $\varphi(t)$ に対して

$$\int_{-\infty}^{\infty} \delta(t)\varphi(t)dt = \varphi(0) \tag{4}$$

であるような関数 $\delta(t)$ を**デルタ関数**または**衝撃関数**という．

とくに $\varphi(t) = 1$ とするとき

$$\int_{-\infty}^{\infty}\delta(t)\varphi(t)dt=\varphi(0)=1$$

である．デルタ関数 $\delta(t)$ が $t=0$ でも有限な値をとっているものとすれば，この積分の値は 0 となるから，$\delta(t)$ は $t=0$ では無限大の値をとるものと考えなければならない (図 1.3)．このような性質をもつデルタ関数は普通の関数の概念とは異なるものであり，数学的には超関数と呼ばれる概念で特徴づけられるが，物理学・力学・工学などで有効に用いられている．

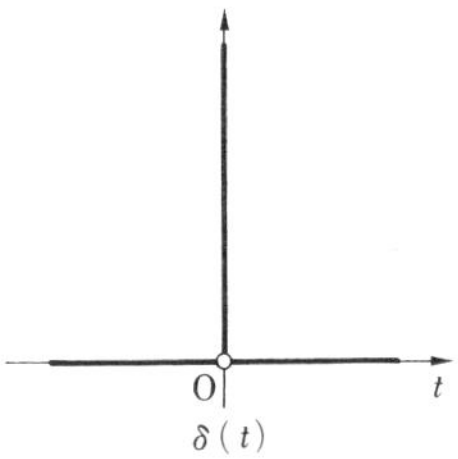

図 1.3

デルタ関数のラプラス変換は，$\delta(t)=0\ (t<0)$ に注意して

$$\mathcal{L}[\delta(t)]=\int_{0}^{\infty}e^{-st}\delta(t)dt=\int_{-\infty}^{\infty}e^{-st}\delta(t)dt=e^{0}=1$$

であるから，

$$\mathcal{L}[\delta(t)]=1$$

である．$\delta(t-\lambda)$ は $t=\lambda$ において上の性質をもつ関数であるから，

$$\mathcal{L}[\delta(t-\lambda)]=\int_{-\infty}^{\infty}e^{-st}\delta(t-\lambda)dt=e^{-\lambda s}$$

である．

§ 2.　ラプラス変換の基本法則

各種の関数のラプラス変換は，直接定義に基づいて，あるいは本節で述べる基本法則によって求められる．主な関数のラプラス変換表を 10 ページに，基本法則を 11 ページにまとめておく．ラプラス逆変換については次節で述べる．

基本法則について順に説明と証明し，その応用例を示そう．

以下 $\mathcal{L}[f(t)]=F(s)$, $\mathcal{L}[g(t)]=G(s)$ とし，a, b, λ, μ は定数とする．

1.　線形法則　　$\mathcal{L}[af(t)+bg(t)]=aF(s)+bG(s)$

証明　積分の線形性により

$$\mathcal{L}[af(t)+bg(t)]=\int_{0}^{\infty}e^{-st}\{af(t)+bg(t)\}dt$$

$$= a\int_0^\infty e^{-st}f(t)dt + b\int_0^\infty e^{-st}g(t)dt = aF(s) + bG(s)$$ 終

2.　相似法則　$\mathcal{L}[f(\lambda t)] = \dfrac{1}{\lambda}F\left(\dfrac{s}{\lambda}\right)\ (\lambda > 0)$

証明　変数変換 $\lambda t = \tau$ を行えば，$\lambda dt = d\tau$ であるから

$$\begin{aligned}\mathcal{L}[f(\lambda t)] &= \int_0^\infty e^{-st}f(\lambda t)dt = \frac{1}{\lambda}\int_0^\infty \exp\left(-\frac{s}{\lambda}\tau\right)f(\tau)d\tau \\ &= \frac{1}{\lambda}F\left(\frac{s}{\lambda}\right)\end{aligned}$$ 終

［**例題 2.1**］　次の関数のラプラス変換を求めよ．

$at^2 + bt + c$

証明　$\mathcal{L}[t^n] = \dfrac{n!}{s^{n+1}}\ (n = 0, 1, 2, \cdots)$ であるから，線形法則により

$$\mathcal{L}[at^2 + bt + c] = \frac{2a}{s^3} + \frac{b}{s^2} + \frac{c}{s}$$ 終

問題 2.1　次の関数のラプラス変換を求めよ．

(1)　$(t-3)^2$　　(2)　$e^{at} - e^{bt}$　　(3)　$\sin 3t$

(4)　$\sin(\omega t + \theta)$　　(5)　$\sin^2 t$　　(6)　$\cosh \lambda t - \cos \lambda t$

区間 $[0, \infty)$ で定義された関数 $f(t)$ に対して，そのグラフを t 軸の正方向に $\lambda\ (\lambda > 0)$ だけ平行移動し，$0 \leqq t < \lambda$ では恒等的に 0 であるようなグラフは $U(t-\lambda)f(t-\lambda)$ で表される (図 2.1(1))．

$$U(t-\lambda)f(t-\lambda) = \begin{cases} 0 & (0 \leqq t < \lambda) \\ f(t-\lambda) & (\lambda \leqq t) \end{cases}$$

この関数を簡単に $f(t-\lambda)$ で示す．

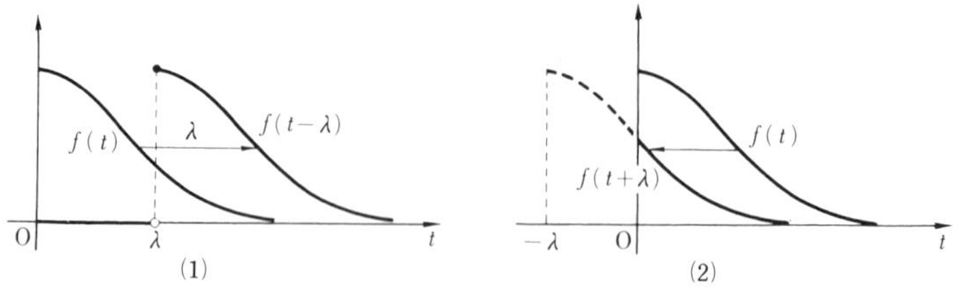

図 **2.1**

またグラフを負の方向に λ だけ平行移動し，$t<0$ に対しては恒等的に 0 であるようなグラフは $U(t)f(t+\lambda)$ で表される (図 2.1(2))．この関数を簡単に $f(t+\lambda)$ で示す．

3.　第 1 移動法則　　$\mathcal{L}[f(t-\lambda)]=e^{-\lambda s}F(s)\quad(\lambda>0)$

証明　区間 $[0,\lambda)$ で $f(t-\lambda)=0$ であることに注意し，つぎに変数変換 $t-\lambda=\tau$ を行うと

$$\begin{aligned}\mathcal{L}[f(t-\lambda)] &= \int_{\lambda}^{\infty} e^{-st}f(t-\lambda)dt = e^{-\lambda s}\int_0^{\infty} e^{-s\tau}f(\tau)d\tau \\ &= e^{-\lambda s}F(s)\end{aligned}$$

終

4.　第 2 移動法則

$$\mathcal{L}[f(t+\lambda)]=e^{\lambda s}\left\{F(s)-\int_0^{\lambda}e^{-st}f(t)dt\right\}\quad(\lambda>0)$$

証明　変数変換 $t+\lambda=\tau$ を行うと

$$\begin{aligned}\mathcal{L}[f(t+\lambda)] &= \int_0^{\infty} e^{-st}f(t+\lambda)dt = e^{\lambda s}\int_{\lambda}^{\infty} e^{-s\tau}f(\tau)d\tau \\ &= e^{\lambda s}\left\{\int_0^{\infty} e^{-s\tau}f(\tau)d\tau - \int_0^{\lambda} e^{-s\tau}f(\tau)d\tau\right\}\end{aligned}$$

終

［**例題 2.2**］　次の関数について $f(t-\lambda)$ と $f(t+\lambda)$ のラプラス変換を求めよ．

(1)　$f(t)=t$　　　(2)　$f(t)=\sin t$

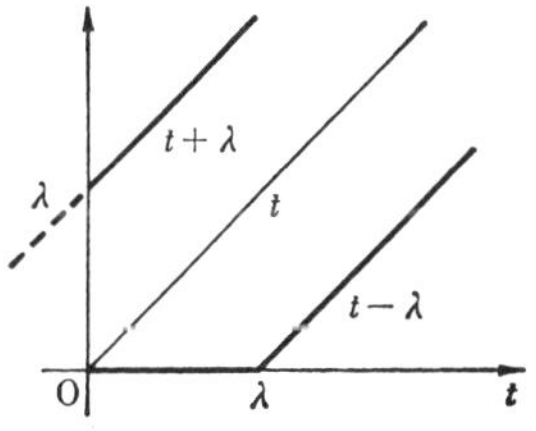

図 **2.2**

解　(1)　$\mathcal{L}[t]=\dfrac{1}{s^2}$ であるから，第 1 移動法則により

$$\mathcal{L}[f(t-\lambda)]=\frac{e^{-\lambda s}}{s^2}$$

第 2 移動法則と部分積分により

$$\begin{aligned}\mathcal{L}[f(t+\lambda)] &= e^{\lambda s}\left(\frac{1}{s^2}-\int_0^{\lambda}e^{-st}t\,dt\right) \\ &= e^{\lambda s}\left(\frac{1}{s^2}-\left[-\frac{1}{s}te^{-st}-\frac{1}{s^2}e^{-st}\right]_0^{\lambda}\right)\end{aligned}$$

I　ラプラス変換表

番号	原関数 $f(t) = \mathcal{L}^{-1}[F]$	像関数 $F(s) = \mathcal{L}[f]$
0	$\delta(t)$	1
1	$U(t-\lambda) \quad (\lambda \geqq 0)$	$\dfrac{e^{-\lambda s}}{s}$
2	t	$\dfrac{1}{s^2}$
3	$t^n \quad (n = 0, 1, 2, \cdots)$	$\dfrac{n\,!}{s^{n+1}}$
	$\dfrac{t^{n-1}}{(n-1)\,!} \quad (n = 1, 2, \cdots)$	$\dfrac{1}{s^n}$
4	$\dfrac{1}{\sqrt{t}}$	$\dfrac{\sqrt{\pi}}{\sqrt{s}}$
5	$t^{\lambda} \quad (\lambda > -1)$	$\dfrac{\Gamma(\lambda+1)}{s^{\lambda+1}}$
	$\dfrac{t^{\lambda-1}}{\Gamma(\lambda)} \quad (\lambda > 0)$	$\dfrac{1}{s^{\lambda}}$
6	$e^{\lambda t}$	$\dfrac{1}{s-\lambda}$
7	$\sinh \lambda t$	$\dfrac{\lambda}{s^2-\lambda^2}$
8	$\cosh \lambda t$	$\dfrac{s}{s^2-\lambda^2}$
9	$\sin \lambda t$	$\dfrac{\lambda}{s^2+\lambda^2}$
10	$\cos \lambda t$	$\dfrac{s}{s^2+\lambda^2}$
11	$e^{\mu t}\{a + (b + \mu a)t\}$	$\dfrac{as+b}{(s-\mu)^2}$
12	$e^{\mu t} \sinh \lambda t$	$\dfrac{\lambda}{(s-\mu)^2-\lambda^2}$
13	$e^{\mu t} \cosh \lambda t$	$\dfrac{s-\mu}{(s-\mu)^2-\lambda^2}$
14	$e^{\mu t} \sin \lambda t$	$\dfrac{\lambda}{(s-\mu)^2+\lambda^2}$
15	$e^{\mu t} \cos \lambda t$	$\dfrac{s-\mu}{(s-\mu)^2+\lambda^2}$

II　ラプラス変換の基本法則

($\lambda > 0$　とする)

番号	法則	$f(t) = \mathcal{L}^{-1}[F]$	$F(s) = \mathcal{L}[f]$
1	線　形	$af(t) + bg(t)$	$aF(s) + bG(s)$
2	相　似	$f(\lambda t)$	$\dfrac{1}{\lambda} F\left(\dfrac{s}{\lambda}\right)$
		$\dfrac{1}{\lambda} f\left(\dfrac{t}{\lambda}\right)$	$F(\lambda s)$
3	第 1 移動	$f(t-\lambda) = f(t-\lambda)U(t-\lambda)$ $= \begin{cases} 0 & (0 \leqq t < \lambda) \\ f(t-\lambda) & (t \geqq \lambda) \end{cases}$	$e^{-\lambda s} F(s)$
4	第 2 移動	$f(t+\lambda)$	$e^{\lambda s} \left\{ F(s) - \displaystyle\int_0^\lambda e^{-st} f(t) dt \right\}$
5	像の移動	$e^{\lambda t} f(t)$	$F(s-\lambda)$
6	微　分	$f'(t)$	$sF(s) - f(+0)$
		$f''(t)$	$s^2 F(s) - f(0)s - f'(0)$
7	像の微分	$-tf(t)$	$F'(s)$
		$t^2 f(t)$	$F''(s)$
8	積　分	$\displaystyle\int_0^t f(\tau) d\tau$	$\dfrac{1}{s} F(s)$
		$\displaystyle\int_0^t \int_0^{\tau_1} f(\tau) d\tau d\tau_1$	$\dfrac{1}{s^2} F(s)$
9	像の積分	$\dfrac{f(t)}{t}$	$\displaystyle\int_s^\infty F(\sigma) d\sigma$
		$\dfrac{f(t)}{t^2}$	$\displaystyle\int_s^\infty \int_{\sigma_1}^\infty F(\sigma) d\sigma d\sigma_1$
10	合　成	$f * g(t) = g * f(t)$	$F(s)G(s)$

6, 7, 8, 9 の一般の自然数 n についての公式は各法則の項を見よ．

$$= e^{\lambda s}\left(\frac{\lambda}{s}e^{-\lambda s} + \frac{1}{s^2}e^{-\lambda s}\right)$$
$$= \frac{\lambda}{s} + \frac{1}{s^2}$$

これは $f(t+\lambda) = t+\lambda$ に線形法則を用いた結果と同じである．

(2)　$\mathcal{L}[\sin t] = \dfrac{1}{s^2+1}$ であるから

$$\mathcal{L}[f(t-\lambda)] = \frac{e^{-\lambda s}}{s^2+1}$$

$$\mathcal{L}[f(t+\lambda)] = e^{\lambda s}\left\{\frac{1}{s^2+1} - \int_0^{\lambda} e^{-st}\sin t\,dt\right\}$$　[5ページの I_s の式を用いて]

$$= e^{\lambda s}\left\{\frac{1}{s^2+1} - \left[\frac{-e^{-st}}{s^2+1}(\cos t + s\sin t)\right]_0^{\lambda}\right\}$$
$$= e^{\lambda s}\left\{\frac{1}{s^2+1} + \frac{e^{-\lambda s}}{s^2+1}(\cos\lambda + s\sin\lambda) - \frac{1}{s^2+1}\right\}$$
$$= \frac{1}{s^2+1}(\cos\lambda + s\sin\lambda)$$

これは三角関数の加法定理と $\sin t$, $\cos t$ のラプラス変換を用いても求められる．

$$\mathcal{L}[\sin(t+\lambda)] = \mathcal{L}[\sin t\cos\lambda + \cos t\sin\lambda] = \frac{1}{s^2+1}\cos\lambda + \frac{s}{s^2+1}\sin\lambda$$ 終

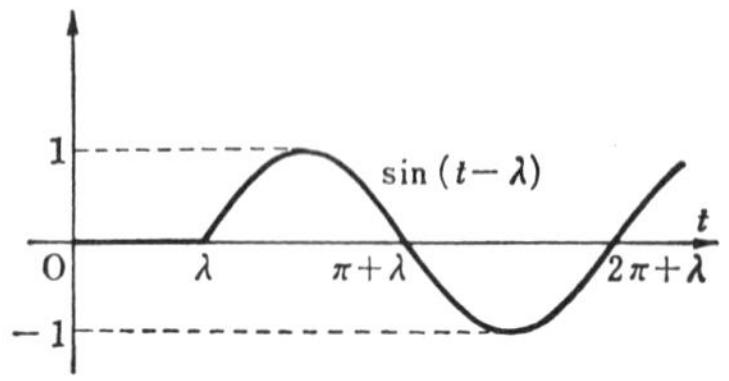

図 2.3

問題 2.2 次の関数について $f(t-\lambda)$ と $f(t+\lambda)$ のラプラス変換を求めよ．

(1)　$f(t) = t^2$　　(2)　$f(t) = \cos t$

5．像の移動法則　$\mathcal{L}[e^{\mu t}f(t)] = F(s-\mu)$

証明

$$\mathcal{L}[e^{\mu t}f(t)] = \int_0^{\infty} e^{-st}e^{\mu t}f(t)dt = \int_0^{\infty} e^{-(s-\mu)t}f(t)dt$$
$$= F(s-\mu)$$ 終

[**例題 2.3**]　次の関数のラプラス変換を求めよ．n は自然数．

(1)　$e^{\mu t}t^n$　　(2)　$e^{\mu t}\cos\lambda t$　　(3)　$e^{\mu t}\sinh\lambda t$

解　(1)　$\mathcal{L}[t^n] = \dfrac{n\,!}{s^{n+1}}$ であるから

$$\mathcal{L}[e^{\mu t}t^n] = \frac{n\,!}{(s-\mu)^{n+1}}$$

(2)　$\mathcal{L}[\cos\lambda t] = \dfrac{s}{s^2+\lambda^2}$ であるから

$$\mathcal{L}[e^{\mu t}\cos\lambda t] = \frac{s-\mu}{(s-\mu)^2+\lambda^2}$$

(3)　$\mathcal{L}[\sinh\lambda t] = \dfrac{\lambda}{s^2-\lambda^2}$ であるから

$$\mathcal{L}[e^{\mu t}\sinh\lambda t] = \frac{\lambda}{(s-\mu)^2-\lambda^2}$$

終

問題 2.3　次の関数のラプラス変換を求めよ．

(1)　$e^{\mu t}(t-2)^2$　　(2)　$e^{\mu t}\sin\lambda t$　　(3)　$e^{\mu t}\cosh\lambda t$

6.　微分法則

$$\begin{aligned}
&(1)\quad \mathcal{L}[f'(t)] &&= sF(s) - f(0)\\
&(2)\quad \mathcal{L}[f''(t)] &&= s^2F(s) - f(0)s - f'(0)\\
&(3)\quad \mathcal{L}[f^{(n)}(t)] &&= s^nF(s) - f(0)s^{n-1} - f'(0)s^{n-2} - \cdots\\
& &&\quad -f^{(n-2)}(0)s - f^{(n-1)}(0)
\end{aligned}$$

ここで $f^{(k)}(0)$ は第 k 次導関数 $f^{(k)}(t)$ の原点での右側極限値 $f^{(k)}(+0)$ を示す．

証明　(1)　部分積分により

$$\begin{aligned}
\int_0^T e^{-st}f'(t)dt &= \Big[e^{-st}f(t)\Big]_0^T + s\int_0^T e^{-st}f(t)dt\\
&= e^{-sT}f(T) - f(0) + s\int_0^T e^{-st}f(t)dt
\end{aligned}$$

$T\to\infty$ とすれば，$\mathcal{L}[f'(t)]$ が s で収束するとき $e^{-sT}f(T)\to 0$ となる (証明略)．

$$\mathcal{L}[f'(t)] = sF(s) - f(0)$$

(2)　(3)，(1) をくり返し適用して

$$\mathcal{L}[f''(t)] = s\mathcal{L}[f'(t)] - f'(0) = s^2F(s) - sf(0) - f'(0)$$ 終

［**例題 2.4**］　微分法則を用いて，次の関数のラプラス変換を求めよ．

(1)　$e^{\lambda t}$　　(2)　$\cos\lambda t$

解　(1)　$(e^{\lambda t})' = \lambda e^{\lambda t}$,　$f(0) = 1$ であるから，微分法則 (1) により

$$\lambda\mathcal{L}[e^{\lambda t}] = s\mathcal{L}[e^{\lambda t}] - 1$$

$$\mathcal{L}[e^{\lambda t}] = \frac{1}{s-\lambda}$$

(2)　$(\cos\lambda t)'' = -\lambda^2\cos\lambda t$, $\cos 0 = 1$, $\sin 0 = 0$．微分法則 (2) により

$$-\lambda^2\mathcal{L}[\cos\lambda t] = s^2\mathcal{L}[\cos\lambda t] - s\cos 0 + \lambda\sin 0$$

$$(s^2+\lambda^2)\mathcal{L}[\cos\lambda t] = s$$

$$\mathcal{L}[\cos\lambda t] = \frac{s}{s^2+\lambda^2}$$ 終

問題 2.4　微分法則を適用して，次の関数のラプラス変換を求めよ．

(1)　$te^{\lambda t}$　　(2)　$\sin\lambda t$　　(3)　t^n

7.　像の微分法則

(1)　$\mathcal{L}[tf(t)] = -F'(s)$

(2)　$\mathcal{L}[t^nf(t)] = (-1)^nF^{(n)}(s)$

証明　(1)
$$F'(s) = \frac{d}{ds}\int_0^\infty e^{-st}f(t)dt = \int_0^\infty\left(\frac{\partial e^{-st}}{\partial s}\right)f(t)dt$$
$$= \int_0^\infty e^{-st}\{(-tf(t)\}dt = \mathcal{L}[-tf(t)]$$

(2)　(1) を n 回繰り返し適用すればよい．　終

［**例題 2.5**］　像の微分法則を適用して，次の関数のラプラス変換を求めよ．

(1)　$t\sin\lambda t$　　(2)　$t^2\sin\lambda t$

解　$F(s) = \mathcal{L}[\sin\lambda t] = \dfrac{\lambda}{s^2+\lambda^2}$ であるから

(1)　$\mathcal{L}[t\sin\lambda t] = -F'(s) = \dfrac{2\lambda s}{(s^2+\lambda^2)^2}$

(2)　$\mathcal{L}[t^2\sin\lambda t] = F''(s) = -\dfrac{2\lambda\{(s^2+\lambda^2)-4s^2\}}{(s^2+\lambda^2)^3} = \dfrac{2\lambda(3s^2-\lambda^2)}{(s^2+\lambda^2)^3}$　終

問題 2.5 像の微分法則を適用して，次の関数のラプラス変換を求めよ．

(1)　$te^{\lambda t}$　　(2)　$t^2 e^{\lambda t}$　　(3)　$t\cos\lambda t$　　(4)　$t^2\cos\lambda t$

8. 積分法則

(1)
$$\mathcal{L}\left[\int_0^t f(\tau)d\tau\right] = \frac{1}{s}F(s)$$

(2)
$$\mathcal{L}\left[\int_0^t\int_0^{\tau_1} f(\tau)d\tau d\tau_1\right] = \frac{1}{s^2}F(s)$$

(3)
$$\mathcal{L}\left[\int_0^t\int_0^{\tau_{n-1}}\cdots\int_0^{\tau_1} f(\tau)d\tau d\tau_1\cdots d\tau_{n-1}\right] = \frac{1}{s^n}F(s)$$

証明　(1)　$g(t) = \int_0^t f(\tau)d\tau$ とおけば $g'(t) = f(t)$，　$g(0) = 0$ である．微分法則 (1) を適用して

$$\mathcal{L}[g'(t)] = s\mathcal{L}[g(t)]$$

すなわち

$$\mathcal{L}[f(t)] = s\mathcal{L}\left[\int_0^t f(\tau)d\tau\right]$$

(2)　(1) をくり返し適用すればよい．　終

[**例題 2.6**]　$\int_0^t \sin\lambda\tau d\tau$ のラプラス変換を積分法則を適用して求めよ．また積分を行ったのちラプラス変換を求めて比較せよ．

解　$\mathcal{L}[\sin\lambda t] = \dfrac{\lambda}{s^2+\lambda^2}$ であるから

$$\mathcal{L}\left[\int_0^t \sin\lambda\tau d\tau\right] = \frac{\lambda}{s(s^2+\lambda^2)}$$

一方 $\int_0^t \sin\lambda\tau d\tau = \dfrac{1}{\lambda}\Big[-\cos\lambda\tau\Big]_0^t = \dfrac{1}{\lambda}(1-\cos\lambda t)$ であるから

$$\begin{aligned}\mathcal{L}\left[\int_0^t \sin\lambda\tau d\tau\right] &= \frac{1}{\lambda}\mathcal{L}[1-\cos\lambda t] = \frac{1}{\lambda}\left(\frac{1}{s} - \frac{s}{s^2+\lambda^2}\right)\\ &= \frac{\lambda}{s(s^2+\lambda^2)}\end{aligned}$$

終

問題 2.6 積分法則を適用して，次の関数のラプラス変換を求めよ．また，積分を行ったのちラプラス変換を求めて比較せよ．

(1) $\displaystyle\int_0^t e^{\lambda\tau}d\tau$　　(2) $\displaystyle\int_0^t \cos\lambda\tau d\tau$　　(3) $\displaystyle\int_0^t\int_0^\tau \cos\lambda\sigma d\sigma d\tau$

9. 像の積分法則

(1) $$\mathcal{L}\left[\frac{f(t)}{t}\right]=\int_s^\infty F(\sigma)d\sigma$$

(2) $$\mathcal{L}\left[\frac{f(t)}{t^2}\right]=\int_s^\infty\int_{\sigma_1}^\infty F(\sigma)d\sigma d\sigma_1$$

証明　$\displaystyle\int_s^\infty e^{-\sigma t}d\sigma=\left[-\frac{1}{t}e^{-\sigma t}\right]_s^\infty=\frac{1}{t}e^{-st}$ であるから

(1) $$\begin{aligned}\int_s^\infty F(\sigma)d\sigma &=\int_s^\infty\int_0^\infty e^{-\sigma t}f(t)dtd\sigma=\int_0^\infty\left\{f(t)\int_s^\infty e^{-\sigma t}d\sigma\right\}dt\\&=\int_0^\infty e^{-st}\frac{f(t)}{t}dt=\mathcal{L}\left[\frac{f(t)}{t}\right]\end{aligned}$$

(2) (1) をくり返し適用すればよい.　終

[例題 2.7]　次の関数のラプラス変換を求めよ.

$$\frac{e^{\lambda t}-e^{\mu t}}{t}\quad(\lambda\neq\mu)$$

解　$\mathcal{L}[e^{\lambda t}]=\dfrac{1}{s-\lambda}$ $(s>\lambda)$ であるから

$$\begin{aligned}\mathcal{L}\left[\frac{e^{\lambda t}-e^{\mu t}}{t}\right]&=\int_s^\infty\left(\frac{1}{\sigma-\lambda}-\frac{1}{\sigma-\mu}\right)d\sigma=\left[\log\frac{\sigma-\lambda}{\sigma-\mu}\right]_s^\infty\\&=\lim_{\sigma\to\infty}\log\frac{\sigma-\lambda}{\sigma-\mu}-\log\frac{s-\lambda}{s-\mu}=\log\frac{s-\mu}{s-\lambda}\end{aligned}$$

$(s>\lambda, s>\mu)$　終

問題 2.7　像の積分法則を適用して，次の関数のラプラス変換を求めよ.

(1) $\dfrac{1-e^{\lambda t}}{t}$　　(2) $\dfrac{\sinh\lambda t}{t}$

合成積　区間 $[0,\infty)$ で定義された関数 $f(t)$, $g(t)$ に対して

(1) $$h(t)=\int_0^t f(t-\tau)g(\tau)d\tau\quad(t\geqq 0)$$

で定義される関数 $h(t)$ を関数 $f(t)$ と $g(t)$ の**合成積**または**たたみこみ**といい

$$h = f * g$$

で表す．積分 (*1*) で変換 $t - \tau = \sigma$ を行えば

$$\int_0^t f(t-\tau)g(\tau)d\tau = \int_t^0 f(\sigma)g(t-\sigma)(-d\sigma) = \int_0^t g(t-\sigma)f(\sigma)d\sigma$$

であるから，交換法則

$$f * g = g * f$$

が成り立つ．合成積の計算には，積分の簡単な方を用いるとよい．

10.　合成法則　$\mathcal{L}[f * g] = \mathcal{L}[f]\mathcal{L}[g]$

証明

$$\mathcal{L}[f]\mathcal{L}[g] = \left(\int_0^\infty e^{-su}f(u)du\right)\left(\int_0^\infty e^{-sv}g(v)dv\right)$$
$$= \int_0^\infty \int_0^\infty e^{-s(u+v)}f(u)g(v)dudv$$

この積分は uv 平面の第 1 象限での重積分である．変数変換

$$u + v = t, \quad v = \tau$$

を行えば

$$u = t - \tau \geqq 0, \quad v = \tau \geqq 0$$

$$\frac{\partial(u,v)}{\partial(t,\tau)} = \begin{vmatrix} 1 & -1 \\ 0 & 1 \end{vmatrix} = 1$$

であるから，$t\tau$ 平面の三角形の領域 (図 2.4) での 2 重積分

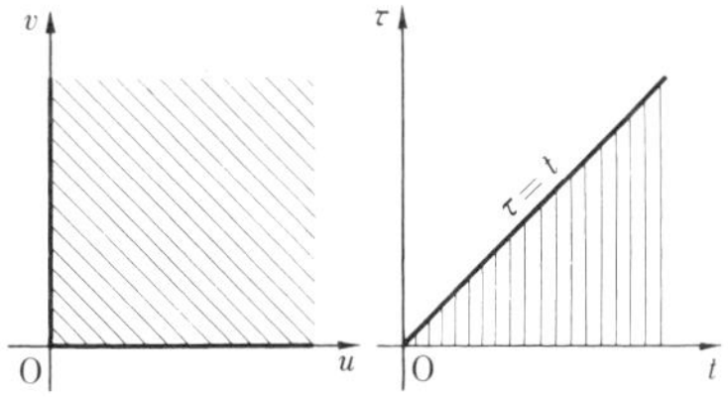

図 **2.4**

$$\int_0^\infty e^{-st}\int_0^t f(t-\tau)g(\tau)d\tau dt = \int_0^\infty e^{-st}h(t)dt$$

に変換される．これは合成積 $h(t)$ のラプラス変換 $\mathcal{L}[h(t)]$ である．

［**例題 2.8**］　次の 2 つの関数の合成積とそのラプラス変換を求めよ．

$$f(t) = t, \quad g(t) = \cos\lambda t$$

解　合成積は $g * f$ を計算する方が簡単である．τ についての部分積分により

$$\cos\lambda t * t \;= \int_0^t \tau\cos\lambda(t-\tau)d\tau$$
$$= \left[-\frac{\tau}{\lambda}\sin\lambda(t-\tau)\right]_0^t + \frac{1}{\lambda}\int_0^t \sin\lambda(t-\tau)d\tau$$

$$= \frac{1}{\lambda^2}\Big[\cos\lambda(t-\tau)\Big]_0^t = \frac{1}{\lambda^2}(1-\cos\lambda t) \qquad ①$$

$\mathcal{L}[t] = \dfrac{1}{s^2}$, $\mathcal{L}[\cos\lambda t] = \dfrac{s}{s^2+\lambda^2}$ であるから，合成法則により

$$\mathcal{L}[t * \cos\lambda t] = \frac{1}{s(s^2+\lambda^2)}$$

一方，合成積① のラプラス変換は，例題 2.6 の後半により上の結果と一致する．

終

問題 2.8 次の 2 つの関数の合成積とそのラプラス変換を求めよ．

(1)　$t,\ e^{\lambda t}$　　(2)　$e^{\lambda t},\ \sin\mu t$　　(3)　$\cos\lambda t,\ \cos\lambda t$

§ 3.　ラプラス逆変換

ラプラス逆変換　ラプラス変換は区間 $[0,\infty)$ で区分的に連続な関数 $f(t)$ に対して関数 $F(s) = \mathcal{L}[f(t)]$ を対応させる操作であると考えることができる．

逆に，関数 $F(s)$ が与えられたとき，$\mathcal{L}[f(t)] = F(s)$ であるような原関数 $f(t)$ が存在するか，またそのような関数 $f(t)$ はただ 1 つであるかどうかが問題である．この原関数の存在と一意性について，次の定理が知られており，収束域に関する定理 [1.1] とともに，基本的な役割をしている．

> **[3.1]　ラプラス逆変換の一意性**　区間 $[0,\infty)$ で区分的に連続な関数 $f_1(t)$ と $f_2(t)$ について，そのラプラス変換が存在して
>
> $$\mathcal{L}[f_1(t)] = \mathcal{L}[f_2(t)]$$
>
> ならば，$f_1(t)$ と $f_2(t)$ はそれらの不連続点を除いては一致する．

この定理により，与えられた関数 $F(s)$ に対して $\mathcal{L}[f(t)] = F(s)$ である原関数 $f(t)$ は不連続点を除いてただ 1 つ定まる．このとき原関数 $f(t)$ を $F(s)$ の**ラプラス逆変換**といい，

$$f(t) = \mathcal{L}^{-1}[F(s)]$$

で表す．

いろいろな関数のラプラス逆変換を求めるには，普通既知の関数のラプラス変換と基本法則を利用する．表 I，II はそのために用いられる．

デルタ関数 $\delta(t)$ については

$$\mathcal{L}[\delta(t)] = 1, \quad \mathcal{L}[\delta(t-\lambda)] = e^{-\lambda s} \quad (\lambda > 0)$$

であるから

$$\mathcal{L}^{-1}[1] = \delta(t), \quad \mathcal{L}^{-1}[e^{-\lambda s}] = \delta(t-\lambda) \quad (\lambda > 0)$$

［**例題 3.1**］　次の関数のラプラス逆変換を求めよ．

(1) $\dfrac{1}{3s+1}$　(2) $\dfrac{1}{(s-\lambda)^2}$　(3) $\dfrac{e^{-2s}}{s^2+3}$　(4) $\dfrac{s-8}{s^2-4s+13}$

解　左端の［　］内は用いた公式を示す．

(1)
$$\mathcal{L}^{-1}\left[\frac{1}{3s+1}\right] = \frac{1}{3}\mathcal{L}^{-1}\left[\frac{1}{s+\dfrac{1}{3}}\right] = \frac{1}{3}\exp\left(-\frac{t}{3}\right) \qquad [\text{表 I},\mathbf{6}]$$

(2)
$$\mathcal{L}^{-1}\left[\frac{1}{(s-\lambda)^2}\right] = e^{\lambda t}t \qquad [\text{表 I}, \mathbf{2}, \text{II}, \mathbf{5}]$$

(3) $\mathcal{L}^{-1}\left[\dfrac{\lambda}{s^2+\lambda^2}\right] = \sin\lambda t$ であるから

$$\mathcal{L}^{-1}\left[\frac{e^{-2s}}{s^2+3}\right] = \frac{1}{\sqrt{3}}U(t-2)\sin\sqrt{3}(t-2) \qquad [\text{表 I},\mathbf{9},\text{II},\mathbf{3}]$$

$$= \begin{cases} 0 & (t<2) \\ \dfrac{1}{\sqrt{3}}\sin\sqrt{3}(t-2) & (t \geqq 2) \end{cases}$$

(4)
$$\frac{s-8}{s^2-4s+13} = \frac{s-8}{(s-2)^2+9} = \frac{s-2}{(s-2)^2+3^2} - \frac{2\cdot 3}{(s-2)^2+3^2}$$

であるから

$$\mathcal{L}^{-1}\left[\frac{s-8}{s^2-4s+13}\right] = e^{2t}(\cos 3t - 2\sin 3t) \qquad [\text{表 I}, \mathbf{14,15}]$$

有理関数のラプラス逆変換を求めるには，部分分数に分解する．

［**例題 3.2**］　次の関数のラプラス逆変換を求めよ．

(1) $\dfrac{3s+2}{s^2-s-12}$　(2) $\dfrac{2s^2-5s+3}{(s-2)^3}$

(3)　$\dfrac{1}{(s-2)(s^2-6s+10)}$

解　(1)　部分分数に分解するため，分母を因数分解し，A, B を定数として

$$\frac{3s+2}{s^2-s-12} = \frac{3s+2}{(s-4)(s+3)} = \frac{A}{s-4} + \frac{B}{s+3}$$

とおく．両辺の分母を払うと

$$3s+2 = A(s+3) + B(s-4) = (A+B)s + (3A-4B)$$

これが s の恒等式あるから，s の係数と定数項を比較して

$$A+B=3, \quad 3A-4B=2$$

である．これを解いて $A=2,\ B=1$ を得る．ゆえに

$$\frac{3s+2}{s^2-s-12} = \frac{2}{s-4} + \frac{1}{s+3}$$

と分解される．

$$\mathcal{L}^{-1}\left[\frac{3s+2}{s^2-s-12}\right] = 2e^{4t} + e^{-3t} \qquad [表 \mathrm{I}, \mathbf{6}]$$

(2)

$$\frac{2s^2-5s+3}{(s-2)^3} = \frac{A}{(s-2)^3} + \frac{B}{(s-2)^2} + \frac{C}{s-2}$$

とおく．両辺の分母を払うと

$$\begin{aligned} 2s^2-5s+3 &= A + B(s-2) + C(s-2)^2 \\ &= Cs^2 + (B-4C)s + (A-2B+4C) \end{aligned}$$

となる．両辺の係数を比較して，A, B, C の方程式

$$C=2, \quad B-4C=-5, \quad A-2B+4C=3$$

を得る．これを解いて $A=1,\ B=3,\ C=2$ を得る．ゆえに

$$\frac{2s^2-5s+3}{(s-2)^3} = \frac{1}{(s-2)^3} + \frac{3}{(s-2)^2} + \frac{2}{s-2}$$

と分解される．

$$\begin{aligned} \mathcal{L}^{-1}\left[\frac{2s^2-5s+3}{(s-2)^3}\right] &= \frac{1}{2}e^{2t}t^2 + 3e^{2t}t + 2e^{2t} \\ &= e^{2t}\left(\frac{t^2}{2} + 3t + 2\right) \qquad [表 \mathrm{I}, \mathbf{3}, \mathrm{II}, \mathbf{5}] \end{aligned}$$

(3)　$s^2-6s+10$ は実数の範囲で1次式に因数分解できないから，

$$\frac{1}{(s-2)(s^2-6s+10)}=\frac{A}{s-2}+\frac{Bs+C}{s^2-6s+10}$$

とおく．分母を払って A, B, C を定める．

$$A=\frac{1}{2},\quad B=-\frac{1}{2},\quad C=2$$

となるから

$$\begin{aligned}\frac{1}{(s-2)(s^2-6s+10)}&=\frac{1}{2}\left\{\frac{1}{s-2}-\frac{s-4}{s^2-6s+10}\right\}\\&=\frac{1}{2}\left\{\frac{1}{s-2}-\frac{(s-3)-1}{(s-3)^2+1}\right\}\end{aligned}$$

$$\mathcal{L}^{-1}\left[\frac{1}{(s-2)(s^2-6s+10)}\right]=\frac{1}{2}\{e^{2t}-e^{3t}(\cos t-\sin t)\}$$

[表 I, **6,15,14**,II,**5**]　終

問題 3.1　次の関数のラプラス逆変換を求めよ．$(\lambda\neq 0)$

(1) $\dfrac{1}{3s-5}$　(2) $\dfrac{e^{-s}}{s^3}$　(3) $\dfrac{s}{(s-5)^2}$

(4) $\dfrac{1}{s^2+3}$　(5) $\dfrac{e^{-\pi s}s}{s^2+\lambda^2}$　(6) $\dfrac{s}{s^2+6s+10}$

問題 3.2　次の関数のラプラス逆変換を求めよ．

(1) $\dfrac{5}{(s-3)(s+2)}$　(2) $\dfrac{4s+1}{(s-2)(s+1)}$

(3) $\dfrac{1}{s^2(s^2+5)}$　(4) $\dfrac{5}{(s+3)(s^2+4s+8)}$

合成法則をラプラス逆変換の立場から述べると

> [**3.2**]　$\mathcal{L}^{-1}[F(s)]=f(t),\quad \mathcal{L}^{-1}[G(s)]=g(t)$ のとき
>
> $$\mathcal{L}^{-1}[F(s)G(s)]=(f*g)(t)=\int_0^t f(t-\tau)g(\tau)d\tau$$

[**例題 3.3**]　次の関数のラプラス逆変換を求めよ．

(1) $\dfrac{1}{(s^2+\lambda^2)^2}$　(2) $\dfrac{s}{(s^2+\lambda^2)^2}$

解　(1)　合成法則と三角関数の積を和と差になおす公式を用いて

$$\begin{aligned}
\mathcal{L}^{-1}\left[\frac{1}{(s^2+\lambda^2)^2}\right] &= \frac{1}{\lambda^2}\sin\lambda t * \sin\lambda t = \frac{1}{\lambda^2}\int_0^t \sin\lambda(t-\tau)\sin\lambda\tau d\tau \\
&= \frac{1}{2\lambda^2}\int_0^t \{\cos\lambda(t-2\tau) - \cos\lambda t\}d\tau \\
&= \frac{1}{2\lambda^2}\left[\frac{-1}{2\lambda}\sin\lambda(t-2\tau) - \tau\cos\lambda t\right]_0^t \\
&= \frac{1}{2\lambda^2}\left(\frac{1}{\lambda}\sin\lambda t - t\cos\lambda t\right)
\end{aligned}$$

(2)
$$\begin{aligned}
\mathcal{L}^{-1}\left[\frac{s}{(s^2+\lambda^2)^2}\right] &= \mathcal{L}^{-1}\left[\frac{1}{s^2+\lambda^2}\cdot\frac{s}{s^2+\lambda^2}\right] = \frac{1}{\lambda}\sin\lambda t * \cos\lambda t \\
&= \frac{1}{\lambda}\int_0^t \sin\lambda\tau\cos\lambda(t-\tau)d\tau \\
&= \frac{1}{2\lambda}\int_0^t \{\sin\lambda t + \sin\lambda(t-2\tau)\}d\tau \\
&= \frac{1}{2\lambda}\left[\tau\sin\lambda t + \frac{1}{2\lambda}\cos\lambda(t-2\tau)\right]_0^t \\
&= \frac{1}{2\lambda}t\sin\lambda t
\end{aligned}$$

これは (1) の結果を $f(t)$ とおけば，表 II, **6** の微分法則と

$$\begin{aligned}
f'(t) &= \frac{1}{2\lambda^2}(\cos\lambda t - \cos\lambda t + \lambda t\sin\lambda t) = \frac{1}{2\lambda}t\sin\lambda t \\
f(0) &= 0
\end{aligned}$$

であることに注意して，次のように求めることもできる．

$$\mathcal{L}^{-1}\left[\frac{s}{(s^2+\lambda^2)^2}\right] = \mathcal{L}^{-1}\left[s\cdot\frac{1}{(s^2+\lambda^2)^2}\right] = f'(t) = \frac{1}{2\lambda}t\sin\lambda t$$

この (1)，(2) の方法をくり返して

$$\frac{1}{(s^2+\lambda^2)^n},\quad \frac{s}{(s^2+\lambda^2)^n}\quad (n=2,3,\cdots)$$

のラプラス逆変換を順に求めることができる．　終

問題 3.3　合成法則を用いて次の関数のラプラス逆変換を求めよ．

$(\lambda \neq \mu,\ \lambda \neq 0,\ \mu \neq 0)$

(1)　$\dfrac{1}{(s-\lambda)(s-\mu)}$　　(2)　$\dfrac{s}{(s-\lambda)(s-\mu)}$　　(3)　$\dfrac{1}{s^2(s+\lambda)}$

例題 3.3 と問題 2.8(3) から三角関数の合成積について次の式が成り立つ.

[3.3]　$\lambda \neq 0$ とする.

(1) $$\mathcal{L}^{-1}\left[\frac{\lambda^2}{(s^2+\lambda^2)^2}\right] = \sin\lambda t * \sin\lambda t = \frac{1}{2\lambda}(\sin\lambda t - \lambda t\cos\lambda t)$$

(2) $$\mathcal{L}^{-1}\left[\frac{\lambda s}{(s^2+\lambda^2)^2}\right] = \sin\lambda t * \cos\lambda t = \frac{1}{2}t\sin\lambda t$$

(3) $$\mathcal{L}^{-1}\left[\frac{s^2}{(s^2+\lambda^2)^2}\right] = \cos\lambda t * \cos\lambda t = \frac{1}{2\lambda}(\sin\lambda t + \lambda t\cos\lambda t)$$

[3.4]　$\lambda \neq \mu,\ \lambda \neq 0,\ \mu \neq 0$ のとき

(1) $$\mathcal{L}^{-1}\left[\frac{\lambda\mu}{(s^2+\lambda^2)(s^2+\mu^2)}\right] = \sin\lambda t * \sin\mu t = \frac{1}{\lambda^2-\mu^2}(\lambda\sin\mu t - \mu\sin\lambda t)$$

(2) $$\mathcal{L}^{-1}\left[\frac{\lambda s}{(s^2+\lambda^2)(s^2+\mu^2)}\right] = \sin\lambda t * \cos\mu t = \frac{\lambda}{\lambda^2-\mu^2}(\cos\mu t - \cos\lambda t)$$

(3) $$\mathcal{L}^{-1}\left[\frac{s^2}{(s^2+\lambda^2)(s^2+\mu^2)}\right] = \cos\lambda t * \cos\mu t = \frac{1}{\lambda^2-\mu^2}(\lambda\sin\lambda t - \mu\sin\mu t)$$

問題 3.4　合成法則の逆変換を用いて，公式 [3.4] を証明せよ．また，定積分の計算によって直接証明せよ．

§ 4.　微分方程式の初期値問題

変数 t の関数 $x(t)$ の導関数を $x', x'', \cdots, x^{(n)}$ で表す．n 階の微分方程式

$$\Phi(t, x, x', x'', \cdots, x^{(n)}) = 0$$

の一般解は n 個の任意定数を含む．t の特定の値 t_0 において，

$$x(t_0) = c_0,\ x'(t_0) = c_1, \cdots,\ x^{(n-1)}(t_0) = c_{n-1}$$

と指定すると任意定数が定まる．そのような解を**特殊解**という．上の式のように各導関数の $t = t_0$ に対して指定された値を**初期値**といい，その条件を**初期条件**という．初期条件のもとで特殊解を求めることを**初期値問題**という．

ここではラプラス変換を応用して微分方程式の初期値問題を解くことを考えよう．関数のラプラス変換を対応する大文字で表すことにする．よく用いられる微分法則 II, **6** をあげておく．$\mathcal{L}[x(t)] = X(s)$ とするとき

$$\mathcal{L}[x'(t)] = sX(s) - x(0)$$

$$\mathcal{L}[x''(t)] = s^2X(s) - x(0)s - x'(0)$$

[**例題 4.1**]　次の微分方程式を右側の初期条件のもとに解け．$(\lambda > 0)$

(1)　$x' - 4x = 2e^{3t}, \qquad x(0) = 1$

(2)　$x'' + 4x' + 4x = 0, \quad x(0) = 1,\ x'(0) = 1$

(3)　$x'' + \lambda^2 x = f(t), \qquad x(0) = a,\ x'(0) = b$

解　(1)　微分法則と表 I, **6** に注意して，両辺のラプラス変換をとると

$$sX - x(0) - 4X = \frac{2}{s-3}$$

となる．これに初期条件を代入し，X について解くと

$$(s-4)X = \frac{2}{s-3} + 1 = \frac{s-1}{s-3}$$

$$X = \frac{s-1}{(s-4)(s-3)} = \frac{3}{s-4} - \frac{2}{s-3}$$

と表される．この両辺のラプラス逆変換を求めると

$$x = \mathcal{L}^{-1}\left[\frac{3}{s-4}\right] - \mathcal{L}^{-1}\left[\frac{2}{s-3}\right] = 3e^{4t} - 2e^{2t}$$

これは与えられた方程式の解である．

(2)　両辺のラプラス変換を求めて初期条件を代入すれば

$$s^2X - x(0)s - x'(0) + 4(sX - x(0)) + 4X = 0$$
$$s^2X - s - 1 + 4(sX - 1) + 4X = 0$$
$$(s^2 + 4s + 4)X = s + 5$$
$$X = \frac{s+5}{s^2+4s+4} = \frac{1}{s+2} + \frac{3}{(s+2)^2}$$

両辺の逆変換を求めると，解は

$$x(t) = e^{-2t} + 3e^{-2t}t = e^{-2t}(1 + 3t)$$

(3)　両辺のラプラス変換を求めて初期条件を代入すれば

$$s^2X - as - b + \lambda^2 X = F(s)$$
$$(s^2 + \lambda^2)X = as + b + F(s)$$
$$X = \frac{as}{s^2+\lambda^2} + \frac{b}{s^2+\lambda^2} + \frac{F(s)}{s^2+\lambda^2}$$

この両辺の逆変換を求め，表 I，**9**，**10** と合成法則を用いると，解は

$$x(t) = a\cos\lambda t + \frac{b}{\lambda}\sin\lambda t + \frac{1}{\lambda}\int_0^t \sin\lambda(t-\tau)\cdot f(\tau)d\tau$$

である．a, b が任意の値をとるものと考えれば，これは方程式 (3) の一般解である．

終

このようなラプラス変換による常微分方程式の解法は次の図式で示される．

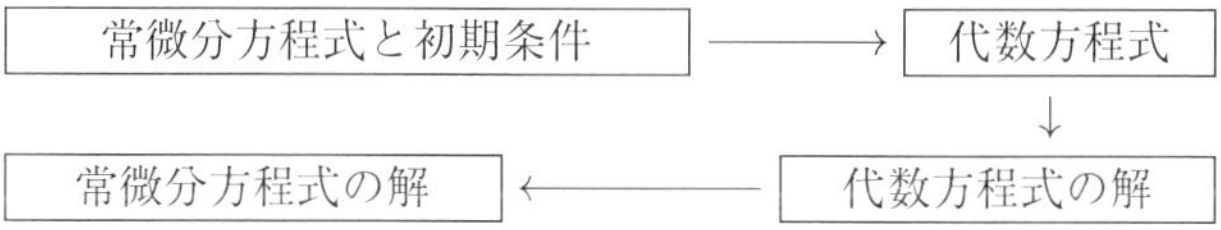

求積法による微分方程式の解法では，一般解を求めたのち初期条件によって任意定数の値を定めて特殊解を求めるのが普通である．上記の解法では初めから初期条件を考慮に入れて特殊解が得られる．これがラプラス変換による解法の利点である．また初期値を任意の値にしておけば，一般解を求めることもできる．方程式の両辺にラプラス変換を行って得られる像関数についての方程式を**像方程式**という．

問題 4.1　次の微分方程式を右側の初期条件のもとに解け．

(1)	$x' - 2x = 0$	$x(0) = 3$
(2)	$x' + 3x = 4e^t$	$x(0) = 1$
(3)	$x' - x = 2\cos t$	$x(0) = 3$
(4)	$x'' - x' - 6x = 0$	$x(0) = 3,\ x'(0) = 4$
(5)	$x'' - 4x' + 4x = 0$	$x(0) = 1,\ x'(0) = 1$
(6)	$x'' + 6x' + 10x = 0$	$x(0) = 1,\ x'(0) = 1$
(7)	$x'' + x = 2\sin t$	$x(0) = 2,\ x'(0) = 4$
(8)	$x'' + 2x' + x = t$	$x(0) = 0,\ x'(0) = 0$

［**例題 4.2**］　次の微分方程式を右側の初期条件のもとに解け．δ はデルタ関数であり，λ は正の定数である．

$$x'' + 4x = \delta(t - \lambda), \quad x(0) = 0,\ x'(0) = 0$$

解　表 I, **0**, II, **3** により，像方程式は

$$s^2 X + 4X = e^{-\lambda s}$$

となり，

$$X = \frac{e^{-\lambda s}}{s^2 + 4}$$

表 I, **9**, II, **3** により，解は

$$x = \frac{1}{2} U(t - \lambda) \sin 2(t - \lambda)$$

終

問題 4.2　次の微分方程式を解け．$\delta(t)$ はデルタ関数，$U(t)$ は単位関数

(1)	$x' - 2x = \delta(t - 1)$	$x(0) = 3$
(2)	$x'' + 4x = \delta(t)$	$x(0) = 0,\ x'(0) = 0$
(3)	$x' + x = U(t - 2)$	$x(0) = 1$
(4)	$x'' - 3x' + 2x = U(t - 3)$	$x(0) = 1,\ x'(0) = 0$

定数係数 2 階線形微分方程式の初期値問題

変数 t の区間 $[0, \infty)$ で定義された関数 $x(t)$ について，微分方程式

$$ax''(t) + bx'(t) + cx(t) = f(t) \quad (a, b, c \text{ は定数},\ a \neq 0) \tag{1}$$

で，初期条件を

$$x(0) = c_0, \quad x'(0) = c_1 \tag{2}$$

とする．方程式 (*1*) の右辺を 0 とおいて得られる方程式

$$ax''(t) + bx'(t) + cx(t) = 0 \tag{3}$$

をもとの方程式の**補助方程式**という．

方程式 (*1*) の像方程式は，初期条件 (*2*) を考慮に入れて

$$a\{s^2X - sx(0) - x'(0)\} + b\{sX - x(0)\} + cX = F(s)$$
$$(as^2 + bs + c)X = ac_0s + ac_1 + bc_0 + F(s)$$

となる．

$$H(s) = as^2 + bs + c, \quad H_0(s) = ac_0s + ac_1 + bc_0$$

とおけば，

(*4*)
$$X = \frac{H_0(s)}{H(s)} + \frac{F(s)}{H(s)}$$

が導かれる．この原関数を求めれば，方程式 (*1*) の解は

(*5*)
$$x(t) = \mathcal{L}^{-1}\left[\frac{H_0(s)}{H(s)}\right] + \mathcal{L}^{-1}\left[\frac{F(s)}{H(s)}\right]$$

で与えられる．c_0，c_1 を任意の定数とすれば，この右辺の第 1 項は $F(s)$ を含んでいないから，補助方程式 (*3*) の一般解である．一方第 2 項は c_0，c_1 を含まないからそれを 0 とおき $H_0 = 0$ として得られる解であり，方程式 (*1*) の 1 つの特殊解である．

> **[4.1]**　定数係数 2 階線形微分方程式 (*1*) の一般解は補助方程式 (*3*) の一般解 $\mathcal{L}^{-1}\left[\frac{H_0(s)}{H(s)}\right]$ と方程式 (*1*) の 1 つの特殊解 $\mathcal{L}^{-1}\left[\frac{F(s)}{H(s)}\right]$ の和で表される．

関数 $H(s)$ を方程式 (*1*) の**特性関数**または**インピーダンス**といい，2 次方程式

$$H(s) = as^2 + bs + c = 0$$

を**特性方程式**という．$H_0(s)$ は s の 1 次式であるから，有理関数 $\dfrac{H_0(s)}{H(s)}$ を部分分数に分けることによって，式 (*5*) の右辺第 1 項のラプラス逆変換を求めることができる．

また，式 (*5*) の第 2 項に対しては，

(*6*)
$$W(s) = \frac{1}{H(s)}, \quad w(t) = \mathcal{L}^{-1}[W(s)] = \mathcal{L}^{-1}\left[\frac{1}{H(s)}\right]$$

とおけば，合成法則 II, **10** により

$$(7)\qquad \mathcal{L}^{-1}\left[\frac{F(s)}{H(s)}\right]=\mathcal{L}^{-1}[W(s)F(s)]=(w*f)(t)$$

の形で求められる．

微分方程式 (*1*) で表される物理的要素またはシステムにおいて，関数 $f(t)$ は取り扱われる問題の対象に応じて**外力**または**入力**といわれ，方程式 (*1*) の解 $x(t)$ はそれの**出力**または**応答関数**といわれる．それらの像関数の間の関係式 (*4*) は，式 (*6*) で定義された関数 $W(s)$ を用いると，

$$(8)\qquad X(s)=W(s)H_0(s)+W(s)F(s)$$

と表される．

関数 $H(s)$ そして $W(s)$ は初期条件にも外力にも無関係であって，そのシステムの特性を表す関数であり，$W(s)$ をそのシステムの**伝達関数**という．

$H_0(s)=0$, $F(s)=1$ のとき $X(s)=W(s)$ であるから，初期値が $c_0=c_1=0$ であって入力が $\mathcal{L}^{-1}[1]=\delta(t)$ で与えられる場合の出力が $w(t)$ であり，その像関数が伝達関数 $W(s)$ である．いいかえれば，入力 $\delta(t)$ に対する応答関数が $w(t)$ であり，この意味で $\delta(t)$ を**単位インパルス**，$w(t)$ を**インパルス応答**という．

$H_0(s)=0$ のとき，任意の入力 $f(t)$ とそれに対する応答関数 $x(t)$ の像関数の間には

$$(9)\qquad X(s)=W(s)F(s)$$

の関係が成り立つ．これを原関数で表して次の定理が導かれる．

> [**4.2**]　**デュアメルの合成定理**　微分方程式 (*1*) のインパルス応答を $w(t)$ とするとき，初期条件 $x(0)=x'(0)=0$ のもとに，任意の入力 $f(t)$ に対する応答関数 $x(t)$ は次の式で与えられる．
>
> $$x(t)=w*f(t)=\int_0^t w(\tau)f(t-\tau)d\tau=\int_0^t w(t-\tau)f(\tau)d\tau$$

この定理の意味から，インパルス応答 $w(t)$ をそのシステムの**重み関数**ともいう．

次に，入力 $f(t)$ が単位関数 $U(t)$ であるとき，その応答関数を**単位応答**または**インディシャル応答**という．単位応答を $k(t)$，その像関数を $K(s)$ で表すと，$H_0(x)=0,\ \mathcal{L}[U(t)]=\dfrac{1}{s}$ であるから式 (*8*) により

$$K(s)=\frac{W(s)}{s},\quad W(s)=sK(s) \tag{10}$$

である．

［**例題 4.3**］　微分方程式

$$x''(t)+\lambda^2 x(t)=f(t)\quad(\lambda>0)$$

について，インパルス応答 $w(t)$，単位応答 $k(t)$，初期条件 $x(0)=x'(0)=0$ のもとで入力 $f(t)=\sin\omega t\ (\omega>0)$ に対する応答関数 $x(t)$ を求めよ．

解　上記の初期条件のもとに，像方程式は

$$s^2X(s)+\lambda^2X(s)=F(s)$$

となる．特性関数と伝達関数はそれぞれ

$$H(s)=s^2+\lambda^2,\quad W(s)=\frac{1}{H(s)}=\frac{1}{s^2+\lambda^2}$$

であり，インパルス応答は

$$w(t)=\mathcal{L}^{-1}\left[\frac{1}{s^2+\lambda^2}\right]=\frac{1}{\lambda}\sin\lambda t$$

である．式 (*10*) により

$$K(s)=\frac{1}{s(s^2+\lambda^2)}=\frac{1}{\lambda^2}\left(\frac{1}{s}-\frac{s}{s^2+\lambda^2}\right)$$

となるから，単位応答は

$$k(t)=\frac{1}{\lambda^2}(1-\cos\lambda t)$$

である．なお，$f(t)=U(t)$ としてデュアメルの合成定理 [4.1] を適用すれば

$$\begin{aligned}k(t)&=\frac{1}{\lambda}\int_0^t\sin\lambda(t-\tau)U(\tau)d\tau=\frac{1}{\lambda^2}\Big[\cos\lambda(t-\tau)\Big]_0^t\\&=\frac{1}{\lambda^2}(1-\cos\lambda t)\end{aligned}$$

となって，同じ結果を求めることができる．

$f(t)=\sin\omega t$ のとき応答関数は，合成定理 [4.2] により

$$x(t)=w(t)*\sin\omega t=\frac{1}{\lambda}\sin\lambda t*\sin\omega t$$

$\lambda \neq \omega$ のとき公式 [3.4](1) により

$$x(t) = \frac{1}{\lambda(\lambda^2 - \omega^2)}(\lambda \sin \omega t - \omega \sin \lambda t)$$

$\lambda = \omega$ のとき公式 [3.3](1) により

$$x(t) = \frac{1}{2\lambda^2}(\sin \lambda t - \lambda t \cos \lambda t)$$

終

[**例題 4.4**]　次の連立微分方程式を解け.

$$\begin{cases} x' + x - 2y = 2e^t \\ x + y' - y = 2e^t \end{cases} \quad x(0) = 3,\ y(0) = 1$$

解　像方程式は

$$\begin{cases} sX - x(0) + X - 2Y = \dfrac{2}{s-1} \\ X + sY - y(0) - Y = \dfrac{2}{s-1} \end{cases}$$

となる. 初期条件を代入して整理すると

$$\begin{cases} (s+1)X - 2Y = \dfrac{3s-1}{s-1} \\ X + (s-1)Y = \dfrac{s+1}{s-1} \end{cases}$$

これを X, Y の連立方程式と考えて解くと

$$\begin{cases} X = \dfrac{3s^2 - 2s + 3}{(s^2+1)(s-1)} \\ Y = \dfrac{s^2 - s + 2}{(s^2+1)(s-1)} \end{cases}$$

である. これらは次のように部分分数に分解される.

$$\begin{cases} X = \dfrac{s-1}{s^2+1} + \dfrac{2}{s-1} \\ Y = -\dfrac{1}{s^2+1} + \dfrac{1}{s-1} \end{cases}$$

これらのラプラス逆変換を求めると, 原方程式の解は

$$\begin{cases} x = \cos t - \sin t + 2e^t \\ y = -\sin t + e^t \end{cases}$$

終

問題 4.3 次の連立微分方程式を解け.

(1) $\begin{cases} x' - 2x + 3y = 0 \\ y' - x + 2y = 0 \end{cases}$ $x(0) = 2, \quad y(0) = 0$

(2) $\begin{cases} x' + 7x - y = 0 \\ y' + 2x + 5y = 0 \end{cases}$ $x(0) = 0, \quad y(0) = 1$

(3) $\begin{cases} x' - x - y = 0 \\ y' - 4x - y = 0 \end{cases}$ $x(0) = 1, \quad y(0) = 2$

問題 4.4 単振動している質点に外力 $f(t)$ が作用する場合の運動方程式は

$$mx'' + kx = f(t) \qquad (m,\, k > 0)$$

である. $x(0) = x'(0) = 0$ であって, 外力 $f(t)$ が次の場合にこの方程式を解け.

(1)　強制振動 $f(t) = a \sin \varphi t$

(2)　$t = 0$ における単位衝撃力 $f(t) = \delta(t)$

§ 5.　微分方程式の境界値問題

変数 t の区間 $[t_0,\, t_1]$ で定義された関数 $x(t)$ の 2 階微分方程式について

(1)　$$x(t_0) = a, \quad x(t_1) = b$$

であるような解を求める問題を, 微分方程式の**境界値問題**といい, 区間の両端における値 *(1)* を**境界値**または**境界条件**という.

[**例題 5.1**]　次の境界値問題を解け.

$$x'' - 4x' - 5x = 0, \quad x(0) = 0, \quad x(1) = 2$$

解　$x'(0) = c$ とおけば, 像方程式は

$$s^2X - c - 4sX - 5X = 0$$

となり,

$$X = \frac{c}{s^2 - 4s - 5} = \frac{c}{(s-5)(s+1)}$$
$$= \frac{c}{6}\left(\frac{1}{s-5} - \frac{1}{s+1}\right)$$

この原関数は

$$x = \frac{c}{6}(e^{5t} - e^{-t}) \qquad ①$$

である．ここで境界条件 $x(1)=2$ により

$$2=\frac{c}{6}(e^5-e^{-1}) \quad \therefore \quad c=\frac{12}{e^5-e^{-1}}$$

これを式① に代入して，解は

$$x=\frac{2(e^{5t}-e^{-t})}{e^5-e^{-1}}$$

終

次の定理を証明しておこう．

[5.1]　2階微分方程式の境界値問題

(2) $$x''(t)+kx(t)=0 \quad (0 \leqq t \leqq l,\ k \text{ は定数})$$
$$x(0)=x(l)=0$$

が恒等的には0でない解をもつための必要十分条件は，$k>0$ であり，$\sqrt{k}=\lambda$ とおくとき λ が次の値の1つであることである．

(3) $$\lambda_n=\frac{n\pi}{l} \quad (n=1,2,\cdots)$$

このとき，方程式 (2) の解は λ のおのおのの値 λ_n に対して

(4) $$x=A\sin\frac{n\pi t}{l} \quad (A \text{ は任意定数})$$

で与えられる．

式 (3) の値 λ_n を方程式 (2) の**固有値**といい，それに対応する関数 (4) を λ_n に属す**固有関数**という．

証明　方程式 (2) の像方程式は，条件 $x(0)=0$ によって

$$s^2X-x'(0)+kX=0$$

$$X=\frac{x'(0)}{s^2+k}$$

ゆえに係数 k の正，負，0 に従って，λ を正の定数として，原関数は次の式で与えられる．

$$k=\lambda^2>0 \text{ のとき} \qquad x=\frac{x'(0)}{\lambda}\sin\lambda t$$

$$k=-\lambda^2<0 \text{ のとき} \qquad x=\frac{x'(0)}{\lambda}\sinh\lambda t$$

$$k=0 \text{ のとき} \qquad x=x'(0)t$$

x は恒等的には 0 でないから $x'(0) \neq 0$．以上の式のうち $k \leqq 0$ のとき $\sinh \lambda t$, t はいずれも増加関数であるから $x(l)=0$ となることはない．よって $k=\lambda^2>0$ でなければならない．このとき境界条件 $x(l)=0$ を満たすものは

$$\sin \lambda l = 0$$

であって，$\lambda l = n\pi \ (n=1,2,\cdots)$，すなわち λ は式 (3) の値 λ_n の 1 つでなければならない．このとき $x'(0)$ は任意の値でよいから，$\dfrac{x'(0)}{\lambda}$ を任意定数 A でおき換えて，方程式 (2) の解は式 (4) で与えられる．　終

［**例題 5.2**］　次の微分方程式の境界値問題を解け．(λ, $\mu>0$)

(1)　$x''+\lambda^2 x = 0 \quad (0 \leqq t \leqq l)$,　$x(0)=a$, $x(l)=b$, ($a \neq 0$ または $b \neq 0$)

(2)　$x''+\lambda^2 x = \sin \mu t \quad (0 \leqq t \leqq \pi)$,　$x(0)=x(\pi)=0$

解　(1)　$x'(0)=c$ として，像方程式

$$s^2X - as - c + \lambda^2 X = 0$$

から

$$X = \frac{as}{s^2+\lambda^2} + \frac{c}{s^2+\lambda^2}$$

が導かれ，この原関数は

$$x(t) = a\cos \lambda t + \frac{c}{\lambda}\sin \lambda t \qquad ①$$

である．境界条件は

$$x(l) = a\cos \lambda l + \frac{c}{\lambda}\sin \lambda l = b \qquad ②$$

$\sin \lambda l \neq 0$ すなわち $\lambda \neq \dfrac{n\pi}{l} \ (n=1,2,\cdots)$ ならば

$$c = \frac{\lambda}{\sin \lambda l}(b - a\cos \lambda l)$$

であり，これを式① に代入し，三角関数の加法定理を用いて次の解を得る．

$$\begin{aligned} x(t) &= a\cos \lambda t + \frac{1}{\sin \lambda l}(b - a\cos \lambda l)\sin \lambda t \\ &= \frac{1}{\sin \lambda l}\{a(\sin \lambda l \cos \lambda t - \cos \lambda l \sin \lambda t) + b\sin \lambda t)\} \\ &= \frac{1}{\sin \lambda l}\{a \sin \lambda(l-t) + b\sin \lambda t\} \end{aligned}$$

$\lambda = \dfrac{n\pi}{l} \ (n=1,2,\cdots)$ の場合には，式② は $a\cos n\pi = b$ となる．n が偶数なら

ば $\cos n\pi = 1$ であるから $a = b$ のときだけ，n が奇数ならば $\cos n\pi = -1$ であるから $a = -b$ のときだけ解をもつ．この場合 c は任意であるから $\dfrac{c}{\lambda} = A$ とおいて，解は次の式で与えられる．

$$x(t) = a\cos\frac{n\pi}{l}t + A\sin\frac{n\pi}{l}t \quad (A \text{ は任意定数})$$

(2)　$f(t) = \sin\mu t$ $(0 \leqq t \leqq \pi)$，$f(t) = 0$ $(t > \pi)$ とおき，$\mathcal{L}[f(t)] = F(s)$ とする．$x'(0) = c$ として，像方程式

$$s^2X - c + \lambda^2 X = F(s)$$

から

$$X = \frac{c}{s^2+\lambda^2} + \frac{F(s)}{s^2+\lambda^2}$$

が導かれ，この原関数は合成法則により

$$x(t) = \frac{c}{\lambda}\sin\lambda t + \frac{1}{\lambda}\sin\lambda t * \sin\mu t$$

で与えられる．公式 [3.4] (1) を用いて

$$x(t) = \frac{c}{\lambda}\sin\lambda t + \frac{1}{\lambda(\lambda^2-\mu^2)}(\lambda\sin\mu t - \mu\sin\lambda t) \qquad ①$$

である．境界条件により

$$x(\pi) = \frac{c}{\lambda}\sin\lambda\pi + \frac{1}{\lambda(\lambda^2-\mu^2)}(\lambda\sin\mu\pi - \mu\sin\lambda\pi) = 0 \qquad ②$$

$\lambda \neq n$ $(n = 1, 2, \cdots)$ ならば

$$c = \frac{-1}{(\lambda^2-\mu^2)\sin\lambda\pi}(\lambda\sin\mu\pi - \mu\sin\lambda\pi)$$

これを式 ① に代入して整理すると，解は次の式で与えられる．

$$\begin{aligned} x(t) &= \frac{1}{\lambda(\lambda^2-\mu^2)}\left\{\frac{-1}{\sin\lambda\pi}(\lambda\sin\mu\pi - \mu\sin\lambda\pi)\sin\lambda t \right. \\ &\qquad \left. + (\lambda\sin\mu t - \mu\sin\lambda t)\right\} \\ &= \frac{1}{(\lambda^2-\mu^2)\sin\lambda\pi}(\sin\lambda\pi\sin\mu t - \sin\mu\pi\sin\lambda t) \end{aligned}$$

$\lambda = n$ $(n = 1, 2, \cdots)$ ならば，式 ② から $\sin\mu\pi = 0$，すなわち μ も自然数である．$\mu = m$ とすると $m \neq n$ のときだけ解をもち，解は次の式で与えられる．

$$x(t) = A\sin nt + \frac{1}{n(n^2-m^2)}(n\sin mt - m\sin nt) \quad (A \text{ は任意定数})$$ 終

問題 5.1　次の境界値問題を解け．($\lambda > 0$)

(1)　$x'' - 5x' + 6x = 0$　　$x(0) = 0,\ x(1) = 1$

(2)　$x'' - 4x' + 5x = \cos t$　　$x(0) = 0,\ x\left(\dfrac{\pi}{2}\right) = 1$

(3)　$x'' + 2x' - 3x = 4e^t$　　$x(0) = 0,\ x(1) = e$

(4)　$x'' + \lambda^2 x = \cos \lambda t$　　$x(0) = x(\pi) = 0$

§ 6.* 偏微分方程式

2 変数関数 $y(x,t)$ の偏微分方程式を xt 平面のある領域で考える．偏微分方程式の一般解は数個の任意関数を含んでいる．一意的な解を定めるために，考えている領域の境界上での解の状態を指定する．普通その条件は境界上での解または偏導関数の値を指定するか，解と偏導関数の間の関係式で与えられる．このような条件を偏微分方程式の**境界条件**という．とくに t のある初期値 t_0 における境界条件を**初期条件**という．これらの条件のもとに偏微分方程式を解く問題を一般に**境界値問題**または**初期値問題**という．

関数 $y(x,t)$ に対して，x を媒介変数と考え，変数 t についてのラプラス変換を

$$\mathcal{L}_t[y(x,t)] = Y(x,s) = \int_0^\infty e^{-st} y(x,t)dt$$

で定義し，その逆変換を $\mathcal{L}_t^{-1}$ で表す．同じように x についてのラプラス変換 $\mathcal{L}_x$ も考えられる．

微分法則 II，6 を用いて

$$(1)\quad \begin{aligned} \mathcal{L}_t\left[\frac{\partial y}{\partial t}(x,t)\right] &= sY(x,s) - y(x,0) \\ \mathcal{L}_t\left[\frac{\partial^2 y}{\partial t^2}(x,t)\right] &= s^2 Y(x,s) - sy(x,0) - \frac{\partial y}{\partial t}(x,0) \end{aligned}$$

が成り立つ．x についての偏微分と t についてのラプラス変換との順序が交換できるものとすると，

$$\mathcal{L}_t\left[\frac{\partial y}{\partial x}(x,t)\right] = \frac{\partial Y(x,s)}{\partial x}$$

(*2*)
$$\mathcal{L}_t\left[\frac{\partial^2 y}{\partial x^2}(x,t)\right] = \frac{\partial^2 Y(x,s)}{\partial x^2}$$

$$\mathcal{L}_t\left[\frac{\partial^2 y}{\partial x \partial t}(x,t)\right] = s\frac{\partial Y}{\partial x}(x,s) - \frac{\partial y}{\partial x}(x,0)$$

が成り立つ．これらを偏微分方程式の t についてのラプラス変換に代入すれば，像方程式は s についての微分を含まない．そこで s を媒介変数と考えれば，像方程式は変数 x の関数 $Y(x,s)$ の微分方程式とみなすことができる．これから関数 $Y(x,s)$ を求め，さらに $y(x,t) = \mathcal{L}_t^{-1}[Y(x,s)]$ を求めればよい．この解法の1つの利点は，式 (*1*),(*2*) にみられるように，初期条件 $y(x,0)$, $\dfrac{\partial y}{\partial x}(x,0)$ が自動的に入ってくることである．

波動方程式　一様な線密度の弦を，xy 平面の x 軸の原点 O と座標が l の点 A との間に張る．最初 $t=0$ のとき，弦の各点 x に y 軸方向へのある変位 $y=f(x)$ と初速 $g(x)$ を与えれば，弦は xy 平面内で自由振動する．時刻 t における弦の各点 x の y 軸方向の変位を $y(x,t)$ とすると，2階の偏微分方程式

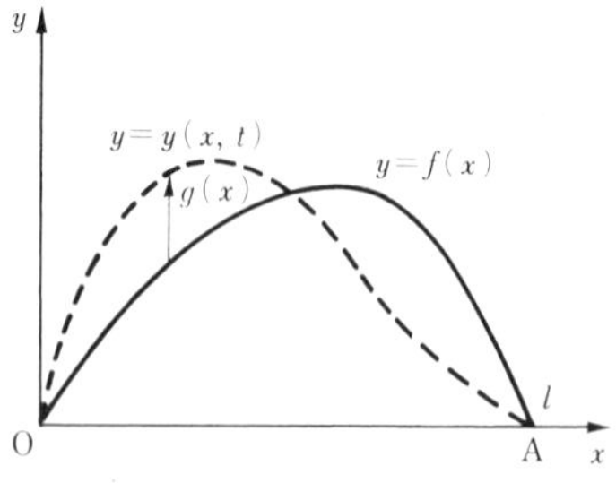

図 6.1

(*3*)
$$\frac{\partial^2 y}{\partial t^2} = c^2\frac{\partial^2 y}{\partial x^2} \quad (t \geqq 0,\ 0 \leqq x \leqq l,\ \text{定数}\ c>0)$$

が成り立つ．これを1次元の**波動方程式**という．

[**例題 6.1**]　波動方程式 (*3*) を次の条件のもとに解け．

境界条件　$y(0,t)=0,\quad y(l,t)=0$　①

初期条件　$y(x,0)=0,\quad \dfrac{\partial y}{\partial t}(x,0) = \sin\dfrac{\pi x}{l}$　②

解　境界条件 ① は，弦が初め x 軸上に張られ，両端が固定されていること，条件 ② は各点 $y(x,0)$ での初速度が $g(x)=\sin\dfrac{\pi x}{l}$ で与えられていることを示す．方

程式 (3) の t についてのラプラス変換に，式 (1)，(2) を代入すれば

$$s^2Y(x,s) - sy(x,0) - \frac{\partial y}{\partial t}(x,0) = c^2\frac{\partial^2 Y}{\partial x^2}(x,s)$$

となる．初期条件 ② を考慮して，$Y(x,s)$ についての微分方程式

$$c^2\frac{\partial^2 Y}{\partial x^2} - s^2Y = -\sin\frac{\pi x}{l} \qquad ③$$

を得る．境界条件 ① のラプラス変換は

$$Y(0,s) = 0, \quad Y(l,s) = 0 \qquad ④$$

となる．

s を媒介変数と考えて，方程式 ③ を境界条件 ④ のもとで解く問題になる．方程式 ③ を x についてラプラス変換し，$\mathcal{L}_x[Y(x,s)] = Y^*(\xi,s)$ とおくと

$$c^2\left\{\xi^2Y^*(\xi,s) - \xi Y(0,s) - \frac{\partial Y}{\partial x}(0,s)\right\} - s^2Y^*(\xi,s) = -\frac{\pi l}{l^2\xi^2+\pi^2}$$

となる．$Y(0,s)=0$ であり，一方 §5 の境界値問題と同じように，

$$\frac{\partial Y}{\partial x}(0,s) = A(s)$$

とおき，$A(s)$ はあとで境界条件 $Y(l,s)=0$ から決める．そのとき

$$(c^2\xi^2 - s^2)Y^*(\xi,s) = c^2A(s) - \frac{\pi l}{l^2\xi^2+\pi^2}$$

$$Y^*(\xi,s) = \frac{c^2A(s)}{c^2\xi^2-s^2} - \frac{\pi l}{\pi^2c^2+l^2s^2}\left(\frac{c^2}{c^2\xi^2-s^2} - \frac{l^2}{l^2\xi^2+\pi^2}\right)$$

x についての原関数を求めると

$$Y(x,s) = \frac{c}{s}A(s)\sinh\frac{s}{c}x - \frac{\pi l}{\pi^2c^2+l^2s^2}\left(\frac{c}{s}\sinh\frac{s}{c}x - \frac{l}{\pi}\sin\frac{\pi}{l}x\right)$$

である．$Y(l,s)=0$ から

$$A(s) = \frac{\pi l}{\pi^2c^2+l^2s^2}$$

であり，

$$Y(x,s) = \frac{l^2}{\pi^2c^2+l^2s^2}\sin\frac{\pi}{l}x = \frac{1}{s^2+(\pi c/l)^2}\sin\frac{\pi}{l}x$$

である．これの t についての原関数を求めれば，与えられた境界値問題の解は

$$y(x,t) = \frac{l}{\pi c}\sin\frac{\pi c}{l}t\sin\frac{\pi}{l}x$$

終

問題 6.1 波動方程式 (3) を次の境界条件のもとに解け.

$$y(0,t) = y(l,t) = 0,\ y(x,0) = \sin\frac{\pi}{l}x,\ \frac{\partial y}{\partial t}(x,0) = 0$$

熱伝導方程式　一様な線密度と一定の比熱をもつ長さ l の熱伝導体が x 軸上にあり，時刻 t における温度分布を $y(x,t)$ とする．熱伝導体の両端以外からの放熱はないものとすると，温度変化について 2 階の偏微分方程式

$$(4)\qquad c^2\frac{\partial^2 y}{\partial x^2} = \frac{\partial y}{\partial t}$$

が成り立つ．これを 1 次元の**熱伝導方程式**または**拡散方程式**といい，定数 c を**熱拡散率**という．

[**例題 6.2**]　熱伝導方程式 (4) を次の条件のもとに解け.

境界条件　$y(0,t) = 0, \quad y(l,t) = 0$　①

初期条件　$y(x,0) = \sin\dfrac{\pi x}{l}$　②

解　式 (1), (2) を用いて，方程式 (4) と境界条件 ① の t についてのラプラス変換はそれぞれ

$$c^2\frac{\partial^2 Y}{\partial x^2}(x,s) = sY(x,s) - \sin\frac{\pi x}{l} \qquad ③$$

$$Y(0,s) = 0, \quad Y(l,s) = 0 \qquad ④$$

と表される．s を媒介変数と考えて，$Y(x,s)$ の微分方程式 ③ を境界条件 ④ のもとで解く問題になる．式 ③ を変数 x についてラプラス変換し，$\mathcal{L}_x[Y(x,s)] = Y^*(\xi,s)$, $\dfrac{\partial Y}{\partial x}(0,s) = A(s)$ とおくと，例題 6.1 と同様に，

$$c^2\{\xi^2 Y^*(\xi,s) - A(s)\} = sY^*(\xi,s) - \frac{\pi l}{l^2\xi^2+\pi^2}$$

$$(c^2\xi^2 - s)Y^*(\xi,s) = c^2A(s) - \frac{\pi l}{l^2\xi^2+\pi^2}$$

$$Y^*(\xi,s) = \frac{c^2A(s)}{c^2\xi^2-s} - \frac{\pi l}{\pi^2c^2+l^2s}\left(\frac{c^2}{c^2\xi^2-s} - \frac{l^2}{l^2\xi^2+\pi^2}\right)$$

を得る．x についての原関数は

$$Y(x,s) = \frac{c}{\sqrt{s}}A(s)\sinh\frac{\sqrt{s}}{c}x - \frac{\pi l}{\pi^2c^2+l^2s}\left(\frac{c}{\sqrt{s}}\sinh\frac{\sqrt{s}}{c}x - \frac{l}{\pi}\sin\frac{\pi}{l}x\right)$$

である．$Y(l,s)=0$ から $A(s)=\dfrac{\pi l}{\pi^2c^2+l^2s}$ であり，

$$Y(x,s)=\frac{l^2}{\pi^2c^2+l^2s}\sin\frac{\pi}{l}x=\frac{1}{s+\pi^2c^2/l^2}\sin\frac{\pi}{l}x$$

となる．これの t についての原関数を求めて，与えられた境界値問題の解

$$y(x,t)=\exp\left(-\frac{\pi^2c^2}{l^2}t\right)\sin\frac{\pi}{l}x$$

を得る．　終

問題 6.2　熱伝導方程式 (4) を次の境界条件のもとに解け．

$$y(0,t)=0,\ y(l,t)=al,\ y(x,0)=ax$$

ラプラス方程式　2 変数関数 $u(x,y)$ についての偏微分方程式

$$\Delta u=\frac{\partial^2u}{\partial x^2}+\frac{\partial^2u}{\partial y^2}=0 \tag{5}$$

を 2 次元の**ラプラス微分方程式**といい，演算子 Δ を**ラプラシアン**という．この方程式を満たす関数を**調和関数**という．数学，物理学に現れる重要な微分方程式である．

[**例題 6.3**]　ラプラス方程式 (5) を，長方形領域 $0\leqq x\leqq l,\ 0\leqq y\leqq m$ において，次の境界条件のもとに解け．

$$u(x,0)=\sin\frac{\pi}{l}x,\quad \frac{\partial u}{\partial y}(x,0)=0 \qquad ①$$

$$u(0,y)=0,\quad u(l,y)=0 \qquad ②$$

解　まず，変数 y についてのラプラス変換を行い，$\mathcal{L}_y[u(x,y)]=U(x,s)$ とする．簡単のために $f(x)=\sin\dfrac{\pi}{l}x$ とおく．方程式 (5) の像方程式は

$$\frac{\partial^2U}{\partial x^2}+s^2U(x,s)-su(x,0)-\frac{\partial u}{\partial y}(x,0)=0$$

となり，これに境界条件① を代入して

$$\frac{\partial^2U}{\partial x^2}+s^2U=sf(x) \qquad ③$$

となる．境界条件 ② のラプラス変換は

$$U(0,s)=0,\quad U(l,s)=0 \qquad ④$$

となる．方程式 ③ を x についてラプラス変換し，

$$\mathcal{L}_x[U(x,s)] = U^*(\xi,s), \quad \mathcal{L}_x[f(x)] = F(\xi)$$

として，

$$\xi^2 U^* - \xi U(0,s) - \frac{\partial U}{\partial x}(0,s) + s^2 U^* = sF(\xi)$$

条件 ④ の第 1 式を考慮し，また $\dfrac{\partial U}{\partial x}(0,s) = A(s)$ とおいて

$$(\xi^2 + s^2)U^* = sF(\xi) + A(s)$$

$$U^* = \frac{s}{\xi^2 + s^2}F(\xi) + \frac{1}{\xi^2 + s^2}A(s)$$

を得る．これの x についての原関数を考えると，合成法則により

$$\begin{aligned} U(x,s) &= \sin sx * f(x) + \frac{1}{s}A(s)\sin sx \\ &= \sin sx * \sin\frac{\pi}{l}x + \frac{1}{s}A(s)\sin sx \end{aligned} \qquad ⑤$$

$s \neq \dfrac{\pi}{l}$ ならば，これは公式 [3.4] (1) を用いて

$$U(x,s) = \frac{1}{s^2 - (\pi/l)^2}\left(s\sin\frac{\pi}{l}x - \frac{\pi}{l}\sin sx\right) + \frac{1}{s}A(s)\sin sx$$

で与えられる．ここで $x = l$ として，条件④ の第 2 式を考慮すると

$$A(s) = \frac{s}{s^2 - (\pi/l)^2}\cdot\frac{\pi}{l}$$

であり，$U(x,s)$ は

$$U(x,s) = \frac{s}{s^2 - (\pi/l)^2}\sin\frac{\pi}{l}x$$

となる．これの y についての原関数を求めて，もとのラプラス方程式の解は

$$u(x,y) = \sin\frac{\pi}{l}x\sinh\frac{\pi}{l}y$$

である．

$s = \dfrac{\pi}{l}$ ならば，式 ⑤ は

$$\begin{aligned} U(x,s) &= \sin sx * \sin sx + \frac{1}{s}\sin sxA(s) \\ &= \frac{1}{2}\left(\frac{1}{s}\sin sx - x\cos sx\right) + \frac{1}{s}\sin sxA(s) \end{aligned}$$

となる．ここで $x=l$ とおくと $sl=\pi$ であるから

$$U(l,s)=-\frac{l}{2}\cos\pi=\frac{l}{2}$$

となり，これは 0 になることはない．したがって，この場合は起こらない．　終

問題 6.3 ラプラス方程式 (5) を，長方形領域 $0 \leqq x \leqq l$, $0 \leqq y \leqq m$ において，次の境界条件のもとに解け．

$$u(x,0)=0, \quad \frac{\partial u}{\partial y}(x,0)=\sin\frac{\pi}{l}x$$
$$u(0,y)=0, \quad u(l,y)=0$$

演習問題　1

1.　次の関数のラプラス変換を求めよ．$(\lambda \neq 0)$

(1)　t^2-3t+2　(2)　$\sin^2\lambda t$　(3)　$\cos^2\lambda t$

(4)　$(t-2)^3U(t-2)$　(5)　$(t+2)^3$　(6)　$e^{-\mu t}t^{\lambda}$ $(\lambda > -1)$

(7)　$t\sinh\lambda t$　(8)　$t^2\sinh\lambda t$　(9)　$te^{\mu t}\sin\lambda t$

(10)　$\displaystyle\int_0^t \cos\lambda\tau d\tau$

2.　積を和に直す公式を用いて，次の関数のラプラス変換を求めよ．$(\lambda \neq 0,\ \mu \neq 0,\ \lambda \neq \mu)$

(1)　$\sin\lambda t\sin\mu t$　(2)　$\cos\lambda t\cos\mu t$　(3)　$\sin\lambda t\cos\mu t$

3.　次の関数のラプラス逆変換を求めよ．$(\lambda \neq 0)$

(1)　$\dfrac{1}{(s-\lambda)^3}$　(2)　$\dfrac{4s-1}{s^2-3s-4}$

(3)　$\dfrac{s+3}{s^2+2s+2}$　(4)　$\dfrac{e^{-2s}}{s^2}$

(5)　$\dfrac{1}{(s-1)(s-2)^2}$　(6)　$\dfrac{1}{s(s^2-\lambda^2)}$

(7)　$\dfrac{s^2}{(s+2)(s^2+4)}$　(8)　$\dfrac{s^2-4s-9}{(s-2)(s^2+2s+5)}$

4.　関数 $x(t)$ について，次の初期値問題を解け．

(1)　$x''+4x'-5x=0$　$x(0)=0,\ x'(0)=1$

(2)　$x''-6x'+9x=0$　$x(0)=1,\ x'(0)=2$

(3)　$x''-4x'+13x=0$　$x(0)=2,\ x'(0)=1$

(4)　$x'' + 3x' - 4x = 6e^{2t}$　　$x(0) = 6,\ x'(0) = 2$

(5)　$x'' - 2x' + x = te^{t}$　　$x(0) = 0,\ x'(0) = 0$

(6)　$x'' + 2x' + 2x = 10\sin 2t$　　$x(0) = -1,\ x'(0) = -3$

(7)　$x'' + 4x' + 5x = \delta(t - \pi)$　　$x(0) = 0,\ x'(0) = 0$

(8)　$x''' + 4x' = t$　　$x(0) = x'(0) = 0,\ x''(0) = 1$

5.　関数 $x(t)$, $y(t)$ について，次の連立微分方程式を解け．

(1)　$\begin{cases} x' + y = t \\ y' - x = t \end{cases}$　$x(0) = 1,\ y(0) = 0$

(2)　$\begin{cases} x' - 3x + y = 2e^{3t} \\ y' - x - y = 3e^{3t} \end{cases}$　$x(0) = 1,\ y(0) = 0$

(3)　$\begin{cases} 3x' - 2x + y' = 3\sin t + 5\cos t \\ 2x' + y' + y = \sin t + \cos t \end{cases}$　$x(0) = 0,\ y(0) = -1$

6.　微分方程式 $ax'' + bx' + cx = f(t)$ (a, b, c は定数) の単位応答を $k(t)$ とするとき，初期条件 $x(0) = x'(0) = 0$ のもとに，任意の入力 $f(t)$ に対する応答関数 $x(t)$ は次の式で与えられることを証明せよ．

$$x(t) = f(0)k(t) + k(t) * f'(t)$$

第 2 章

フーリエ解析

§ 1.　フーリエ級数

関数 $f(x)$ が定義域の任意の x に対して

$$f(x) = f(-x) \quad \text{ならば} \quad f(x) \text{ は偶関数}$$

$$f(x) = -f(-x) \quad \text{ならば} \quad f(x) \text{ は奇関数}$$

であるという．偶関数のグラフは y 軸に関して対称であり，奇関数のグラフは原点に関して対称である．$\cos x$ は偶関数であり，$\sin x$ は奇関数である．

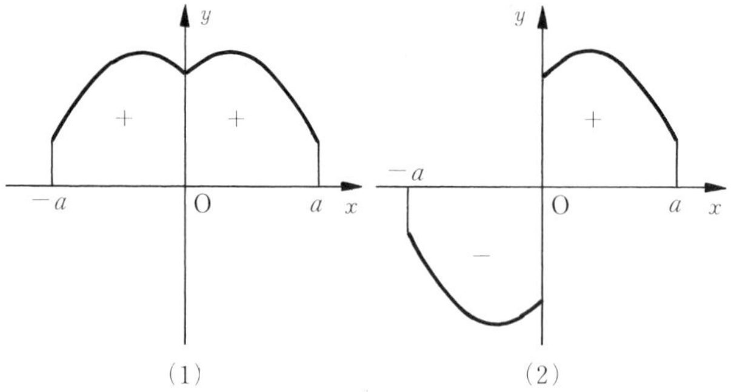

図 1.1

これらの関数の定積分について次の式が成り立つ．(図 1.1 参照)

[1.1]　区間 $[-a, a]$ で関数 $f(x)$ が

偶関数ならば　$$\int_{-a}^{a} f(x)dx = 2\int_{0}^{a} f(x)dx$$

奇関数ならば　$$\int_{-a}^{a} f(x)dx = 0$$

フーリエ級数の計算の基礎になる次の公式をあげておく．

[1.2]　m, n を自然数として

(1)　$$\int_{-\pi}^{\pi} dx = 2\pi$$

(2)　$\displaystyle\int_{-\pi}^{\pi} \cos nx\,dx = 0, \quad \int_{-\pi}^{\pi} \sin nx\,dx = 0$

(3)　$$\int_{-\pi}^{\pi} \cos mx \cos nx\,dx = \begin{cases} \pi & (m = n) \\ 0 & (m \neq n) \end{cases}$$

(4)　$$\int_{-\pi}^{\pi} \sin mx \sin nx\,dx = \begin{cases} \pi & (m = n) \\ 0 & (m \neq n) \end{cases}$$

(5)　$\displaystyle\int_{-\pi}^{\pi} \cos mx \sin nx\,dx = 0$

証明　(1)　$$\int_{-\pi}^{\pi} dx = \Big[\, x \,\Big]_{-\pi}^{\pi} = 2\pi$$

(2)　$$\int_{-\pi}^{\pi} \cos nx\,dx = \left[\, \frac{1}{n} \sin x \,\right]_{-\pi}^{\pi} = 0$$

$\sin nx$ は奇関数であるから区間 $[-\pi, \pi]$ での積分は公式 [1.1] (2) によって 0 である．直接定積分を計算してもよい．

(3)　三角関数の積を和と差になおす公式によって

$$\cos mx \cos nx = \frac{1}{2}\{\cos(m+n)x + \cos(m-n)x\}$$

$m \neq n$ のとき区間 $[-\pi, \pi]$ での積分は (2) によって 0 である．$m = n$ のとき

$$\cos mx \cos mx = \frac{1}{2}(\cos 2mx + 1)$$

であるから，$[-\pi, \pi]$ での積分は (1) と (2) によって π である．

(4), (5) も同様に証明できる．　終

関数 $f(x)$ が周期 2π の周期関数であるとき，これを三角関数の級数

$$(1)\quad \begin{aligned} f(x) &= \frac{a_0}{2} + \sum_{n=1}^{\infty}(a_n \cos nx + b_n \sin nx) \\ &= \frac{a_0}{2} + (a_1 \cos x + b_1 \sin x) + (a_2 \cos 2x + b_2 \sin 2x) \\ &\quad + \cdots + (a_n \cos nx + b_n \sin nx) + \cdots \end{aligned}$$

の形に表すことがフーリエ級数の主題の一つである．

このように表されたとき，両辺に 1, $\cos mx$, $\sin mx$ を掛けて，形式的に項別積分ができるものとすれば，公式 [1.2] によって $n \neq m$ の項の $[-\pi, \pi]$ での積分は 0 となり，

$$\int_{-\pi}^{\pi} f(x)\,dx = \frac{a_0}{2}\int_{-\pi}^{\pi} dx = \pi a_0$$

$$\int_{-\pi}^{\pi} f(x)\cos mx\,dx = a_m\int_{-\pi}^{\pi} \cos mx \cos mx\,dx = \pi a_m$$

$$\int_{-\pi}^{\pi} f(x)\sin mx\,dx = b_m\int_{-\pi}^{\pi} \sin mx \sin mx\,dx = \pi b_m$$

となる．これから式 (*1*) の係数 a_0, a_1, a_2, $\cdots$, b_1, b_2, $\cdots$ が決定される．

しかし，上記の計算は形式的に項別積分をしたものであって，このようにして定められた係数をもつ式 (*1*) の三角級数が収束するとは限らないし，収束してももとの関数 $f(x)$ に一致するとは限らない．したがって，$f(x)$ とこのようにして定められた三角級数の関係を，等号 $=$ の代わりに $\sim$ で表すことにする．以上をまとめれば

> **[1.3]**　周期 2π をもつ関数 $f(x)$ について，
>
> (*2*)
> $$f(x) \sim \frac{a_0}{2} + \sum_{n=1}^{\infty}(a_n \cos nx + b_n \sin nx)$$
>
> であり，右辺の係数は次の式で与えられる．
>
> (*3*)
> $$a_n = \frac{1}{\pi}\int_{-\pi}^{\pi} f(x)\cos nx\,dx \quad (n = 0, 1, 2, \cdots)$$
> $$b_n = \frac{1}{\pi}\int_{-\pi}^{\pi} f(x)\sin nx\,dx \quad (n = 1, 2, \cdots)$$

式 (*2*) の三角級数を関数 $f(x)$ の**フーリエ級数**または**フーリエ展開**といい，その係数 (*3*) を $f(x)$ の**フーリエ係数**という．とくに a_n を**フーリエ余弦係数**，b_n を**正弦係数**という．定数項を $\dfrac{a_0}{2}$ としたのは式 (*3*) を統一的に表すためで

ある．以下フーリエ級数の第 n 部分和を S_n で示す．すなわち

$$S_n = \frac{a_0}{2} + a_1 \cos x + a_2 \cos 2x + \cdots + a_n \cos nx$$
$$+ b_1 \sin x + b_2 \sin 2x + \cdots + b_n \sin nx$$

［**例題 1.1**］　周期 2π をもち，区間 $(-\pi, \pi]$ で次の式で与えられる関数 $f(x)$ のフーリエ級数を求めよ．

(1)　$f(x) = \pi - |x|$

(2)　$f(x) = \begin{cases} -\cos x & (-\pi < x \leqq 0) \\ \cos x & (0 < x \leqq \pi) \end{cases}$

(3)　$f(x) = \begin{cases} 0 & (-\pi < x < 0) \\ 2 & (0 \leqq x \leqq \pi) \end{cases}$

解　(1)　$f(x)$ は偶関数であるから，$f(x)\cos nx$ も偶関数である．ゆえに

$$a_n = \frac{1}{\pi}\int_{-\pi}^{\pi} f(x)\cos nx\,dx = \frac{2}{\pi}\int_0^{\pi} f(x)\cos nx\,dx$$
$$= \frac{2}{\pi}\int_0^{\pi} (\pi - x)\cos nx\,dx$$

$n = 0$ のとき

$$a_0 = \frac{2}{\pi}\int_0^{\pi}(\pi - x)\,dx = \frac{2}{\pi}\left[\,\pi x - \frac{x^2}{2}\,\right]_0^{\pi} = \pi$$

$n \neq 0$ のとき，部分積分により

$$a_n = \frac{2}{\pi}\left\{\left[\,(\pi - x)\frac{1}{n}\sin nx\right]_0^{\pi} + \frac{1}{n}\int_0^{\pi}\sin nx\,dx\right\}$$
$$= \frac{2}{\pi n^2}\left[\,-\cos nx\right]_0^{\pi} = \frac{2}{\pi n^2}\{1 - (-1)^n\}$$
$$= \begin{cases} 0 & (n\text{ が偶数}) \\ \dfrac{4}{\pi n^2} & (n\text{ が奇数}) \end{cases}$$

一方，$\sin nx$ $(n \neq 0)$ が奇関数であるから $f(x)\sin nx$ も奇関数であり，

$$b_n = \frac{1}{\pi}\int_{-\pi}^{\pi} f(x)\sin nx\, dx = 0$$

である．ゆえに

$$f(x) \sim \frac{\pi}{2} + \frac{4}{\pi}\left\{\cos x + \frac{1}{3^2}\cos 3x + \frac{1}{5^2}\cos 5x + \cdots\right\}$$

この関数とフーリエ級数の部分和 S_1，S_3 のグラフは図 1.2 のようになる．

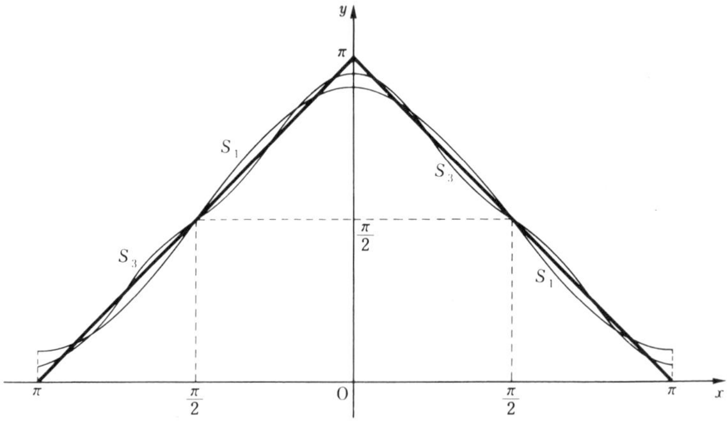

図 **1.2**

(2)　$f(x)$ は奇関数であるから，$f(x)\cos nx$ も奇関数である．したがって

$$a_n = \frac{1}{\pi}\int_{-\pi}^{\pi} f(x)\cos nx\, dx = 0$$

一方 $f(x)\sin nx$ は偶関数であるから

$$b_n = \frac{1}{\pi}\int_{-\pi}^{\pi} f(x)\sin nx\, dx = \frac{2}{\pi}\int_{0}^{\pi} \cos x \sin nx\, dx$$

$n = 1$ のとき

$$b_1 = \frac{2}{\pi}\int_{0}^{\pi} \cos x \sin x\, dx = \frac{1}{\pi}\Big[\ \sin^2 x\ \Big]_0^{\pi} = 0$$

$n \neq 1$ のとき，積を和と差になおす公式を用いて

$$\begin{aligned} b_n &= \frac{1}{\pi}\int_{0}^{\pi}\{\sin(n+1)x + \sin(n-1)x\}dx \\ &= \frac{1}{\pi}\Big[-\frac{1}{n+1}\cos(n+1)x - \frac{1}{n-1}\cos(n-1)x\Big]_0^{\pi} \end{aligned}$$

$$= \frac{1}{\pi}\left(\frac{1}{n+1} + \frac{1}{n-1}\right)\{1 + (-1)^n\}$$

$$= \frac{2n}{\pi(n^2-1)}\{1 + (-1)^n\}$$

$$= \begin{cases} \dfrac{4n}{\pi(n^2-1)} & (n\text{ が偶数}) \\ 0 & (n\text{ が奇数}) \end{cases}$$

この関数のフーリエ級数は

$$f(x) \sim \frac{4}{\pi}\left(\frac{2}{2^2-1}\sin 2x + \frac{4}{4^2-1}\sin 4x + \frac{6}{6^2-1}\sin 6x + \cdots\right)$$

この関数とフーリエ級数の部分和 S_1, S_3 のグラフは図 1.3 のようになる．

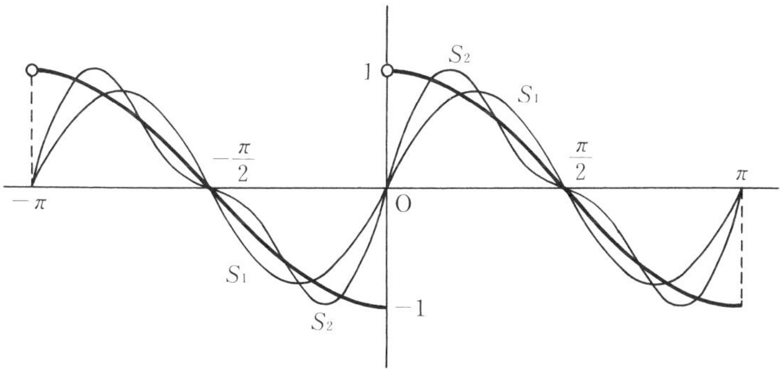

図 1.3

(3)　区間 $(-\pi, 0)$ で $f(x) = 0, [0, \pi]$ で $f(x) = 2$ であるから，

$$a_0 = \frac{1}{\pi}\int_{-\pi}^{\pi} f(x)dx = \frac{1}{\pi}\int_0^{\pi} 2\,dx = 2$$

$$a_n = \frac{1}{\pi}\int_0^{\pi} 2\cos nx\,dx = \frac{2}{\pi n}\Big[\sin nx\Big]_0^{\pi} = 0 \quad (n = 1, 2, 3, \cdots)$$

$$b_n = \frac{1}{\pi}\int_0^{\pi} 2\sin nx\,dx = \frac{2}{\pi n}\Big[-\cos nx\Big]_0^{\pi}$$

$$= \frac{2}{\pi n}\{-(-1)^n + 1\} = \begin{cases} 0 & (n\text{ が偶数}) \\ \dfrac{4}{\pi n} & (n\text{ が奇数}) \end{cases}$$

この関数のフーリエ級数は

$$f(x) \sim 1 + \frac{4}{\pi}\left(\sin x + \frac{1}{3}\sin 3x + \frac{1}{5}\sin 5x + \cdots\right)$$

この関数とフーリエ級数の部分和 S_3, S_5 のグラフは図 1.4 のようになる．

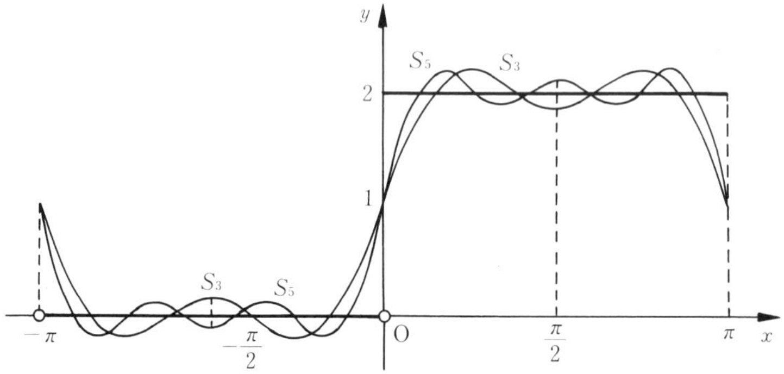

図 1.4

この例の (2), (3) のフーリエ級数は，与えられた関数の不連続な点の近くでは，その関数の曲線そのものにではなく，その曲線と不連続点を通り軸に垂直な線分からなる曲線に近づく．これを**ギップス現象**という．

ある区間で関数 $f(x)$ の導関数 $f'(x)$ が区分的に連続であるとき，$f(x)$ はその区間で**区分的に滑らか**であるという．区分的連続性については第 1 章 §1 (2 ページ) を参照せよ．周期 2π の関数の区分的な連続性または滑らかさについては，区間 $[-\pi, \pi]$ で調べればよい．

例題 1.1　(1) の関数は $[-\pi, \pi]$ で連続であるが，$x = 0, \pm\pi$ で微分可能でない．全区間で区分的に滑らかである．

(2) の関数については $x = 0, \pm\pi$ で連続でなく，$f(n\pi + 0) = 1$, $f(n\pi - 0) = -1$ である．フーリエ級数のその点における値は $f(n\pi) = 0$ である．

(3) の関数については $x = 0, \pm\pi$ で連続でなく，$f(n\pi + 0) = 2$, $f(n\pi - 0) = 0$ である．フーリエ級数のその点における値は $f(n\pi) = 1$ である．

(2), (3) の関数も区分的に滑らかである．

フーリエ級数の収束性について，次の基本的な定理が成り立つ．

> **[1.4]** 周期 2π の関数 $f(x)$ が区分的に滑らかならば，$f(x)$ のフーリエ級数は
>
> (1) $f(x)$ が連続な点 x では，$f(x)$ に収束する．
>
> (2) $f(x)$ が不連続な点 x では
>
> $$\frac{1}{2}\{f(x-0)+f(x+0)\}$$
>
> に収束する．

周期 2π の関数 $f(x)$ が連続で区分的に滑らかならば，$f(x)$ とフーリエ級数の間には等号が成り立つ．

問題 1.1 周期 2π で，$(-\pi, \pi]$ で次の式で定義される周期関数のフーリエ級数を求め，不連続な点においてその関数の左右極限値の平均とフーリエ級数の値とを比較せよ．

(1) $f(x) = |x|$

(2) $f(x) = \begin{cases} -\pi - x & (-\pi < x < 0) \\ \pi - x & (0 \leqq x \leqq \pi) \end{cases}$

(3) $f(x) = \begin{cases} 0 & (-\pi < x < 0) \\ \pi - x & (0 \leqq x \leqq \pi) \end{cases}$

(4) $f(x) = x^2$

§ 2. フーリエ余弦級数・正弦級数・複素形フーリエ級数

$f(x)$ が偶関数ならば，$f(x)\cos nx$ は偶関数，$f(x)\sin nx$ は奇関数であるから，そのフーリエ係数は

$$(1)\quad \begin{aligned} a_n &= \frac{2}{\pi}\int_0^{\pi} f(x)\cos nx\,dx & (n = 0, 1, 2, \cdots) \\ b_n &= \frac{1}{\pi}\int_{-\pi}^{\pi} f(x)\sin nx\,dx = 0 & (n = 1, 2, \cdots) \end{aligned}$$

である．また $f(x)$ が奇関数ならば，同様に考えて

$$(2)\quad \begin{aligned} a_n &= 0 && (n = 0, 1, 2, \cdots) \\ b_n &= \frac{2}{\pi}\int_0^{\pi} f(x)\sin nx\,dx && (n = 1, 2, \cdots) \end{aligned}$$

である．したがって

> **[2.1]**　周期 2π の関数 $f(x)$ が
>
> (1) 偶関数ならば，式 (*1*) で与えられる a_n を係数として
>
> $$f(x) \sim \frac{a_0}{2} + \sum_{n=1}^{\infty} a_n \cos nx$$
>
> (2) 奇関数ならば，式 (*2*) で与えられる b_n を係数として
>
> $$f(x) \sim \sum_{n=1}^{\infty} b_n \sin nx$$
>
> と表される．

例題 1.1 (1), (2) はこの定理の (1), (2) の場合に相当する．

関数 $f(x)$ が区間 $(-\pi, \pi]$ で定義されているとき，任意の整数 k に対して

$$f(x + 2k\pi) = f(x) \quad (-\pi < x \leqq \pi)$$

と定義すれば，$f(x)$ は全区間で定義され，周期 2π をもつ関数となる．

関数 $f(x)$ が区間 $[0, \pi]$ で定義されているとき，$-\pi < x < 0$ に対して

$$f(x) = f(-x)$$

とおいて定義域を区間 $[-\pi, \pi]$ に拡張すれば，$f(x)$ は偶関数になる．そのフーリエ級数は定理 2.1 の式 (1) で与えられる．この式を関数 $f(x)$ の**フーリエ余弦級数**または**フーリエ余弦展開**という．一方

$$f(x) = -f(-x)$$

とおいて区間 $[-\pi, \pi]$ に拡張すれば，$f(x)$ は奇関数になる．そのフーリエ級数は定理 2.1 の式 (2) で与えられる．この式を関数 $f(x)$ の**フーリエ正弦級数**または**フーリエ正弦展開**という．このように，区間 $[0, \pi]$ の外での定義の仕方によってその区間内でのフーリエ級数による表現も異なってくる．

［**例題 2.1**］　$f(x) = x \ (0 \leqq x \leqq \pi)$ のフーリエ余弦級数および正弦級数を求めよ．

解　フーリエ余弦係数は

$$a_0 = \frac{2}{\pi}\int_0^{\pi} x\,dx = \frac{2}{\pi}\Big[\ \frac{x^2}{2}\ \Big]_0^{\pi} = \pi$$

$$\begin{aligned} a_n &= \frac{2}{\pi}\int_0^{\pi} x\cos nx\,dx = \frac{2}{\pi n}\Big\{\Big[\ x\sin nx\Big]_0^{\pi} - \int_0^{\pi}\sin nx\,dx\Big\} \\ &= \frac{2}{\pi n^2}\Big[\ \cos nx\Big]_0^{\pi} = \begin{cases} 0 & (n\text{ が偶数}) \\ -\dfrac{4}{\pi n^2} & (n\text{ が奇数}) \end{cases} \end{aligned}$$

フーリエ余弦級数は

$$f(x) \sim \frac{\pi}{2} - \frac{4}{\pi}\Big(\cos x + \frac{1}{3^2}\cos 3x + \frac{1}{5^2}\cos 5x + \cdots\Big)$$

これは問題 1.1 (1) の関数 $f(x) = |\,x\,|\ (-\pi \leqq x \leqq \pi)$ のフーリエ級数と同じであり，関数 $f(x) = |\,x\,|$ のグラフは図 2.1 (1) である．

この級数で $x = 0$ とおけば， $f(0) = 0$ であるから次の式が得られる．

$$\frac{\pi^2}{8} = 1 + \frac{1}{3^2} + \frac{1}{5^2} + \frac{1}{7^2} + \cdots$$

正弦係数は

$$\begin{aligned} b_n &= \frac{2}{\pi}\int_0^{\pi} x\sin nx\,dx - \frac{2}{\pi n}\Big\{-\Big[\ x\cos nx\Big]_0^{\pi} + \int_0^{\pi}\cos nx\,dx\Big\} \\ &= \frac{2}{\pi n}\Big\{-\pi(-1)^n + \Big[\ \frac{1}{n}\sin nx\Big]_0^{\pi}\Big\} = (-1)^{n-1}\frac{2}{n} \end{aligned}$$

ゆえにフーリエ正弦級数は

$$f(x) \sim 2\Big(\sin x - \frac{1}{2}\sin 2x + \frac{1}{3}\sin 3x + \cdots\Big)$$

これは関数 $f(x) = x\ (-\pi \leqq x \leqq \pi)$ のフーリエ級数と同じであり，$y = x$ のグラフは図 2.1 (2) になる．

この式で $x = \dfrac{\pi}{2}$ とおけば，次のライプニッツの級数が得られる．

$$\frac{\pi}{4} = 1 - \frac{1}{3} + \frac{1}{5} - \frac{1}{7} + \cdots$$

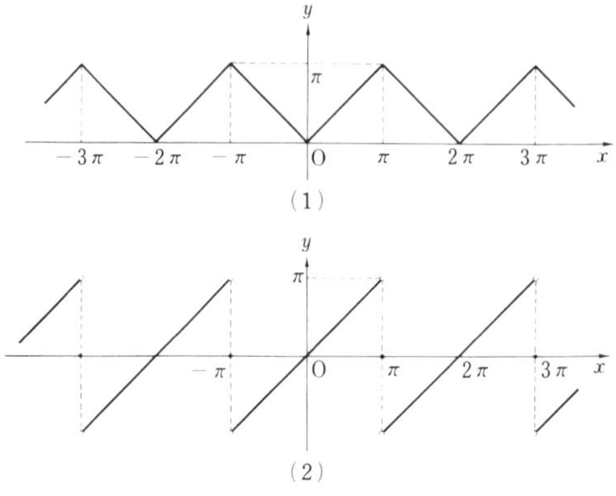

図 2.1

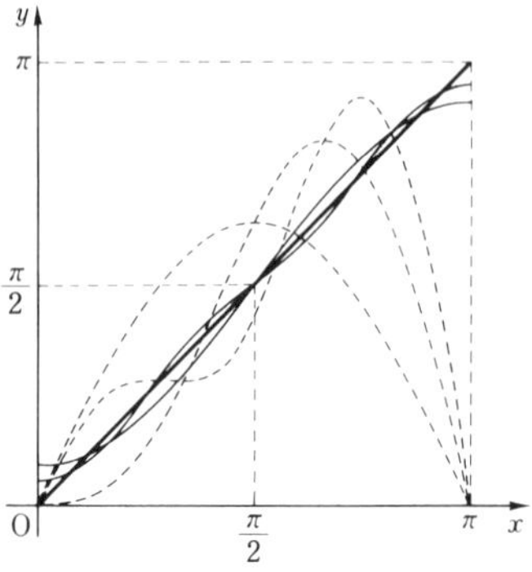

図 2.2

区間 $[0,\pi]$ における $f(x)=x$ の余弦級数と正弦級数の部分和の近似の状態はそれぞれ図 2.2 の実線と点線の曲線で表される． 終

[例題 2.2]　$f(x)=\cos x$ $(0 \leqq x \leqq \pi)$ のフーリエ余弦級数と正弦級数を求めよ．

解　$f(x)$ を偶関数として区間 $[-\pi,\pi]$ に拡張したものは $\cos x$ と同じである．$\cos x$ はそれ自身フーリエ余弦級数の第 1 項である．

$f(x)$ を奇関数として区間 $[-\pi,\pi]$ に拡張したものは例題 1.1 (2) の関数であり，そのフーリエ正弦級数は

$$f(x) \sim \frac{4}{\pi}\left(\frac{2}{2^2-1}\sin 2x + \frac{4}{4^2-1}\sin 4x + \frac{6}{6^2-1}\sin 6x + \cdots\right) \quad \text{終}$$

問題 2.1　次の関数のフーリエ余弦級数と正弦級数を求めよ．

(1)　$f(x)=1$　$(0 \leqq x \leqq \pi)$　　　(2)　$f(x)=\sin x$　$(0 \leqq x \leqq \pi)$

複素形フーリエ級数*　オイラーの公式

$$e^{ix} = \cos x + i\sin x$$

$$e^{-ix} = \cos x - i\sin x$$

および

$$\cos x = \frac{1}{2}(e^{ix}+e^{-ix}), \quad \sin x = \frac{1}{2i}(e^{ix}-e^{-ix})$$

を用いると，フーリエ級数の第 n 項は

$$\begin{aligned} a_n \cos nx + b_n \sin nx &= a_n \frac{e^{inx} + e^{-inx}}{2} - ib_n \frac{e^{inx} - e^{-inx}}{2} \\ &= \frac{a_n - ib_n}{2} e^{inx} + \frac{a_n + ib_n}{2} e^{-inx} \end{aligned}$$

となる．ここで

$$c_0 = \frac{a_0}{2}, \quad c_n = \frac{a_n - ib_n}{2}, \quad c_{-n} = \frac{a_n + ib_n}{2} \quad (n = 1, 2, \cdots)$$

とおけば，フーリエ級数は

$$f(x) \sim \frac{a_0}{2} + \sum_{n=1}^{\infty} (a_n \cos nx + b_n \sin nx) = \sum_{n=-\infty}^{\infty} c_n e^{inx}$$

と表される．そのとき係数 c_n $(n = 0, 1, 2, \cdots)$ は，上の式にフーリエ係数の定義式を代入して

$$\begin{aligned} c_n &= \frac{1}{2\pi} \int_{-\pi}^{\pi} f(x)(\cos nx - i \sin nx) dx \\ &= \frac{1}{2\pi} \int_{-\pi}^{\pi} f(x) e^{-inx}\, dx \end{aligned}$$

で表される．c_n と c_{-n} は互いに共役であるから，上式は n が負の整数のときにも成り立つ．したがって

> [**2.2**]　周期 2π をもつ関数 $f(x)$ は
>
> (*3*) $$f(x) \sim \sum_{n=-\infty}^{\infty} c_n e^{inx}$$
>
> (*4*) $$c_n = \frac{1}{2\pi} \int_{-\pi}^{\pi} f(x) e^{-inx}\, dx \quad (n = 0, \pm 1, \pm 2, \cdots)$$
>
> の形に表される．

式 (*3*) の右辺を**複素形フーリエ級数**，その係数 (*4*) を**複素形フーリエ係数**という．それに対して定理 [1.3] のフーリエ級数 (*2*) を**実数形**という．

[**例題 2.3**]　次の関数の複素形フーリエ級数を求めたのち，実数形になおせ．

(1) $f(x) = e^x \quad (-\pi < x \leqq \pi)$　　(2) $\sin^3 x$

解 (1)　複素形フーリエ係数 c_n は

$$c_n = \frac{1}{2\pi}\int_{-\pi}^{\pi} e^x e^{-inx}\,dx = \frac{1}{2\pi}\int_{-\pi}^{\pi} e^{(1-in)x}\,dx$$
$$= \frac{1}{2\pi(1-in)}\Big[\, e^{(1-in)x} \,\Big]_{-\pi}^{\pi}$$

$e^{in\pi} = \cos n\pi + i\sin n\pi = (-1)^n$ であるから

$$c_n = \frac{1+in}{2\pi(1+n^2)}(-1)^n(e^{\pi} - e^{-\pi}) \quad (n = 0, \pm 1, \pm 2, \cdots)$$

複素形フーリエ級数は

$$e^x \sim \frac{e^{\pi} - e^{-\pi}}{2\pi}\sum_{n=-\infty}^{\infty}(-1)^n\frac{1+in}{1+n^2}e^{inx}$$

n 項と $-n$ 項を対にして考えると

$$(1+in)e^{inx} + (1-in)e^{-inx}$$
$$= (1+in)(\cos nx + i\sin nx) + (1-in)(\cos nx - i\sin nx)$$
$$= 2(\cos nx - n\sin nx)$$

であるから，実数形フーリエ級数は

$$e^x \sim \frac{e^{\pi} - e^{-\pi}}{2\pi}\left\{1 - \frac{2}{1+1}(\cos x - \sin x) + \frac{2}{1+2^2}(\cos 2x - 2\sin 2x) - \frac{2}{1+3^2}(\cos 3x - 3\sin 3x) + \cdots\right\}$$

(2)　このフーリエ級数を求めるために，係数を求める必要はない．

$$\sin^3 x = \left(\frac{e^{ix} - e^{-ix}}{2i}\right)^3 = \frac{-1}{8i}(e^{3ix} - 3e^{ix} + 3e^{-ix} - e^{-3ix})$$
$$= \frac{-1}{4}\left(\frac{e^{3ix} - e^{-3ix}}{2i} - 3\frac{e^{ix} + 3e^{-ix}}{2i}\right)$$

これを実数形になおせば

$$\sin^3 x = \frac{-1}{4}(\sin 3x - 3\sin x)$$

これは3倍角の公式にほかならない．　終

問題 2.2　$[-\pi, \pi]$ で定義された次の関数の複素形フーリエ級数を求め，次に実数形になおせ．

(1)　$f(x) = \begin{cases} 0 & (-\pi < x < 0) \\ 2 & (0 \leqq x \leqq \pi) \end{cases}$　　(2)　$f(x) = x \quad (-\pi < x \leqq \pi)$

(3)　$f(x) = \cos^3 x$

§ 3.　一般区間におけるフーリエ級数

周期 $2l$ の関数 $f(x)$ について基礎の区間を $[-l, l]$ とする．変数変換

$$t = \frac{\pi}{l}x, \quad x = \frac{l}{\pi}t$$

を行えば，x の区間 $[-l, l]$ は t の区間 $[-\pi, \pi]$ に移される．その区間での関数 $g(t) = f\left(\dfrac{l}{\pi}t\right)$ のフーリエ級数は，定理 [1.3] で x を t に，f を g におき換えて与えられる．$dt = \dfrac{\pi}{l}dx$ であることに注意して，これらの公式をもとの関数 $f(x)$ で書きなおせば

> **[3.1]**　周期 $2l$ をもつ関数 $f(x)$ のフーリエ級数は
>
> $$f(x) \sim \frac{a_0}{2} + \sum_{n=1}^{\infty}\left(a_n \cos\frac{n\pi}{l}x + b_n \sin\frac{n\pi}{l}x\right)$$
>
> である．ここにフーリエ係数は次の式で与えられる．
>
> $$a_n = \frac{1}{l}\int_{-l}^{l} f(x)\cos\frac{n\pi}{l}x\,dx \quad (n = 0, 1, 2, \cdots)$$
>
> $$b_n = \frac{1}{l}\int_{-l}^{l} f(x)\sin\frac{n\pi}{l}x\,dx \quad (n = 1, 2, \cdots)$$

[例題 3.1]　関数 $f(x) = \begin{cases} 0 & (-l \leqq x < 0) \\ x & (0 \leqq x \leqq l) \end{cases}$ のフーリエ級数を求めよ．

解　区間 $[-l, 0]$ で 0 であるから

$$a_0 = \frac{1}{l}\left(\int_{-l}^{0} 0\,dx + \int_{0}^{l} x\,dx\right) = \frac{1}{l}\left[\,\frac{1}{2}x^2\,\right]_0^l = \frac{l}{2}$$

$$a_n = \frac{1}{l}\int_0^l x\cos\frac{n\pi}{l}x\,dx$$

$$= \frac{1}{n\pi}\left\{\left[\,x\sin\frac{n\pi x}{l}\,\right]_0^l - \int_0^l \sin\frac{n\pi x}{l}\,dx\right\}$$

$$= \frac{l}{n^2\pi^2}\left[\cos\frac{n\pi x}{l}\right]_0^l = \begin{cases} 0 & (n\text{ が偶数}) \\ -\dfrac{2l}{n^2\pi^2} & (n\text{ が奇数}) \end{cases}$$

$$\begin{aligned} b_n &= \frac{1}{l}\int_0^l x\sin\frac{n\pi x}{l}\,dx \\ &= \frac{-1}{n\pi}\left\{\left[x\cos\frac{n\pi x}{l}\right]_0^l - \int_0^l \cos\frac{n\pi x}{l}\,dx\right\} \\ &= \frac{-1}{n\pi}\left\{l\cos n\pi - \frac{l}{n\pi}\left[\sin\frac{n\pi x}{l}\right]_0^l\right\} = \frac{-l}{n\pi}(-1)^n \end{aligned}$$

この関数のフーリエ級数は

$$\begin{aligned} f(x) \sim \frac{l}{4} &- \frac{2l}{\pi^2}\left(\cos\frac{\pi x}{l} + \frac{1}{3^2}\cos\frac{3\pi x}{l} + \frac{1}{5^2}\cos\frac{5\pi x}{l} + \cdots\right) \\ &+ \frac{l}{\pi}\left(\sin\frac{\pi x}{l} - \frac{1}{2}\sin\frac{2\pi x}{l} + \frac{1}{3}\sin\frac{3\pi x}{l} - \cdots\right) \end{aligned}$$

このフーリエ級数は図 3.1 の周期 $2l$ の関数を表す．　終

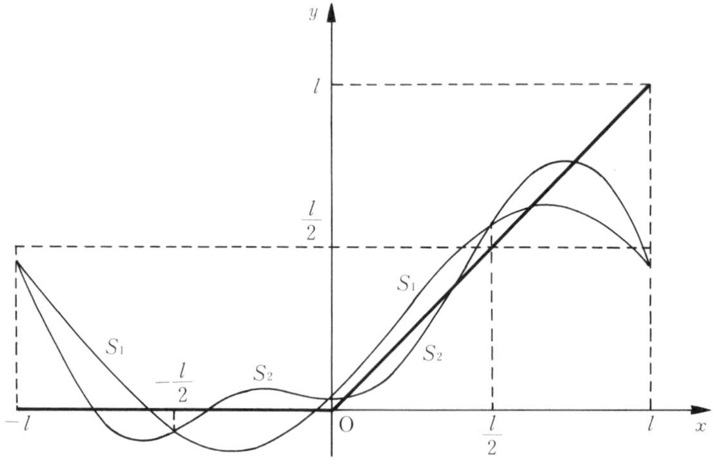

図 **3.1**

問題 3.1　次の関数のフーリエ数を求めよ．

(1)　$f(x) = \begin{cases} -1 & (-l < x < 0) \\ 1 & (0 \leqq x \leqq l) \end{cases}$　　(2)　$f(x) = |\,x\,| \quad (-l \leqq x \leqq l)$

一般区間 $(0,l]$ を基礎区間とする関数について，フーリエ余弦級数・正弦級数が § 2 で述べたと同じ様に定義される．

[例題 3.2]　関数 $f(x)=\begin{cases} x & \left(0\leqq x\leqq \dfrac{l}{2}\right) \\ l-x & \left(\dfrac{l}{2}\leqq x\leqq l\right)\end{cases}$

のフーリエ余弦級数および正弦級数を求めよ．

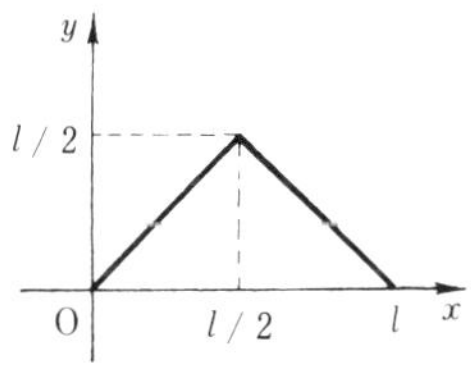

図 3.2

解　余弦係数は

$$\begin{aligned} a_0 &= \frac{2}{l}\left(\int_0^{l/2} x\,dx+\int_{l/2}^{l}(l-x)\,dx\right) \\ &= \frac{2}{l}\left(\frac{1}{2}\Big[\,x^2\,\Big]_0^{l/2}-\frac{1}{2}\Big[\,(l-x)^2\,\Big]_{l/2}^{l}\right) \\ &= \frac{2}{l}\left(\frac{l^2}{8}+\frac{l^2}{8}\right)=\frac{l}{2} \end{aligned}$$

$$\begin{aligned} a_n &= \frac{2}{l}\left\{\int_0^{l/2} x\cos\frac{n\pi x}{l}\,dx+\int_{l/2}^{l}(l-x)\cos\frac{n\pi x}{l}\,dx\right\} \\ &= \frac{2}{l}\cdot\frac{l}{n\pi}\left\{\Big[\,x\sin\frac{n\pi x}{l}\,\Big]_0^{l/2}-\int_0^{l/2}\sin\frac{n\pi x}{l}\,dx\right. \\ &\qquad\left.+\Big[\,(l-x)\sin\frac{n\pi x}{l}\,\Big]_{l/2}^{l}+\int_{l/2}^{l}\sin\frac{n\pi x}{l}\,dx\right\} \\ &= \frac{2}{n\pi}\left\{\frac{l}{2}\sin\frac{n\pi}{2}+\frac{l}{n\pi}\Big[\,\cos\frac{n\pi x}{l}\,\Big]_0^{l/2}\right. \\ &\qquad\left.-\frac{l}{2}\sin\frac{n\pi}{2}-\frac{l}{n\pi}\Big[\,\cos\frac{n\pi x}{l}\,\Big]_{l/2}^{l}\right\} \\ &= \frac{2l}{n^2\pi^2}\left(2\cos\frac{n\pi}{2}-1-\cos n\pi\right) \\ &= \begin{cases} 0 & (n\text{ が奇数}) \\ \dfrac{4l}{n^2\pi^2}\{(-1)^{n/2}-1\} & (n\text{ が偶数}) \end{cases} \end{aligned}$$

ゆえにフーリエ余弦級数は

$$f(x)\sim\frac{l}{4}-\frac{8l}{\pi^2}\left(\frac{1}{2^2}\cos\frac{2\pi x}{l}+\frac{1}{6^2}\cos\frac{6\pi x}{l}+\frac{1}{10^2}\cos\frac{10\pi x}{l}+\cdots\right)$$

正弦係数は

$$
\begin{aligned}
b_n &= \frac{2}{l}\left(\int_0^{l/2} x\sin\frac{n\pi x}{l}\,dx + \int_{l/2}^{l}(l-x)\sin\frac{n\pi x}{l}\,dx\right)\\
&= \frac{2}{l}\cdot\frac{l}{n\pi}\Biggl\{-\left[\,x\cos\frac{n\pi x}{l}\,\right]_0^{l/2} + \int_0^{l/2}\cos\frac{n\pi x}{l}\,dx\\
&\qquad -\left[\,(l-x)\cos\frac{n\pi x}{l}\,\right]_{l/2}^{l} - \int_{l/2}^{l}\cos\frac{n\pi x}{l}\,dx\Biggr\}\\
&= \frac{2}{n\pi}\Biggl\{-\frac{l}{2}\cos\frac{n\pi}{2} + \frac{l}{n\pi}\left[\,\sin\frac{n\pi x}{l}\,\right]_0^{l/2}\\
&\qquad +\frac{l}{2}\cos\frac{n\pi}{2} - \frac{l}{n\pi}\left[\,\sin\frac{n\pi x}{l}\,\right]_{l/2}^{l}\Biggr\}\\
&= \frac{4l}{n^2\pi^2}\sin\frac{n\pi}{2} = \begin{cases} 0 & (n\text{ が偶数})\\[2mm] \dfrac{4l}{n^2\pi^2}(-1)^{(n-1)/2} & (n\text{ が奇数})\end{cases}
\end{aligned}
$$

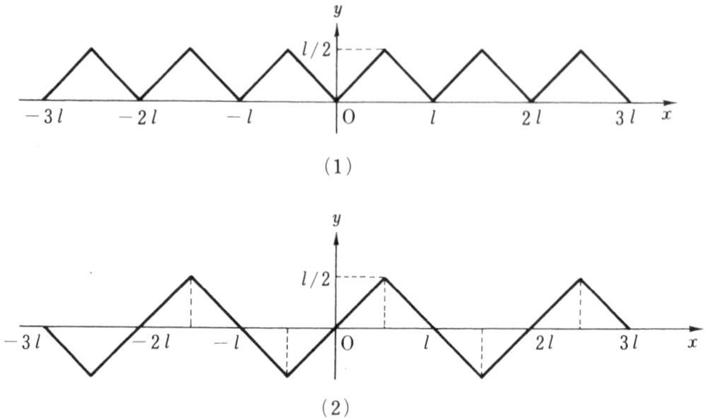

図 3.3

ゆえにフーリエ正弦級数は

$$
f(x) \sim \frac{4l}{\pi^2}\left(\sin\frac{\pi x}{l} - \frac{1}{3^2}\sin\frac{3\pi x}{l} + \frac{1}{5^2}\sin\frac{5\pi x}{l} - \cdots\right)
$$

これらの級数は，関数 $f(x)$ をそれぞれ偶関数または奇関数として $[-l, l]$ に拡げ，さらに周期 $2l$ で全区間に拡げた関数 (図 3.3) のフーリエ級数である． 終

問題 3.2 次の関数のフーリエ余弦級数および正弦級数を求めよ．

$$
f(x) = x(l-x) \quad (0 \leqq x \leqq l)
$$

§ 4.　項別積分と項別微分

フーリエ級数について，次の項別積分と項別微分が成り立つ．

> [**4.1**]　**項別積分**　関数 $f(x)$ が $[-\pi, \pi]$ で区分的に連続ならば，任意の $x \in [-\pi, \pi]$ に対して
>
> $$\int_0^x f(t)dt = \frac{a_0}{2}\int_0^x dt + \sum_{n=1}^{\infty}\int_0^x (a_n \cos nt + b_n \sin nt)dt$$
> $$= \frac{a_0}{2} + \sum_{n=1}^{\infty}\left\{\frac{a_n}{n}\sin nx + \frac{b_n}{n}(1 - \cos nx)\right\}$$

$a_0 \neq 0$ のとき，この式の右辺は周期関数ではない．

$$g(x) = \int_0^x f(t)dt - \frac{a_0}{2}x$$

とおけば，この $g(x)$ のフーリエ級数は次の式で表される．

$$g(x) = \sum_{n=1}^{\infty}\frac{b_n}{n} + \sum_{n=1}^{\infty}\left(-\frac{b_n}{n}\cos nx + \frac{a_n}{n}\sin nx\right)$$

定理 [4.1] は一般区間 $[-l, l]$ でも成り立つ．

[**例題 4.1**]　関数 $f(x) = \begin{cases} 0 & (-\pi < x < 0) \\ 2 & (0 \leqq x \leqq \pi) \end{cases}$ のフーリエ級数を項別積分せよ．

[解]　この関数は例題 1.1 (3) の関数であり，フーリエ級数は

$$f(x) \sim 1 + \frac{4}{\pi}\sum_{n=1}^{\infty}\frac{1}{2n-1}\sin(2n-1)x$$
$$= 1 + \frac{4}{\pi}\left(\sin x + \frac{1}{3}\sin 3x + \frac{1}{5}\sin 5x + \cdots\right)$$

である．項別積分は

$$\int_0^x f(t)dt = x + \frac{4}{\pi}\sum_{n=1}^{\infty}\frac{1}{(2n-1)^2}\{1-\cos(2n-1)x\}$$
$$= x + \frac{4}{\pi}\sum_{n=1}^{\infty}\frac{1}{(2n-1)^2} - \frac{4}{\pi}\sum_{n=1}^{\infty}\frac{1}{(2n-1)^2}\cos(2n-1)x$$

となる．一方，$f(x)$ の積分は

$$\int_0^x f(x)dx = \begin{cases} \displaystyle\int_0^x 0\,dx = 0 & (-\pi < x < 0) \\ \displaystyle\int_0^x 2\,dx = 2x & (0 \leqq x \leqq \pi) \end{cases}$$

であるから，

$$g(x) = \int_0^x f(t)dt - x = \begin{cases} -x & (-\pi < x < 0) \\ x & (0 \leqq x \leqq \pi) \end{cases}$$

すなわち

$$g(x) = |\,x\,| \quad (-\pi < x \leqq \pi)$$

である．したがって

$$|\,x\,| = \frac{4}{\pi}\sum_{n=1}^{\infty}\frac{1}{(2n-1)^2} - \frac{4}{\pi}\sum_{n=1}^{\infty}\frac{1}{(2n-1)^2}\cos(2n-1)x$$

が成り立つが，右辺第1項はフーリエ級数の定数項に相当するから

$$\frac{1}{2\pi}\int_{-\pi}^{\pi} g(x)dx = \frac{1}{\pi}\int_0^{\pi}|\,x\,|\,dx = \frac{\pi}{2}$$

に等しい．したがって

$$\frac{4}{\pi}\sum_{n=1}^{\infty}\frac{1}{(2n-1)^2} = \frac{\pi}{2}$$

すなわち等式

$$1 + \frac{1}{3^2} + \frac{1}{5^2} + \cdots + \frac{1}{(2n-1)^2} + \cdots = \frac{\pi^2}{8}$$

が成り立つ．ゆえに

$$|\,x\,| = \frac{\pi}{2} - \frac{4}{\pi}\sum_{n=1}^{\infty}\frac{1}{(2n-1)^2}\cos(2n-1)x$$

となる．これは例題 2.1 のフーリエ余弦級数と一致する．　終

問題 4.1 関数 $f(x)=x \quad (-\pi < x \leqq \pi)$ のフーリエ級数を項別積分することによって x^2 のフーリエ級数を求めよ．また次の式が成り立つことを示せ．

$$1-\frac{1}{2^2}+\frac{1}{3^2}-\frac{1}{4^2}+\cdots+\frac{(-1)^{n-1}}{n^2}+\cdots=\frac{\pi^2}{12}$$

> **[4.2]　項別微分**　2π を周期とする関数 $f(x)$ が連続で，$f'(x)$ が区分的に滑らかならば，$f(x)$ は項別微分可能であり，$f'(x)$ のフーリエ級数は
>
> $$f'(x) \sim \sum_{n=1}^{\infty}(-na_n \sin nx + nb_n \cos nx)$$
>
> で与えられる．

[例題 4.2]　次の関数のフーリエ級数を項別微分して，定理 [4.2] が適用できるかどうかを調べよ．

(1)　$f(x)=|x| \quad (-\pi < x \leqq \pi)$　　(2)　$f(x)=x \quad (-\pi < x \leqq \pi)$

[解]　(1)　例題 4.1 の $|x|$ のフーリエ余弦級数を項別微分すれば

$$\frac{4}{\pi}\left(\sin x+\frac{1}{3}\sin 3x+\frac{1}{5}\sin 5x+\cdots\right)$$

となり，これは例題 4.1 の もとの関数 $f'(x)=\begin{cases} -1 & (-\pi < x < 0) \\ 1 & (0 \leqq x \leqq \pi) \end{cases}$ のフーリエ級数と一致している．$|x|$ は連続で，$f'(x)$ は $x=0,\ \pi$ を除いては連続であり，定理は適用できる．

(2)
$$x \sim 2\left(\sin x-\frac{1}{2}\sin 2x+\frac{1}{3}\sin 3x-\cdots\right)$$

の右辺を項別微分すれば

$$2(\cos x-\cos 2x+\cos 3x-\cos 4x+\cdots)$$

となる．$x=\pi$ において $\cos nx=(-1)^n$ であるから，この級数は収束しない．関数 $f(x)=x\ (-\pi < x \leqq \pi)$ は $x=\pi$ で不連続であるから，定理は適用できない．　[終]

問題 4.2 関数 $f(x)=x^2$ のフーリエ級数を項別微分および項別積分して，その式がどのような関数を表すか調べよ．

関数 $f(x)$ が区間 $[-\pi, \pi]$ で連続で区分的に滑らかならば，定理 [1.4] により，$f(x)$ とそのフーリエ級数の間には等号が成り立つ．

$$f(x) = \frac{a_0}{2} + \sum_{n=1}^{\infty}(a_n \cos nx + b_n \sin nx)$$

この両辺に $f(x)$ を掛けた式

$$\{f(x)\}^2 = \frac{a_0}{2}f(x) + \sum_{n=1}^{\infty}\{a_n f(x)\cos nx + b_n f(x)\sin nx\}$$

を区間 $[-\pi, \pi]$ で項別積分し，再びフーリエ係数の式

$$a_n = \frac{1}{\pi}\int_{-\pi}^{\pi} f(x)\cos nx\, dx, \quad b_n = \frac{1}{\pi}\int_{-\pi}^{\pi} f(x)\sin nx\, dx$$

を用いれば，次の公式を得る．

> **[4.3]　パーセヴァルの等式**　関数 $f(x)$ が区間 $[-\pi, \pi]$ で連続で区分的に滑らかならば，次の等式が成り立つ．
>
> $$\frac{1}{\pi}\int_{-\pi}^{\pi}\{f(x)\}^2 dx = \frac{{a_0}^2}{2} + \sum_{n=1}^{\infty}({a_n}^2 + {b_n}^2)$$

[例題 4.3]　$f(x) = |x|\ (-\pi \leqq x \leqq \pi)$ のフーリエ級数にパーセヴァルの等式を適用して，$\displaystyle\sum_{n=1}^{\infty}\frac{1}{(2n-1)^4}$ の値を求めよ．

解　例題 4.1 のように $|x|$ のフーリエ級数は

$$|x| = \frac{\pi}{2} - \frac{4}{\pi}\left(\cos x + \frac{1}{3^2}\cos 3x + \frac{1}{5^2}\cos 5x + \cdots\right)$$
$$= \frac{\pi}{2} - \frac{4}{\pi}\sum_{n=1}^{\infty}\frac{1}{(2n-1)^2}\cos(2n-1)x$$

である．

$$\int_{-\pi}^{\pi}|x|^2 dx = 2\int_0^{\pi} x^2\, dx = \frac{2}{3}\pi^3$$

であるから，パーセヴァルの等式により

$$\frac{2}{3}\pi^2 = \frac{\pi^2}{2} + \frac{16}{\pi^2}\left\{1 + \frac{1}{3^4} + \frac{1}{5^4} + \cdots + \frac{1}{(2n-1)^4} + \cdots\right\}$$

これから次の等式が導かれる．

$$1 + \frac{1}{3^4} + \frac{1}{5^4} + \cdots + \frac{1}{(2n-1)^4} + \cdots = \frac{\pi^4}{96}$$

終

問題 4.3　$f(x) = x^2$ にパーセヴァルの等式を適用して次の等式を示せ．

$$1 + \frac{1}{2^4} + \frac{1}{3^4} + \cdots + \frac{1}{n^4} + \cdots = \frac{\pi^4}{90}$$

§ 5.　波動方程式

第 1 章 §6 で述べた 1 次元の波動方程式は

(1)
$$\frac{\partial^2 y}{\partial t^2} = c^2 \frac{\partial^2 y}{\partial x^2} \quad (t \geqq 0,\ 0 \leqq x \leqq l,\ \text{定数}\, c > 0)$$

である．

波動公式　この方程式の一般解を次の方法で求めよう．変数の 1 次変換

(2)
$$\xi = x - ct, \quad \eta = x + ct$$

を行えば

$$\frac{\partial y}{\partial x} = \frac{\partial \xi}{\partial x}\frac{\partial y}{\partial \xi} + \frac{\partial \eta}{\partial x}\frac{\partial y}{\partial \eta} = \left(\frac{\partial}{\partial \xi} + \frac{\partial}{\partial \eta}\right)y$$

$$\frac{\partial y}{\partial t} = \frac{\partial \xi}{\partial t}\frac{\partial y}{\partial \xi} + \frac{\partial \eta}{\partial t}\frac{\partial y}{\partial \eta} = c\left(-\frac{\partial}{\partial \xi} + \frac{\partial}{\partial \eta}\right)y$$

$$\frac{\partial^2 y}{\partial x^2} = \left(\frac{\partial}{\partial \xi} + \frac{\partial}{\partial \eta}\right)^2 y = \frac{\partial^2 y}{\partial \xi^2} + 2\frac{\partial^2 y}{\partial \xi \partial \eta} + \frac{\partial y}{\partial \eta}$$

$$\frac{\partial^2 y}{\partial t^2} = c^2\left(-\frac{\partial}{\partial \xi} + \frac{\partial}{\partial \eta}\right)^2 y = c^2\left(\frac{\partial^2 y}{\partial \xi^2} - 2\frac{\partial^2 y}{\partial \xi \partial \eta} + \frac{\partial^2 y}{\partial \eta^2}\right)$$

である．これらの式を方程式 (1) に代入すれば

$$\frac{\partial^2 y}{\partial \xi \partial \eta} = 0$$

に変換される．この方程式の一般解は

$$y(\xi, \eta) = \varphi(\xi) + \psi(\eta)$$

と表され，ここに $\varphi(\xi)$, $\psi(\eta)$ はそれぞれ ξ, η だけの任意関数である．これに1次変換 (2) を代入すれば，方程式 (1) の一般解は

(3) $$y(x, t) = \varphi(x - ct) + \psi(x + ct) \quad (\varphi,\ \psi \text{ は任意関数})$$

で与えられる．

波動方程式を次の条件のもとで解くことを考えよう．

(4)　境界条件 $$y(0, t) = y(l, t) = 0$$

(5)　初期条件 $$y(x, 0) = f(x), \quad \frac{\partial y}{\partial t}(x, 0) = g(x)$$

この境界条件は弦の両端が固定されていること，初期条件は $t = 0$ のとき各点の y 軸方向の変位と初速度が $f(x)$ と $g(x)$ で与えられていることを示す．

式 (5) で $x = 0$, $x = l$ とおけば条件 (4) により

$$f(0) = f(l) = 0, \ g(0) = g(l) = 0$$

である．関数 $f(x)$ と $g(x)$ はこの性質をもつものでなければならない．一般解 (3) で $t = 0$ とすれば条件 (5) の第1式から

(6) $$\varphi(x) + \psi(x) = f(x)$$

である．また一般解 (3) を t で偏微分したのち，$t = 0$ とすれば

$$\frac{\partial y}{\partial t}(x, t) = -c\,\varphi'(x - ct) + c\,\psi'(x + ct)$$

$$\frac{\partial y}{\partial t}(x, 0) = -c\,\varphi'(x) + c\,\psi'(x) = g(x)$$

関数 $g(x)$ の原始関数を $G(x)$ とすれば

(7) $$\psi(x) - \varphi(x) = \frac{1}{c}\int g(x)dx = \frac{1}{c}G(x)$$

である．式 (6) と (7) から

$$\varphi(x) = \frac{1}{2}\left\{f(x) - \frac{1}{c}G(x)\right\}$$

$$\psi(x) = \frac{1}{2}\left\{f(x) + \frac{1}{c}G(x)\right\}$$

を得る．これらを式 (3) に代入すれば，求める解は

$$
(8)\qquad
\begin{aligned}
y(x,t) &= \frac{1}{2}\{f(x-ct)+f(x+ct)\}+\frac{1}{2c}\Big[\,G(x)\Big]_{x-ct}^{x+ct} \\
&= \frac{1}{2}\{f(x-ct)+f(x+ct)\}+\frac{1}{2c}\int_{x-ct}^{x+ct} g(x)dx
\end{aligned}
$$

である．この式を**ストークスの波動公式**という．

この解の意味を明らかにするために，関数

$$
(9)\qquad y(x,t)=\varphi(x-ct)=\frac{1}{2}f(x-ct)-\frac{1}{2c}G(x-ct)
$$

を考えよう．図 5.1 で，左側の曲線は $t=0$ のときの $y=y(x,0)=\varphi(x)$ のグラフであり，右側の曲線は t の一般の値に対する $y=y(x,t)=\varphi(x-ct)$ のグラフである．左側の曲線を ct だけ右へ平行移動すれば右側の曲線になる．いいかえれば，式 (9) は，左側の波形が時間 t の間に距離 ct だけ右に移動すること，すなわち速さ c で右方向に進行する**進行波**を表す．同様に $\psi(x+ct)$ は速さ c で左方向に進行する進行波を表す．したがって一般解 (8) は速さ c で左右に進む 2 つの進行波の和である．関数 φ, ψ または f, g が与えられると 2 つの波形が決定される．

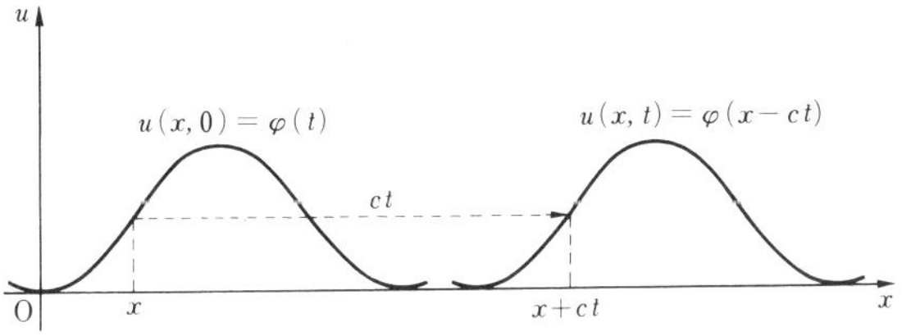

図 **5.1**

両端が固定されているという境界条件 (4) のもとでは，式 (3) から $\varphi(x)$, $\psi(x)$ は周期 $2l$ の関数であり，

$$
\psi(x)=-\varphi(-x)
$$

が成り立つことが導かれる．境界条件 (5) の関数 $f(x)$, $g(x)$ および $G(x)$ の定義域を全区間に拡げて，そこでも関係式 (6), (7) が成り立つものとすれば，これらも周期 $2l$ をもち，$f(x)$, $g(x)$ は奇関数であり，$G(x)$ は偶関数であることがわかる．

重ね合せの原理　フーリエ級数による波動方程式の解法を考えよう．

$X(x)$, $T(t)$ をそれぞれ x および t だけの関数として

$$y(x,t) = X(x)T(t) \tag{10}$$

の形をした波動方程式の解を求める．このような解を**変数分離解**という．

$$\frac{\partial^2 y}{\partial x^2} = -X''(x)T(t), \quad \frac{\partial^2 y}{\partial t^2} = X(x)T''(t)$$

であり，これを波動方程式 *(1)* に代入すれば

$$\frac{X''(x)}{X(x)} = \frac{T''(t)}{c^2T(t)}$$

が導かれる．この式の左辺は変数 x だけの，右辺は変数 t だけの関数であるから，この式が任意の x, t について成り立つためには両辺は定数でなければならない．その定数を $-k$ とおけば $X(x)$, $T(t)$ についての常微分方程式

$$X''(x) + kX = 0 \tag{11}$$

$$T''(t) + c^2kT = 0 \tag{12}$$

が導かれる．式 *(10)* に境界条件 *(4)* を考慮すれば

$$X(0)T(t) = 0, \quad X(l)T(t) = 0$$

であるから，$X(x)$ についての境界条件

$$X(0) = X(l) = 0$$

になる．この境界条件を満たすような方程式 *(11)* の解が存在するための条件は，第1章の定理 [4.1] により $k = \lambda^2 > 0$ であり，解は固有値 $\lambda = \lambda_n = \dfrac{n\pi}{l}$ に属す固有関数

$$X = X_n(x) = \sin\frac{n\pi x}{l} \quad (n = 1, 2, \cdots)$$

で与えられる．それぞれの固有値 λ_n に対応する方程式 *(12)* の一般解は

$$T_n(t) = C_n\cos\frac{n\pi ct}{l} + D_n\sin\frac{n\pi ct}{l} \quad (C_n,\ D_n \text{ は任意定数})$$

である．したがって，境界条件のうち *(4)* を満たす変数分離解は

$$\begin{aligned} y_n(x,t) &= X_n(x)T_n(t) \\ &= \sin\frac{n\pi x}{l}\left(C_n\cos\frac{n\pi ct}{l} + D_n\sin\frac{n\pi ct}{l}\right) \end{aligned} \quad (n = 1, 2, \cdots) \tag{13}$$

で与えられる．

一般に $y_n(x,t)$ $(n=1,2,\cdots)$ が方程式 (*1*) の解であれば，それらの有限個の定数係数 1 次結合

$$\sum_{n=1}^{N} c_n y_n(x,t) \quad (c_n\text{は任意定数})$$

もその方程式の解である．さらに，$N\to\infty$ としたときの無限級数と偏微分の順序が交換可能，すなわち項別微分ができるものとすれば，

$$y(x,t)=\sum_{n=1}^{\infty} c_n y_n(x,t) \tag{14}$$

も方程式 (*1*) の解である．そこで，式 (*14*) に式 (*13*) の関数 y_n を代入したものが，与えられた初期条件を満たすように係数 $c_n, C_n, D_n (n=1,2,\cdots)$ を決定しよう．このような解法を**重ね合せの原理**という．

c_nC_n，c_nD_n をあらためて C_n，D_n とおけば，式 (*14*) で $c_n=1$ と考えてよい．そのとき

$$(15)\quad \begin{aligned} y(x,t) &= \sum_{n=1}^{\infty} \sin\frac{n\pi x}{l}\left(C_n\cos\frac{n\pi ct}{l}+D_n\sin\frac{n\pi ct}{l}\right) \\ \frac{\partial y}{\partial t}(x,t) &= \sum_{n=1}^{\infty} \frac{n\pi c}{l}\sin\frac{n\pi x}{l}\left(-C_n\sin\frac{n\pi ct}{l}+D_n\cos\frac{n\pi ct}{l}\right) \end{aligned}$$

であるから，初期条件 (*5*) により

$$\begin{aligned} y(x,0) &= \sum_{n=1}^{\infty} C_n\sin\frac{n\pi x}{l}=f(x) \\ \frac{\partial y}{\partial t}(x,0) &= \sum_{n=1}^{\infty}\frac{n\pi c}{l}D_n\sin\frac{n\pi x}{l}=g(x) \end{aligned}$$

となる．これらの式を関数 $f(x)$，$g(x)$ の基礎区間 $[0,l]$ におけるフーリエ正弦展開と考えれば，C_n，$\dfrac{n\pi c}{l}D_n$ は $f(x)$，$g(x)$ のフーリエ正弦係数に等しい．ゆえに定理 [3.1] により

$$(16)\qquad \begin{aligned} C_n &= \frac{2}{l}\int_0^l f(x)\sin\frac{n\pi x}{l}dx \\ \frac{n\pi c}{l}D_n &= \frac{2}{l}\int_0^l g(x)\sin\frac{n\pi x}{l}dx \end{aligned} \qquad (n=1,2,\cdots)$$

で与えられる．これらの係数 C_n, D_n を式 (*15*) に代入して解 $y(x,t)$ を求めることができる．

［**例題 5.1**］　波動方程式 (*1*) を，境界条件 (*4*) と初期条件 (*5*) の関数 $f(x)$, $g(x)$ が次の式で与えられる場合に解け．

$$f(x)=0,\quad g(x)=\sin\frac{\pi x}{l}$$

解　これは第 1 章例題 6.1 と同じであり，ここでは波動公式とフーリエ級数の 2 つの方法で解こう．

（i）　波動公式 (*8*) により，途中差を積になおす公式を用いて，

$$\begin{aligned} y(x,t) &= \frac{1}{2c}\int_{x-ct}^{x+ct}\sin\frac{\pi x}{l}\,dx = \frac{l}{2c\pi}\left[-\cos\frac{\pi x}{l}\right]_{x-ct}^{x+ct} \\ &= \frac{l}{2c\pi}\left\{-\cos\frac{\pi}{l}(x+ct)+\cos\frac{\pi}{l}(x-ct)\right\} \\ &= \frac{l}{c\pi}\sin\frac{\pi x}{l}\sin\frac{c\pi t}{l} \end{aligned}$$

（ii）　重ね合せの原理による解法

$f(x)=0$ のフーリエ正弦係数 C_n はすべて 0 であり，$g(x)=\sin\dfrac{\pi x}{l}$ はそれ自身正弦級数の第 1 項であるから，

$$\frac{\pi c}{l}D_1=1,\ D_2=D_3=\cdots=0$$

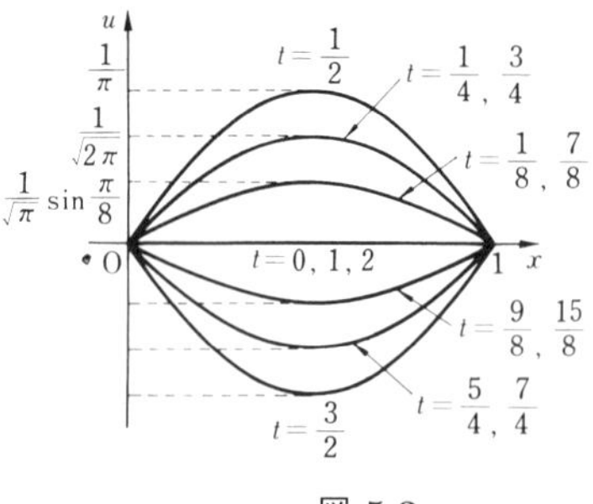

図 **5.2**

である．これらの係数 C_n, D_n を式 (*15*) に代入して，（i）と同じ結果を得る．

$l=c=1$ のとき，時刻の変化による解 $y(x,t)$ の変化の状態を図 5.2 に示す．

問題 5.1　波動方程式 (1) を境界条件 (4) と次の初期条件のもとで解け．

$$y(x,0)=\sin\frac{\pi x}{l},\quad \frac{\partial y}{\partial t}(x,0)=0$$

［**例題 5.2**］　波動方程式 (*1*) を，境界条件 (*4*) と初期条件 (*5*) の関数 $f(x)$, $g(x)$ が次の式で与えられる場合に解け．

$$f(x)=\begin{cases} x & \left(0\leqq x\leqq \dfrac{l}{2}\right) \\ l-x & \left(\dfrac{l}{2}<x\leqq l\right)\end{cases}\qquad g(x)=0$$

解　(i)　波動公式 (*8*) に $f(x)$ および $g(x)=0$ を代入すれば

$$y(x,t)=\frac{1}{2}\{f(x-ct)+f(x+ct)\}$$

である．$c=1, l=2$ のとき，時刻の変化にともなう解の変化の状態を図 5.3 に示す．細い実線と点線が左右への進行波であり，太い実線はその合成波であって，解を表す．

(ii)　重ね合せの原理による解　C_n は $f(x)$ のフーリエ正弦係数であるから，例題 3.2 の結果を用いて

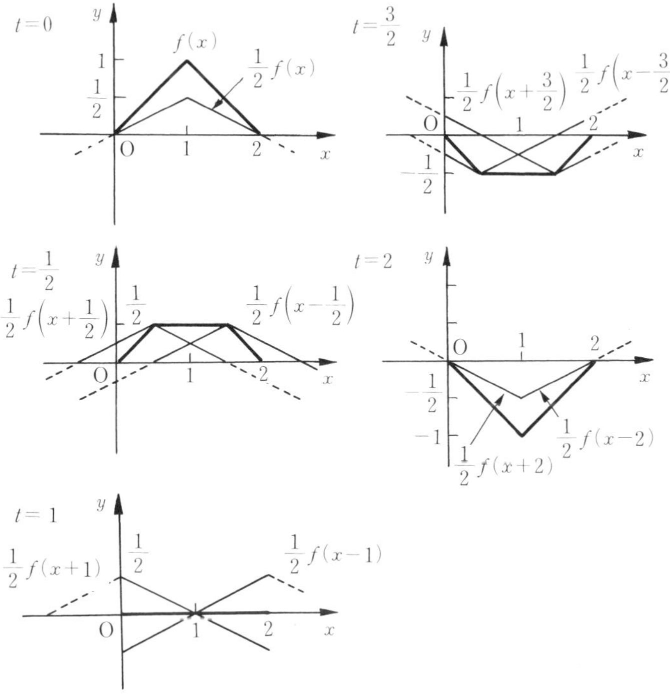

図 **5.3**

$$C_n = 0\ (n \text{ は偶数}), \quad C_n = (-1)^{(n-1)/2}\frac{4l}{n^2\pi^2} \quad (n \text{ は奇数})$$

である．方程式の解は (15) の y の式により

$$y = \frac{4l}{\pi^2}\sum_{n=1}^{\infty}\frac{(-1)^{n-1}}{(2n-1)^2}\sin\frac{(2n-1)\pi x}{l}\cos\frac{(2n-1)\pi ct}{l}$$

$$= \frac{4l}{\pi^2}\left(\sin\frac{\pi x}{l}\cos\frac{\pi ct}{l} - \frac{1}{3^2}\sin\frac{3\pi x}{l}\cos\frac{3\pi ct}{l} + \frac{1}{5^2}\sin\frac{5\pi x}{l}\cos\frac{5\pi ct}{l} - \cdots\right)$$

問題 5.2 波動方程式 (1) を境界条件 (4) と次の初期条件のもとで解け．

$$y(x,0) = 0, \quad \frac{\partial y}{\partial t}(x,0) = \begin{cases} x & \left(0 \leqq x \leqq \dfrac{l}{2}\right) \\ l - x & \left(\dfrac{l}{2} < x \leqq l\right) \end{cases}$$

§ 6.* 熱伝導方程式

第1章 §6 で述べた1次元の熱伝導方程式

$$(1) \qquad c^2\frac{\partial^2 y}{\partial x^2} = \frac{\partial y}{\partial t}$$

を

(2)　境界条件　　$y(0,t) = y(l,t) = 0$

(3)　初期条件　　$y(x,0) = f(x)$

のもとで重ね合せの原理によって解こう．条件 (2) は両端が等温であること，(3) は最初の温度分布を表している．波動方程式の場合と同様に，変数分離解を

$$y(x,t) = X(x)T(t)$$

とおけば，境界条件 (2) は

$$(4) \qquad X(0) = X(l) = 0$$

となる．$y(x,\ t)$ の偏導関数は

$$\frac{\partial^2 y}{\partial x^2} = -X''(x)T(t), \quad \frac{\partial y}{\partial t} = X(x)T'(t)$$

であり，これを方程式 (*1*) に代入して

$$c^2 X''(x)T(t) = X(x)T'(t)$$

$$\frac{X''(x)}{X(x)} = \frac{T'(t)}{c^2 T(t)}$$

を得る．この式は，左辺が x だけの関数，右辺が t だけの関数であるから，定数に等しい．境界条件 (*4*) と第 1 章の定理 [4.1] を考慮して，その定数を $-\lambda^2$ $(\lambda > 0)$ とおけば，常微分方程式

(*5*)　$$X''(x) + \lambda^2 X = 0$$

(*6*)　$$T'(t) + \lambda^2 c^2 T = 0$$

が導かれる．境界条件 (*4*) を満たす方程式 (*5*) の解は，固有値 $\lambda = \lambda_n = \dfrac{n\pi}{l}$ に属す固有関数

$$X = X_n(x) = \sin\frac{n\pi x}{l} \quad (n = 1, 2, \cdots)$$

で与えられる．そのとき，方程式 (*6*) の解は

$$T = T_n(t) = \exp\left\{-\left(\frac{n\pi c}{l}\right)^2 t\right\} \quad (n = 1, 2, \cdots)$$

である．したがって，重ね合せの原理により

(*7*)　$$\begin{aligned} y(x,t) &= \sum_{n=1}^{\infty} A_n X_n(x) T_n(t) \\ &= \sum_{n=1}^{\infty} A_n \sin\frac{n\pi x}{l} \exp\left\{-\left(\frac{n\pi c}{l}\right)^2 t\right\} \end{aligned} \quad (A_n \text{は任意定数})$$

である．$t = 0$ とおいて初期条件 (*3*) を考慮すれば

$$\sum_{n=1}^{\infty} A_n \sin\frac{n\pi x}{l} = f(x)$$

である．これはちょうど関数 $f(x)$ の区間 $[0, l]$ におけるフーリエ正弦級数であり，A_n はその係数

(*8*)　$$A_n = \frac{2}{l}\int_0^l f(x)\sin\frac{n\pi x}{l}dx \quad (n = 1, 2, \cdots)$$

で与えられる．これらの係数 A_n を式 (*7*) に代入して求める解が導かれる．

［**例題 6.1**］　熱伝導方程式 (*1*) を，境界条件 (*2*) と次の初期条件のもとに解け.

$$y(x,0)=f(x)=\sin\frac{\pi x}{l}$$

解　関数 $f(x)$ はそれ自身フーリエ正弦級数の第 1 項であるから，

$$A_1=1,\ A_2=A_3=\cdots=0$$

である．したがって解は

$$y(x,t)=\sin\frac{\pi x}{l}\exp\left\{-\left(\frac{\pi c}{l}\right)^2t\right\}$$

で与えられる．　終

問題 6.1　熱伝導方程式 (*1*) を境界条件 (*2*) と次の初期条件のもとに解け.

$$y(x,0)=a\sin\frac{2\pi x}{l}$$

［**例題 6.2**］　熱伝導方程式 (*1*) を，境界条件 (*2*) と次の初期条件のもとに解け.

$$u(x,\,0)=f(x)=\begin{cases}x & \left(0\leqq x\leqq\dfrac{l}{2}\right)\\[2ex] l-x & \left(\dfrac{l}{2}<x\leqq l\right)\end{cases}$$

解　例題 3.2 の正弦係数の偶数番目は $A_{2n}=0$ であり，奇数番目は

$$A_{2n-1}=\frac{4l}{\pi^2(2n-1)^2}(-1)^{n-1}$$

と表されるから，

$$\begin{aligned}y&=\frac{4l}{\pi^2}\sum_{n=1}^{\infty}\frac{(-1)^{n-1}}{(2n-1)^2}\sin\frac{(2n-1)\pi x}{l}\exp\left\{-\left(\frac{(2n-1)\pi c}{l}\right)^2t\right\}\\&=\frac{4l}{\pi^2}\left[\sin\frac{\pi x}{l}\exp\left\{-\left(\frac{\pi c}{l}\right)^2t\right\}-\frac{1}{3^2}\sin\frac{3\pi x}{l}\exp\left\{-\left(\frac{3\pi c}{l}\right)^2t\right\}\right.\\&\qquad\left.+\frac{1}{5^2}\sin\frac{5\pi x}{l}\exp\left\{-\left(\frac{5\pi c}{l}\right)^2t\right\}-\cdots\right]\end{aligned}$$

終

問題 6.2　熱伝導方程式 (*1*) を境界条件 (*2*) と次の初期条件のもとに解け.

$$y(x,0)=x$$

§ 7.* ラプラス方程式

第 1 章 §6 で述べたラプラス微分方程式

$$(1)\qquad \Delta u = \frac{\partial^2 u}{\partial x^2} + \frac{\partial^2 u}{\partial y^2} = 0$$

では境界値問題が対象になる．とくに指定された境界値をもつ調和関数を求める問題を**ディリクレ問題**，境界上で指定された法線微分をもつ調和関数を求める問題を**ノイマン問題**という．

長方形領域 $D: 0 \leqq x \leqq l,\ 0 \leqq y \leqq m$ で境界条件

$$(2)\qquad \begin{aligned} &u(x,0) = f(x), \quad u(x,m) = 0 \\ &u(0,y) = u(l,y) = 0 \end{aligned}$$

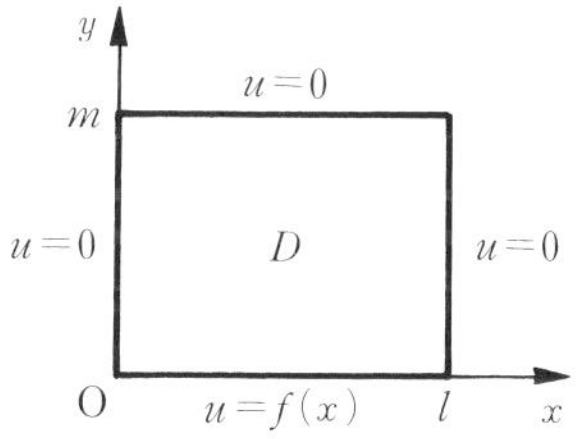

図 7.1

を重ね合わせの原理によって解くことを考えよう．変数分離解を

$$u(x,y) = X(x)Y(y)$$

とおく．境界条件 (2) から $X(x)$ についての境界条件は

$$(3)\qquad X(0) = X(l) = 0$$

となる．$u(x,y)$ の偏導関数を方程式 (1) に代入すれば

$$X''(x)Y(y) + X(x)Y''(y) = 0$$

$$-\frac{X''(x)}{X(x)} = \frac{Y''(y)}{Y(y)}$$

この式は定数に等しくなければならない．境界条件 (3) を考慮して，それを λ^2 とおけば

$$(4)\qquad X''(x) + \lambda^2 X = 0$$

$$(5)\qquad Y''(y) - \lambda^2 Y = 0$$

が導かれる．条件 (3) を満たす方程式 (4) の解は，固有値とそれに属す固有関数

$$(6)\qquad \lambda = \lambda_n = \frac{n\pi}{l}, \quad X = X_n = \sin\frac{n\pi x}{l} \quad (n = 1, 2, \cdots)$$

で与えられる．各固有値 λ_n に対応する方程式 (5) の一般解は

(7)　$$Y_n = A_n \cosh \lambda_n y + B_n \sinh \lambda_n y \qquad (A_n, B_n \text{ は任意定数})$$

と表される．重ね合せの原理による解は

$$u(x,y) = \sum_{n=1}^{\infty} X_n(x) Y_n(y)$$

であるが，境界条件 (2) の第 2 式によって，

$$A_n \cosh \lambda_n m + B_n \sinh \lambda_n m = 0$$

が成り立つ．$\sinh \lambda_n m \neq 0$ であるから

$$B_n = -A_n \frac{\cosh \lambda_n m}{\sinh \lambda_n m}$$

これを式 (7) に代入して

$$Y_n = \frac{A_n}{\sinh \lambda_n m}(\sinh \lambda_n m \cosh \lambda_n y - \cosh \lambda_n m \sinh \lambda_n y)$$

となる．双曲線関数の加法定理を用い，係数 $\dfrac{A_n}{\sinh \lambda_n m}$ をあらためて A_n と書けば

$$Y_n = A_n \sinh \lambda_n (m - y)$$

と表される．したがって，方程式 (1) の解は，λ_n を (6) の値に戻して，

(8)　$$u(x,y) = \sum_{n=1}^{\infty} A_n \sin \frac{n\pi x}{l} \sinh \frac{n\pi(m-y)}{l}$$

の形で与えられる．A_n を決定するために境界条件 (2) の第 1 式を考慮すれば

$$\sum_{n=1}^{\infty} A_n \sinh \frac{n\pi m}{l} \sin \frac{n\pi x}{l} = f(x)$$

が成り立たねばならない．この式は $A_n \sinh \dfrac{n\pi m}{l}$ が，$f(x)$ の区間 $[0, l]$ におけるフーリエ正弦係数に等しいことを表している．すなわち

$$A_n \sinh \frac{n\pi m}{l} = \frac{2}{l} \int_0^l f(x) \sin \frac{n\pi x}{l} dx$$

である．この式から係数 A_n を求め，式 (8) に代入すれば解が求められる．

［**例題 7.1**］　ラプラス方程式 (*1*) を長方形領域 $D: 0 \leqq x \leqq l,\ 0 \leqq y \leqq m$ において，境界条件 (*2*) で $f(x) = \sin \dfrac{\pi x}{l}$ である場合について解け.

解　$f(x) = \sin \dfrac{\pi x}{l}$ はそれ自身フーリエ正弦級数の第 1 項であるから,

$$A_1 \sinh \frac{\pi m}{l} = 1, \quad A_2 = A_3 = \cdots = 0$$

ゆえに解は

$$u(x,y) = \frac{1}{\sinh \dfrac{\pi m}{l}} \sin \frac{\pi x}{l} \sinh \frac{\pi(m-y)}{l}$$

終

問題 7.1　ラプラス方程式 (*1*) を長方形領域 $D: 0 \leqq x \leqq \pi,\ 0 \leqq y < m$ において，次の境界条件のもとに解け.

$$u(x,0) = \sin^3 x, \quad u(x,m) = u(0,y) = u(\pi,x) = 0$$

ラプラス方程式 (*1*) を長方形領域 $D: 0 \leqq x \leqq l,\ 0 \leqq y < m$ において，境界条件 (*2*) の代りに

$$(9) \qquad \begin{aligned} &u(x,0) = f(x), \quad \frac{\partial u}{\partial y}(x,0) = g(x) \\ &u(0,y) = u(l,y) = 0 \end{aligned}$$

の条件のもとに解く．第 2 式は x 軸上の境界で法線方向の微分が指定されていることを示している．この場合も固有値 λ_n に対する方程式の一般解は式 (*8*) で与えられる．重ね合せの原理による解と y についての偏導関数は

$$(10) \qquad u(x,y) = \sum_{n=1}^{\infty} \sin \frac{n\pi x}{l} \left(A_n \cosh \frac{n\pi y}{l} + B_n \sinh \frac{n\pi y}{l}\right)$$

$$\frac{\partial u}{\partial y}(x,y) = \sum_{n=1}^{\infty} \frac{n\pi}{l} \sin \frac{n\pi x}{l} \left(A_n \sinh \frac{n\pi y}{l} + B_n \cosh \frac{n\pi y}{l}\right)$$

である．境界条件 (*9*) によって,

$$\sum_{n=1}^{\infty} A_n \sin \frac{n\pi x}{l} = f(x)$$

$$\sum_{n-1}^{\infty} \frac{n\pi}{l} B_n \sin \frac{n\pi x}{l} = g(x)$$

が成り立たねばならない．この式は A_n，$\dfrac{n\pi}{l}B_n$ がそれぞれ $f(x)$，$g(x)$ の区間 $[0,l]$ におけるフーリエ正弦係数に等しいことを表している．すなわち

$$A_n = \frac{2}{l}\int_0^l f(x)\sin\frac{n\pi x}{l}dx$$

$$\frac{n\pi}{l}B_n = \frac{2}{l}\int_0^l g(x)\sin\frac{n\pi x}{l}dx$$

である．この式から係数 A_n，B_n を求め，式 (*10*) に代入すれば解が求められる．

［**例題 7.2**］ ラプラス方程式 (*1*) を長方形領域 $D: 0 \leqq x \leqq l,\ 0 \leqq y \leqq m$ において，次の境界条件のもとに解け．

$$u(x,0) = 0, \quad \frac{\partial u}{\partial y}(x,0) = \sin\frac{\pi}{l}x$$

$$u(0,y) = 0, \quad u(l,y) = 0$$

解 境界条件 (*9*) で $f(x) = 0$，$g(x) = \sin\dfrac{\pi x}{l}$ の場合である．$\sin\dfrac{\pi x}{l}$ 自身フーリエ正弦級数の第 1 項であるから，

$$\frac{\pi}{l}B_1 = 1,\ B_2 = B_3 = \cdots = 0$$

である．ゆえに解は

$$u(x,y) = \frac{l}{\pi}\sin\frac{\pi x}{l}\sinh\frac{\pi y}{l}$$

である． 終

問題 7.2 ラプラス方程式 (*1*) を長方形領域 $D: 0 \leqq x \leqq l,\ 0 \leqq y \leqq m$ において，次の境界条件のもとに解け．

$$u(x,0) = \sin\frac{\pi x}{l}, \quad \frac{\partial u}{\partial y}(x,0) = \sin\frac{\pi x}{l}\cos^2\frac{\pi x}{l}$$

$$u(0,y) = 0, \quad u(l,y) = 0$$

円領域におけるディリクレ問題 円領域を $D: x^2 + y^2 \leqq c^2$ とし，極座標 (r,θ) に変換する．

$$x = r\cos\theta, \quad y = r\sin\theta$$

そのとき，領域 D は $r \leqq c$ で表され，偏微分の間に次の関係が成り立つ．

$$\frac{\partial}{\partial r} = \frac{\partial x}{\partial r}\frac{\partial}{\partial x} + \frac{\partial y}{\partial r}\frac{\partial}{\partial y} = \cos\theta\frac{\partial}{\partial x} + \sin\theta\frac{\partial}{\partial y}$$

$$\frac{\partial}{\partial \theta} = \frac{\partial x}{\partial \theta}\frac{\partial}{\partial x} + \frac{\partial y}{\partial \theta}\frac{\partial}{\partial y} = -r\sin\theta\frac{\partial}{\partial x} + r\cos\theta\frac{\partial}{\partial y}$$

同様にして

$$\frac{\partial^2}{\partial r^2} = \cos^2\theta\frac{\partial^2}{\partial x^2} + 2\cos\theta\sin\theta\frac{\partial^2}{\partial x\partial y} + \sin^2\theta\frac{\partial^2}{\partial y^2}$$

$$\frac{\partial^2}{\partial \theta^2} = r^2\left(\sin^2\theta\frac{\partial^2}{\partial x^2} - 2\cos\theta\sin\theta\frac{\partial^2}{\partial x\partial y} + \cos^2\theta\frac{\partial^2}{\partial y^2}\right)$$
$$-r\left(\cos\theta\frac{\partial}{\partial x} + \sin\theta\frac{\partial}{\partial y}\right)$$

極座標に関してラプラシアンは

$$(11) \qquad \Delta = \frac{\partial^2}{\partial x^2} + \frac{\partial^2}{\partial y^2} = \frac{\partial^2}{\partial r^2} + \frac{1}{r}\frac{\partial}{\partial r} + \frac{1}{r^2}\frac{\partial^2}{\partial \theta^2}$$

となり，関数 u についてのラプラス方程式 (*1*) は

$$(12) \qquad \frac{\partial^2 u}{\partial r^2} + \frac{1}{r}\frac{\partial u}{\partial r} + \frac{1}{r^2}\frac{\partial^2 u}{\partial \theta^2} = 0$$

の形に表される．

円領域の周上で境界条件

$$(13) \qquad u(c,\theta) = f(\theta) \quad (0 \leqq \theta \leqq 2\pi), \quad f(2\pi) = f(0)$$

を満たす解を求めよう．変数分離解を

$$u(r,\theta) = R(r)\Theta(\theta)$$

とおいて，方程式 (*12*) に代入すれば，等式

$$r^2\frac{R''}{R} + r\frac{R'}{R} = -\frac{\Theta''}{\Theta}$$

が導かれる．この式の左辺は r だけの関数であり，右辺は θ だけの関数であるから，この式は定数に等しくなければならない．また変数分離解が円領域 D で 1 価であるためには $\Theta(\theta)$ は 2π の周期をもたなければならないから，その定数は正であり λ^2 とおく．そのとき，2 階線形微分方程式

$$(14) \qquad \Theta'' + \lambda^2\Theta = 0$$

$$(15) \qquad r^2R'' + rR' - \lambda^2 R = 0$$

が導かれる．方程式 (14) が周期 2π の解をもつような固有値と固有関数は

$$\lambda = \lambda_n = n \quad (n = 0, 1, 2, \cdots)$$

$$\Theta = \Theta_n = A_n \cos n\theta + B_n \sin n\theta \quad (A_n,\ B_n \text{ は任意定数})$$

である．

λ の各値 $\lambda_n = n$ に対する方程式 (15) は 2 階線形微分方程式で，その 1 次独立な解の組は

$$n = 0 \qquad \text{のとき} \quad 1, \quad \log r$$

$$n = 1, 2, \cdots \quad \text{のとき} \quad r^n, \quad r^{-n}$$

であり，一般解はこれらの 1 次結合で与えられる．このうち $r = 0$ で連続でないものは除いてよいから，方程式 (15) の考えるべき解は

$$R = R_n = r^n \quad (n = 0, 1, 2, \cdots)$$

である．ゆえに，重ね合せ原理により，方程式 (12) の解として

$$(16) \qquad u(r, \theta) = \sum_{n=0}^{\infty} r^n (A_n \cos n\theta + B_n \sin n\theta)$$

が得られる．係数 A_n, B_n を決定するために，まず境界条件 (13) により

$$(17) \qquad \sum_{n=0}^{\infty} c^n (A_n \cos n\theta + B_n \sin n\theta) = f(\theta) \quad (0 \leqq \theta \leqq 2\pi)$$

である．両辺は周期 2π をもつから，区間 $[0, 2\pi]$ の代わりに $[-\pi, \pi]$ で考えてもよい．この区間での $f(\theta)$ のフーリエ展開は

$$(18) \qquad f(\theta) = \frac{a_0}{2} + \sum_{n=1}^{\infty} (a_n \cos n\theta + b_n \sin n\theta)$$

$$(19) \qquad \begin{aligned} a_n &= \frac{1}{\pi}\int_{-\pi}^{\pi} f(\varphi) \cos n\varphi \, d\varphi \quad (n = 0, 1, 2, \cdots) \\ b_n &= \frac{1}{\pi}\int_{-\pi}^{\pi} f(\varphi) \sin n\varphi \, d\varphi \quad (n = 1, 2, \cdots) \end{aligned}$$

である．級数 (17) と (18) の係数を比較して

$$A_0 = \frac{a_0}{2},\ B_0 = 0,\ c^n A_n = a_n,\ c^n B_n = b_n \quad (n = 1, 2, \cdots)$$

であるから，求める解は

$$u(r, \theta) = \frac{a_0}{2} + \sum_{n=1}^{\infty} \left(\frac{r}{c}\right)^n (a_n \cos n\theta + b_n \sin n\theta) \tag{20}$$

で与えられる．ここに a_n, b_n は式 (*19*) で定義される $f(\theta)$ のフーリエ余弦係数および正弦係数である．

［**例題 7.3**］　円領域 $D : x^2 + y^2 \leqq c^2$ でラプラス方程式 (*12*) を境界条件 $u(c, \theta) = f(\theta) = \cos^2\theta$ のもとで解け．

［解］

$$\cos^2\theta = \frac{1}{2}(1 + \cos 2\theta)$$

であるから，フーリエ係数は

$$a_0 = 1,\ a_1 = 0,\ a_2 = \frac{1}{2},\ a_3 = a_4 = \cdots = b_1 = b_2 = \cdots = 0$$

である．ゆえに解は

$$u(r, \theta) = \frac{1}{2} + \frac{1}{2}\left(\frac{r}{c}\right)^2 \cos 2\theta$$

［終］

問題 7.3　円領域 $D : r \leqq c$ (極座標) でラプラス方程式 (*12*) を境界条件 $u(c, \theta) = \cos^3\theta$ のもとで解け．

演習問題　2

1.　区間 $(-\pi, \pi]$ で次の式で定義される周期 2π の関数のフーリエ級数を求めよ．

(1)　$f(x) = \begin{cases} 1 & (-\pi < x < 0) \\ 2 & (0 \leqq x \leqq \pi) \end{cases}$

(2)　$f(x) = \begin{cases} x & (-\pi < x < 0) \\ x + \pi & (0 \leqq x \leqq \pi) \end{cases}$

(3)　$f(x) = \begin{cases} 0 & (-\pi < x < 0) \\ 2\cos x & (0 \leqq x \leqq \pi) \end{cases}$

(4)　$f(x) = x \sin x$

2.　次の関数のフーリエ余弦級数および正弦級数を求めよ．

(1)　$f(x) - 1 - x \quad (0 \leqq x \leqq 2)$　　　(2)　$f(x) = e^x \quad (0 \leqq x \leqq \pi)$

3.　区間 $(-\pi, \pi]$ で次の式で与えられる周期 2π の関数の複素形フーリエ級数を求め，次に実数形に変換せよ．

(1)　$|x|$　　(2)　$\sin^2 x$　　(3)　$e^{|x|}$

4.　区間 $(-l, l]$ で次の式で定義された周期 $2l$ の関数のフーリエ級数を求めよ．

(1)　$f(x) = \begin{cases} 1 & (|x| \leqq a) \\ 0 & (a < |x| \leqq l) \end{cases} \quad (0 < a < l)$

(2)　$f(x) = \begin{cases} -l - x & (-l < x < 0) \\ l - x & (0 \leqq x \leqq l) \end{cases}$

(3)　$f(x) = \begin{cases} l & (-l \leqq x < 0) \\ x & (0 \leqq x \leqq l) \end{cases}$

5.　関数 $f(x) = \begin{cases} -\cos x & (-\pi < x < 0) \\ \cos x & (0 \leqq x \leqq \pi) \end{cases}$ のフーリエ級数を求めよ．それを項別積分して，$g(x) = |\sin x|$ のフーリエ級数を求めよ．

6.　波動方程式 $\dfrac{\partial^2 y}{\partial t^2} = c^2 \dfrac{\partial^2 y}{\partial x^2}$ $(0 \leqq x \leqq l,\ t > 0)$ を次の条件のもとに解け．

(1)　境界条件　$y(0, t) = y(l, t) = 0$

　　初期条件　$y(x, 0) = x(l - x), \quad \dfrac{\partial y}{\partial t}(x, 0) = \dfrac{l}{2} - x$

(2)　境界条件　$y(0, t) = 0, \quad \dfrac{\partial y}{\partial x}(l, t) = 0$

　　初期条件　$y(x, 0) = 0, \quad \dfrac{\partial y}{\partial t}(x, 0) = \sin \dfrac{3\pi x}{2l}$

7.*　ラプラス方程式 $\dfrac{\partial^2 u}{\partial x^2} + \dfrac{\partial^2 u}{\partial y^2} = 0$ を長方形領域 $0 \leqq x \leqq l,\ 0 \leqq y \leqq m$ において，次の境界条件のもとに解け．

(1)　$u(x, 0) = \sin \dfrac{\pi x}{l}, \quad u(x, m) = 0, \quad u(0, y) = \sin \dfrac{\pi y}{m}, \quad u(l, y) = 0$

(2)　$\dfrac{\partial u}{\partial y}(x, 0) = \cos \dfrac{\pi x}{l}, \quad \dfrac{\partial u}{\partial y}(x, m) = \dfrac{\partial u}{\partial x}(0, y) = \dfrac{\partial u}{\partial x}(l, y) = 0$

第3章

複素関数

§ 1.　複素数平面と複素関数

複素数平面　虚数単位を i として，複素数 z が

$$z = x + iy \quad (x,\ y \text{ は実数})$$

で表されるとき，x, y を z の**実数部分**および**虚数部分**といい，必要に応じて記号 $\mathrm{Re}\, z = x$, $\mathrm{Im}\, z = y$ で表す．

平面上に直交座標をとり，複素数 $z = x + iy$ に対して平面上の点 (x, y) を対応させる．このとき，0 には原点 O，実数には x 軸上の点，純虚数には y 軸上の点が対応する (図 1.1)．このように複素数と 1 対 1 に対応づけられた平面を**複素数平面**または**ガウス平面**といい，x 軸を**実軸**, y 軸を**虚軸**という．複素数 z に対応する点を単に点 z という．

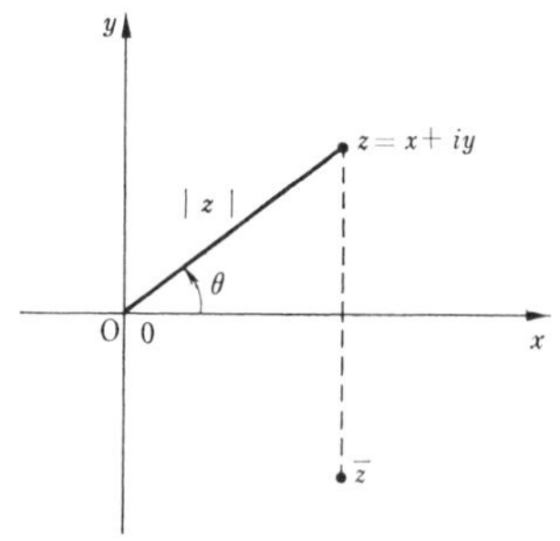

図 1.1

複素数平面上で原点 O から点 $z = x + iy$ までの距離 r を複素数 z の**絶対値**といい，$|z|$ で表す．半直線 Oz が実軸と作る角 θ を**偏角**といい，$\arg z$ で表す (図 1.1)．

$$|z| = r = \sqrt{x^2 + y^2}, \quad \arg z = \theta$$

複素数 z の偏角の 1 つを θ とすれば，$\theta + 2n\pi$ (n は整数) も z の偏角である．$\arg z$ はそのうちの 1 つの値を示すものとする．0 の絶対値は $|0| = 0$ であるが，偏角は定まらない．

複素数 $z = x + iy$ の偏角が θ のとき，

$$x = |z| \cos\theta, \quad y = |z| \sin\theta$$

であり，

$$\tan\theta = \frac{y}{x}, \quad \theta = \tan^{-1}\frac{y}{x}$$

という関係が成り立つ，第 2 式で θ は z の属す象限の角をとる．

複素数 z は絶対値と偏角を用いて

(1)　$$z = |z|(\cos\theta + i\sin\theta)$$

と表される．この表し方を複素数の**極形式**という．

複素数平面上で，共役複素数の点 $\overline{z}$ は点 z と実軸に関して対称であり，

$$|\,\overline{z}\,| = |\,z\,|, \quad \arg\overline{z} = -\arg z$$

である (図 1.1)．その極形式は

$$(2) \qquad \overline{z} = |\,z\,|\{\cos(-\theta) + i\sin(-\theta)\} = |\,z\,|(\cos\theta - i\sin\theta)$$

であり，また関係式

$$(3) \qquad z\overline{z} = x^2 + y^2 = |\,z\,|^2, \quad \frac{1}{z} = \frac{\overline{z}}{|\,z\,|^2}$$

が成り立つ．

[1.1]　2 つの複素数 z_1, z_2 を極形式で

$$z_1 = r_1(\cos\theta_1 + i\sin\theta_1), \; z_2 = r_2(\cos\theta_2 + i\sin\theta_2)$$

と表すとき，それらの積，商およびその絶対値，偏角について

(1)　$z_1 z_2 = r_1 r_2\{\cos(\theta_1 + \theta_2) + i\sin(\theta_1 + \theta_2)\}$

(2)　$\dfrac{z_1}{z_2} = \dfrac{r_1}{r_2}\{\cos(\theta_1 - \theta_2) + i\sin(\theta_1 - \theta_2)\} \quad (z_2 \neq 0)$

(3)　$|\,z_1 z_2\,| = |\,z_1\,||\,z_2\,|, \quad \arg(z_1 z_2) = \arg z_1 + \arg z_2$

(4)　$\left|\dfrac{z_1}{z_2}\right| = \dfrac{|\,z_1\,|}{|\,z_2\,|}, \quad \arg\dfrac{z_1}{z_2} = \arg z_1 - \arg z_2 \quad (z_2 \neq 0)$

問題 1.1　公式 [1.1] の各式を証明せよ．

2 点 z_1, z_2 に対して $|\,z_2 - z_1\,|$ は 2 点 z_1, z_2 の距離を表す．

点 z_0 を頂点とし，点 z_1 から点 z_2 へまわる角は $\arg\dfrac{z_2 - z_0}{z_1 - z_0}$ に等しい．

$|\,z\,| = 1, \quad \arg z = \theta$ のとき，

$$z = \cos\theta + i\sin\theta, \quad z^{-1} = \frac{1}{z} = \cos(-\theta) + i\sin(-\theta)$$

と表される．公式 [1.1] (1) を繰り返し用いて次の定理を導くことができる．

[1.2]　**ド・モアブルの定理**　整数 n に対して

$$(\cos\theta + i\sin\theta)^n = \cos n\theta + i\sin n\theta$$

[**例題 1.1**]　$\left(-1+i\sqrt{3}\right)^5$ を $x+iy$ の形で表せ．

解　$-1+i\sqrt{3}$ の絶対値は 2，偏角は $\dfrac{2}{3}\pi$ であるから

$$-1+i\sqrt{3}=2\left(\cos\frac{2}{3}\pi+i\sin\frac{2}{3}\pi\right)$$

ド・モアブルの定理により

$$\left(-1+i\sqrt{3}\right)^5=2^5\left(\cos\frac{10}{3}\pi+i\sin\frac{10}{3}\pi\right)=-16\left(1+i\sqrt{3}\right)$$ 終

問題 1.2 次の複素数を $x+iy$ の形で表せ．

(1)　$(1+i)^3$　　(2)　$\left(\sqrt{3}-i\right)^4$　　(3)　$\left(\dfrac{1+i}{1-i}\right)^5$

***n* 乗根**　c を 0 でない複素数，n を自然数とするとき，方程式

(4)
$$z^n=c$$

の解を c の ***n* 乗根**という．z, c を極形式

$$z=r(\cos\theta+i\sin\theta),\quad c=r_0(\cos\theta_0+i\sin\theta_0)$$

で表せば，方程式 (4) は

$$r^n(\cos n\theta+i\sin n\theta)=r_0(\cos\theta_0+i\sin\theta_0)$$

となる．両辺の絶対値が等しく，r は正の実数であるから

$$r=\sqrt[n]{r_0}$$

である．また両辺の偏角も等しいから，$n\theta=\theta_0+2k\pi$ (k は整数)．ゆえに

$$\theta=\frac{\theta_0+2k\pi}{n}$$

である．k が n だけ変化したとき θ は 2π だけ変化し，z の値は同じになる．$k=0,1,2,\cdots,n-1$ に対する n 個の z の値を求めれば，それ以外に n 乗根はない．したがって，c の n 乗根は次の n 個の複素数である．

$$\sqrt[n]{r_0}\left(\cos\frac{\theta_0+2k\pi}{n}+i\sin\frac{\theta_0+2k\pi}{n}\right)\quad(k=0,1,2,\cdots,n-1)$$

とくに 1 ($r_0=1$, $\theta_0=0$) の n 乗根は，n 個の複素数

$$\cos\frac{2k\pi}{n}+i\sin\frac{2k\pi}{n}\quad(k=0,1,2,\cdots,n-1)$$

である．これを **1 のべき根**ということもある．

1 の n 乗根の絶対値は 1, 偏角は $2k\pi$ であるから，それらは複素数平面上で単位円の周を点 1 から始めて n 等分したときの各分点になっている．図 1.2 は 1 の 6 乗根の点を示している．

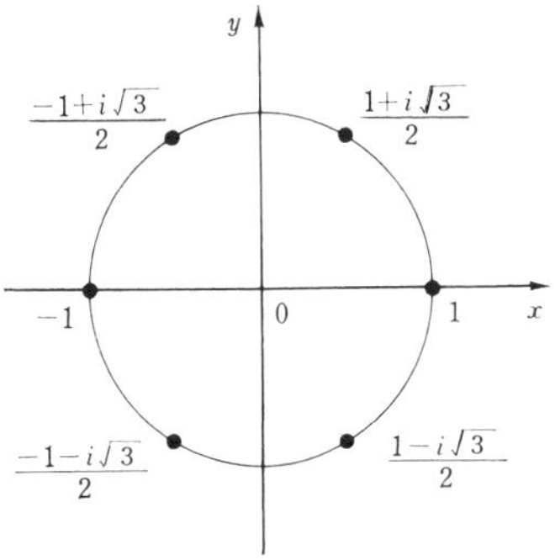

図 **1.2**

問題 1.3 次の n 乗根を求め，それを複素数平面上に図示せよ．

(1)　i の平方根　　(2)　1 の 3 乗根

(3)　$-8-8\sqrt{3}i$ の 4 乗根

オイラーの公式　純虚数 ix (x は実数) に対して e^{ix} を

$$e^{ix} = \cos x + i \sin x$$

と定義する．これを **オイラーの公式**という．

一般の複素数 $z = x + iy$ (x, y は実数) に対して，

$$e^z = e^{x+iy} = e^x e^{iy} = e^x(\cos y + i \sin y)$$

と定義する．実数 x に対して $z = x + i0$ とすれば，最後の式は e^x となり実数の意味の指数と一致している．

$z = r(\cos\theta + i\sin\theta)$ であるとき，z と共役複素数 $\overline{z}$ は

$$z = re^{i\theta}, \quad \overline{z} = r(\cos\theta - i\sin\theta) = re^{-i\theta}$$

と表される．

問題 1.4 次の複素数を $re^{i\theta}$ の形で表せ．

(1)　$-1+i$　　(2)　$\sqrt{3}-3i$　　(3)　-4　　(4)　i

複素関数　変数が複素数である関数を**複素変数関数**または単に**複素関数**という．これに対して，変数も関数値も実数の範囲だけで考えられた関数を**実関数**という．変数 z の関数 w を関数記号 $w = f(z)$,　$w = \varphi(z)$ などで表す．

複素変数 z を $z = x + iy$ と表し，複素関数 $w = f(z)$ も実数部分と虚数部分に分けて

$$w = f(z) = u + iv$$

と表せば，値の組 (x, y) に対して u, v の値が定まるから，u, v を 2 変数 x, y の関数 $u(x, y), v(x, y)$ と考えることができる．今後とくに断らないときは，$z = x + iy$, $w = u + iv$ とする．

[**例題 1.2**]　次の複素関数について，u，v を x，y の関数で表せ．

(1)　$w = z^2$　　(2)　$w = \dfrac{1}{z}$　　(3)　$w = \dfrac{z}{\overline{z}}$

解　(1)
$$w = z^2 = (x+iy)^2 = x^2 - y^2 + 2ixy$$
$$u = x^2 - y^2, \quad v = 2xy$$

(2)
$$w = \frac{1}{z} = \frac{1}{x+iy} = \frac{x-iy}{(x+iy)(x-iy)} = \frac{x-iy}{x^2+y^2}$$
$$u = \frac{x}{x^2+y^2}, \quad v = \frac{-y}{x^2+y^2}$$

(3)
$$w = \frac{z}{\overline{z}} = \frac{z^2}{z\overline{z}} = \frac{z^2}{|z|^2}$$
$$u = \frac{x^2-y^2}{x^2+y^2}, \quad v = \frac{2xy}{x^2+y^2}$$

問題 1.5　次の関数について，u, v を x, y の関数で表せ．

(1)　$w = z^3$　　(2)　$w = \dfrac{z}{z+1}$　　(3)　$w = \dfrac{z+i}{z-i}$

実関数の変化の状態を表すのにグラフが有効に用いられた．複素関数の場合，実数部分と虚数部分に分けると,2 つの実変数 x, y の 2 つの実関数 $u(x,y)$，$v(x,y)$ で表されるから，2 つの平面上の対応関係で表す．z を表すための複素平面を **z 平面**といい，w を表すために z 平面と異なる複素数平面を考え，**w 平面**という．関数 $w = f(z)$ によって z 平面の点 $z = x + iy$ に w 平面の点 $w = u + iv$ が対応する (図 1.3)．関数 $w = f(z)$ の定義域は z 平面のある点集合 D で表され，値域は w 平面の点集合

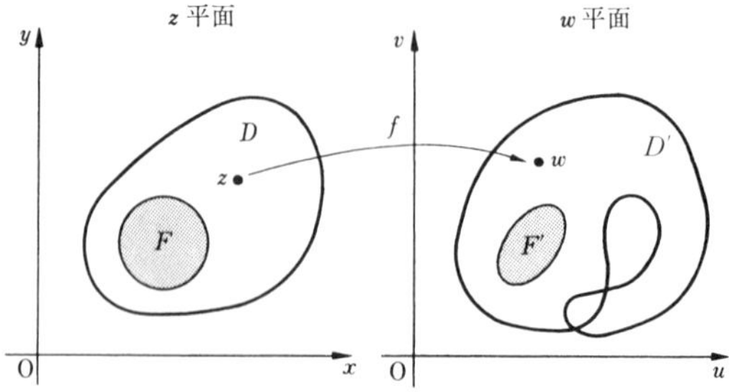

図 1.3

$$D' = \{w|w = f(z),\ z \in D\}$$

である．このとき，関数 $w = f(z)$ は**写像** $f: D \to D'$ を与える．z 平面のある図形 F に対して $w = f(z)$ が w 平面の図形 F' をえがくとき，F' を図形 F の写像 f による**像**という．

例題 1.2 (1) の関数 $w = z^2$ によって，z 平面の 2 組の曲線

(*1*) $$x^2 - y^2 = a, \quad 2xy = b$$

は，それぞれ w 平面の虚軸および実軸に平行な直線

$$u = a, \quad v = b$$

に写像される (図 1.4)．式 (*1*) の曲線はともに直角双曲線であり，互いに直交している．2 つの曲線の交点で接線が直交しているとき，曲線が**直交する**という．

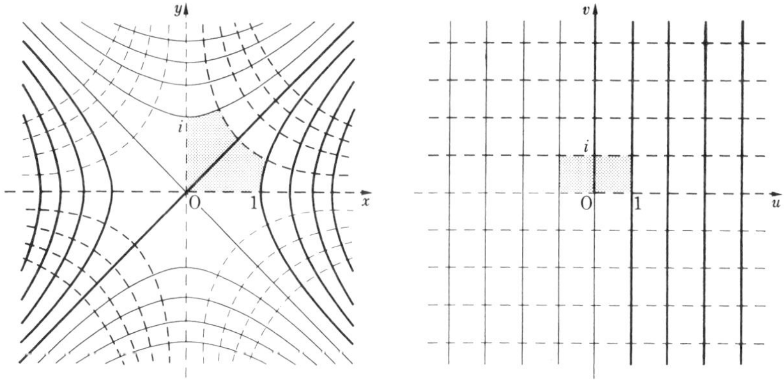

図 1.4

§2. 初等関数

1 次関数 $a,\ b,\ c,\ d$ を複素数の定数として

$$w = \frac{az + b}{cz + d} \quad (ad - bc \neq 0)$$

の形の関数を z の **1 次分数関数**または単に **1 次関数**という．まず，簡単な形の 1 次関数についてその性質を調べよう．そのため z 平面と w 平面を同一の複素数平面にとる．

(1)　$\boldsymbol{w = z + a}$　$a = a_1 + ia_2$ とし，この関数を実数部分と虚数部分に分ければ

$$\begin{cases} u = x + a_1 \\ v = y + a_2 \end{cases}$$

で表される．これは複素数平面上で各点 z を $\overrightarrow{\mathrm{O}a}$ だけ動かす**平行移動**である．直線は直線に平行移動され，$\triangle$ABC は合同な $\triangle$A′B′C′ に平行移動される (図 2.1).

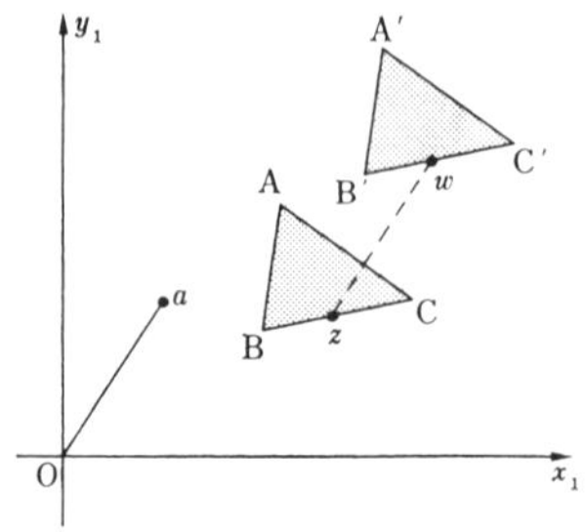

図 **2.1**

(2)　$\boldsymbol{w = az}$ $(a \neq 0)$　定理 [1.1](3) により，関係式

$$\begin{cases} |w| = |a||z| \\ \arg w = \arg a + \arg z \end{cases}$$

が成り立つ．これは各点を原点 O の回りに角 $\arg a$ だけ回す**回転**と，距離 $|z|$ を $|a|$ 倍する**伸縮**の合成変換である．この関数によって直線は直線に移され，$\triangle$ABC は相似な $\triangle$A′B′C′ に変換される (図 2.2).

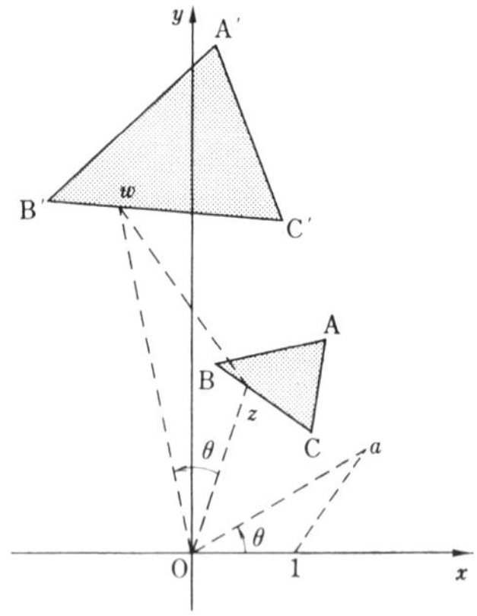

図 **2.2**

(3)　$\boldsymbol{w = \dfrac{1}{z}}$

$$|w| = \frac{1}{|z|} = \frac{1}{r}, \quad \arg w = -\arg z$$

である．点 z に対して点 w を求めるには，直線 Oz 上に O$z \cdot$O$z_1 = 1$ である点 z_1 をとり，実軸に関して z_1 と対称な点 w をとればよい (図 2.3).

関数 $w = z + a$, $w = az$ $(a \neq 0)$ によっては複素数平面の任意の点 z に対してその像がただ 1 つ定まるが，$w = \dfrac{1}{z}$ によっては $z = 0$ の像が存在しない．この例外を除くため，次のような点を想定し，**無限遠点**といい，記号 ∞ で示す．

(i)　その点は $w = \dfrac{1}{z}$ による点 $z = 0$ の像である．$\dfrac{1}{0} = \infty$

(ii)　原点からの距離が限りなく大きくなるように点が遠ざかるとき，どのよ

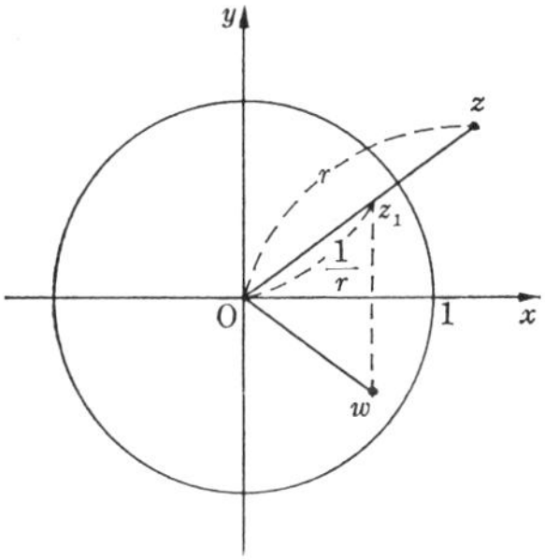

図 2.3

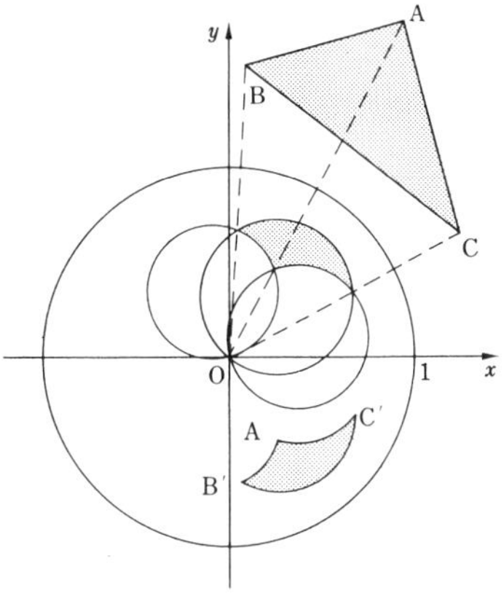

図 2.4

うな方向に遠ざかっても，その極限は点 ∞ になる．記号では $\lim_{|z|\to+\infty} z = \infty$．この左辺で $\to +\infty$ は実数の意味で限りなく大きくなることを示す．

この性質をもつ無限遠点をいままで述べてきた複素数平面に付け加えて考える．

関数 $w = \dfrac{1}{z}$ によって，原点を通る直線は原点を通る直線に，その他の直線は原点を通る円に，原点を通る円は直線に，その他の円は円に変換されることがわかる，したがって，任意の三角形は原点を通る 3 つの円で囲まれた図形に変換される (図 2.4)．このような図形を**円弧三角形**という．

(4)　$\boldsymbol{w = \dfrac{az+b}{cz+d}}$ $(ad-bc \neq 0)$　一般の 1 次関数 は以上の 3 種の 1 次関数の合成関数として表すことができる．直線も無限遠点を通る円と考えれば，(1)～(3) の 1 次関数はいずれも円を円に変換する．これらの関数の有限個を合成した一般の 1 次関数もその性質をもつ．すなわち

> **[2.1]**　1 次関数 $w = \dfrac{az+b}{cz+d}$ $(ad-bc \neq 0)$ は複素数平面上の円を円に変換する．この性質を 1 次関数の**円円対応**という．

問題 2.1　複素数平面上の任意の円は方程式

$$A(x^2+y^2)+2Bx+2Cy+D=0 \quad (B^2+C^2>AD)$$

で表される．$A=0$ のときは直線である．1 次関数 $w=\dfrac{1}{z}$ によって，この円または直線はどんな円または直線に変換されるかを調べよ．

問題 2.2　複素数平面上で次の性質をもつ 1 次関数を求めよ．

(1)　3 点 $0, 1, -1$ をそれぞれ 3 点 $1, i, -i$ に変換する．

(2)　点 0 を不変にし，点 $2, 1+i$ をそれぞれ $\dfrac{1+i}{2}, i$ に変換する．

指数関数　複素変数 $z=x+iy$ (x, y は実数) に対して

(1)
$$e^z = e^x(\cos y + i\sin y) = e^x e^{iy}$$

で定義される関数 e^z を**指数関数**という．変数 z を実数 x だけに限れば，$y=0$ であるから $e^z=e^x$ であり，実変数の指数関数になる．

> [**2.2**]　複素関数 $z=x+iy$ の指数関数 e^z は次の性質をもつ．
> (1)　指数法則　任意の z, z' に対して
> $$e^{z+z'} = e^z e^{z'}$$
> (2)　e^z は虚数の周期 $2\pi i$ をもつ．

証明　(1)　複素数 $z=x+iy$, $z'=x+iy'$ に対して，積の公式 [1.1] により

$$\begin{aligned} e^z e^{z'} &= e^x e^{x'}(\cos y + i\sin y)(\cos y' + i\sin y') \\ &= e^{x+x'}\{\cos(y+y') + i\sin(y+y')\} = e^{z+z'} \end{aligned}$$

(2)　複素数 z, z' に対して $e^z = e^{z'}$ ならば，(1) により

$$e^z e^{-z'} = e^{z-z'} = e^{x-x'}\{\cos(y-y') + i\sin(y-y')\} = 1$$

が成り立つ．両辺の絶対値と偏角を比較して

$$x' = x, \quad y' = y + 2n\pi \quad (n \text{ は整数})$$
$$z' = x' + iy' = z + 2n\pi i$$

を得る．ゆえに e^z は虚数の周期 $2\pi i$ をもつ．終

指数関数の周期性は実関数の場合には現れなかった重要な特性である．

$w=u+iv$ とおくと，式 *(1)* から

$$u = e^x\cos y, \quad v = e^x\sin y$$

を得る．これから

$$x = \frac{1}{2}\log_e(u^2+v^2), \quad \frac{u}{\cos y} = \frac{v}{\sin y} \ (= e^x > 0)$$

である．$\log_e$ は e を底とする自然対数を表す．a, b を実数の定数として，z 平面上の直線 $x = a$, $y = b$ はそれぞれ w 平面上の

$$\text{円} \quad u^2 + u^2 = e^{2a}, \qquad \text{半直線} \quad \frac{u}{\cos b} = \frac{v}{\sin b} > 0$$

に写像される (図 2.5)．たとえば y 軸 $(x = 0)$ は w 平面の原点を中心とした単位円に，x 軸 $(y = 0)$ は u 軸の正の部分 $(v = 0,\ u > 0)$ に写像される．

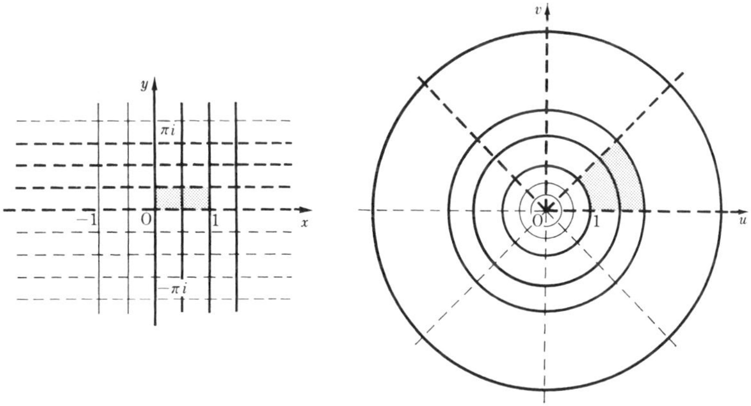

図 **2.5**

問題 2.3 次の値を $u + iv$ の形で表せ．

(1)　$e^{1+i\pi/2}$　　(2)　$e^{-2+i2\pi/3}$　　(3)　e^{-i}

三角関数　オイラーの公式から

$$\sin x = \frac{e^{ix} - e^{-ix}}{2i}, \quad \cos x = \frac{e^{ix} + e^{-ix}}{2}$$

が導かれる．x を複素変数 z におき換えて，複素変数の**三角関数**を

$$\sin z = \frac{e^{iz} - e^{-iz}}{2i}, \quad \cos z = \frac{e^{iz} + e^{-iz}}{2}$$

(2)

$$\tan z = \frac{\sin z}{\cos z} = \frac{e^{iz} - e^{-iz}}{i(e^{iz} - e^{-iz})}$$

と定義する．この式から逆に関係式

$$e^{iz} = \cos z + i \sin z$$

が成り立つ．$z = x + iy$ のとき $e^{iz} = e^{ix-y}$, $e^{-iz} = e^{y-ix}$ を式 (2) に代入しオイラーの公式を用いて整理すると，

$$(3)\qquad \begin{aligned} \sin z &= \frac{e^y + e^{-y}}{2} \sin x + i \frac{e^y - e^{-y}}{2} \cos x \\ \cos z &= \frac{e^y + e^{-y}}{2} \cos x - i \frac{e^y - e^{-y}}{2} \sin x \end{aligned}$$

が導かれる．これらの式から実数の三角関数についての公式がそのまま複素変数の三角関数についても成り立つことが証明できる．

(4)　$$\sin^2 z + \cos^2 z = 1$$

(5)　$$\sin(-z) = -\sin z, \quad \cos(-z) = \cos z, \quad \tan(-z) = -\tan z$$

(6)　加法定理　$$\begin{aligned} \sin(z + z') &= \sin z \cos z' + \cos z \sin z' \\ \cos(z + z') &= \cos z \cos z' - \sin z \sin z' \end{aligned}$$

$\sin z$, $\cos z$ は周期 2π をもつ．

問題 2.4　次の値を $u + iv$ の形で表せ．

(1)　$\sin(\pi + i)$　　(2)　$\cos\left(-\dfrac{\pi}{3} - 2i\right)$　　(3)　$\sin(iy)$

問題 2.5　公式 (3)～(6) を証明せよ．

問題 2.6　複素変数の**双曲線関数**は次の式で定義される．

$$\sinh z = \frac{e^z - e^{-z}}{2}, \quad \cosh z = \frac{e^z + e^{-z}}{2}, \quad \tanh z = \frac{e^z - e^{-z}}{e^z + e^{-z}}$$

(1)　三角関数と双曲線関数の間に次の式が成り立つことを証明せよ．

$$\begin{aligned} \sin iz &= i \sinh z, \quad & \cos iz &= \cosh z \\ \sinh iz &= i \sin z, \quad & \cosh iz &= \cos z \end{aligned}$$

(2)　$z = x + iy$ として $\sin z$, $\cos z$, $\sinh z$, $\cosh z$ を x と y の三角関数と双曲線関数で表せ．

累乗根　任意の複素数 z に対して n 次方程式 $w^n = z$ の解を z の $\boldsymbol{n}$ **乗根**または一般に**累乗根**という．$z \neq 0$ に対しては n 個の異なる累乗根 $w_1, w_2, \cdots, w_n$ が存在する．各複素数 z に対してこの n 個の累乗根を対応させる関数を $\sqrt[n]{z}$ で表す．

実数の場合，$\sqrt[n]{x}$ はその値が実数であるものに限り，とくに n が偶数のときは $x>0$ に対して $\sqrt[n]{x}$ は正の値に限って考えてきた．したがって，$\sqrt[n]{x}$ は1価関数であった．それに対して複素関数の場合，累乗根の記号 $\sqrt[n]{z}$ は n 個の累乗根をまとめて表した関数であり，n 価関数である．$n=3$ の場合について，その写像の状態を調べよう．

$z=r(\cos\theta+i\sin\theta)$ とするとき，その3つの3乗根は

$$w_1=\sqrt[3]{r}\left(\cos\frac{\theta}{3}+i\sin\frac{\theta}{3}\right)$$
$$w_2=\sqrt[3]{r}\left\{\cos\left(\frac{\theta}{3}+\frac{2\pi}{3}\right)+i\sin\left(\frac{\theta}{3}+\frac{2\pi}{3}\right)\right\}$$
$$w_3=\sqrt[3]{r}\left\{\cos\left(\frac{\theta}{3}+\frac{4\pi}{3}\right)+i\sin\left(\frac{\theta}{3}+\frac{4\pi}{3}\right)\right\}$$

で与えられる．θ を $0\leqq\theta<2\pi$ の範囲にとっておけば，w_1, w_2, w_3 はそれぞれ図2.6の右図に示される w 平面の3つの角形の範囲

$$W_1\left(0\leqq\arg w<\frac{2\pi}{3}\right), W_2\left(\frac{2\pi}{3}\leqq\arg w<\frac{4\pi}{3}\right), W_3\left(\frac{4\pi}{3}\leqq\arg w<2\pi\right)$$

の中に1つずつ含まれる．そのおのおのを関数 $w=\sqrt[3]{z}$ の**分枝**または**分岐**という．z が変化するとき，w_1，w_2，w_3 はそれぞれ変化し，関数 $\sqrt[3]{z}$ はその3つの分枝 w_1，w_2，w_3 をひとまとめに表したものである．

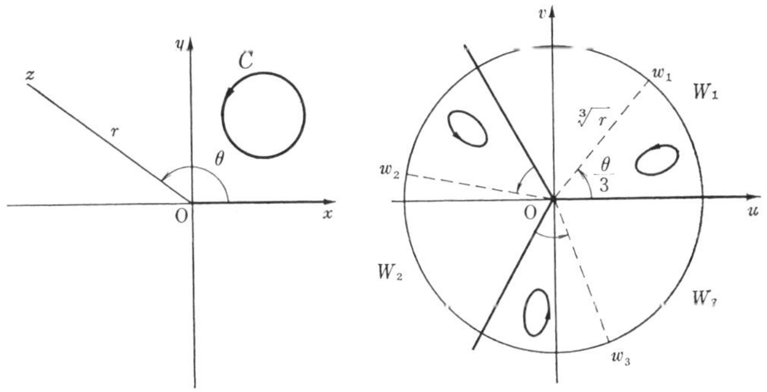

図 2.6

対数関数　複素変数の指数関数の逆関数を複素変数の**対数関数**という．すなわち，複素変数 z と w との間に

$$z=e^w$$

の関係があるとき，

$$w = \log z$$

と定義する．ただし，指数関数が周期 $2\pi i$ をもっているから，このとき $z = e^{w+2n\pi i}$ (n は整数) でもあり，一般に

$$\log z = w + 2n\pi i \quad (n\ \text{は整数}) \tag{7}$$

という関係が成り立つ．したがって対数関数 $\log z$ は，1 つの複素数 z に対して無限個の異なる値が対応する．すなわち，無限多価関数である．

複素変数の対数関数には底を考えない．正の実数の自然対数を複素変数の対数と区別する必要のあるときには，それを $\log_e x$ で示すことにする．

z を極形式で表せば，

$$z = r(\cos\theta + i\sin\theta) = re^{i\theta} = e^{\log_e r + i\theta} \quad (r > 0)$$

と書きなおされるから，

$$\begin{aligned} \log z &= \log_e r + i(\theta + 2n\pi) \\ &= \log_e \sqrt{x^2+y^2} + i\tan^{-1}\frac{y}{x} \end{aligned} \tag{8}$$

が成り立つ．$w = \log z = u + iv$ とおけば，

$$u = \log_e r = \frac{1}{2}\log_e(x^2+y^2)$$

$$v = \theta + 2n\pi = \tan^{-1}\frac{y}{x} \quad (n\ \text{は整数})$$

である．ゆえに，z 平面の原点を中心とし，半径 a の円 $|z| = r = a\ (>0)$ は

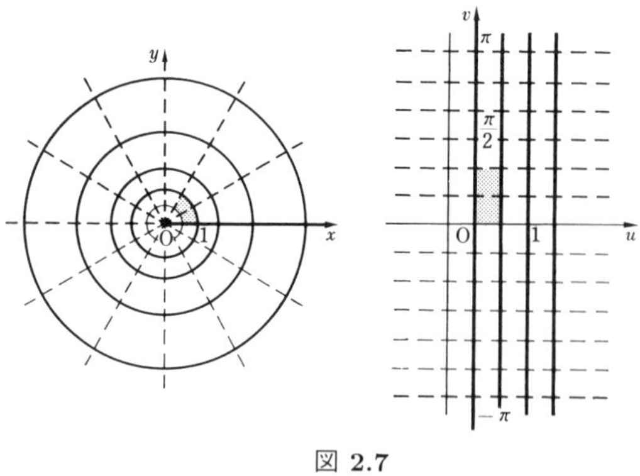

図 2.7

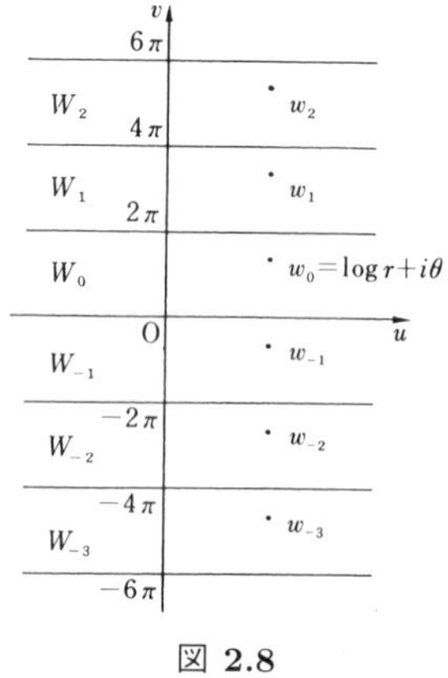

図 2.8

w 平面の虚軸に平行な直線に写像される．また z 平面の頂点からでる半直線 $\theta = b$ は実軸に平行な無限個の直線に写像される (図 2.7)．w 平面上で

$$W_k = \{w = u + iv \mid 2k\pi \leqq u < 2(k+1)\pi\} \qquad (k \text{ は整数})$$

で表される帯状の範囲は関数 $w = \log z$ の分枝である (図 2.8)．

問題 2.7 次の値を $u + iv$ の形で表せ．

(1) $\sqrt{i}$　　(2) $\sqrt[3]{-8}$　　(3) $\log e$

(4) $\log(-1)$　　(5) $\log(\sqrt{3} + i)$

逆三角関数　　$z = \sin w$ 　のとき　$w = \sin^{-1} z$

と定義する．その他の三角関数の逆関数も同様に定義される．式 (*2*) を用いて z を w で表し，それを w について解いて，次の公式を得る．

(*9*)
$$\sin^{-1} z = \frac{1}{i}\log(iz \pm \sqrt{1 - z^2})$$

(*10*)
$$\cos^{-1} z = \frac{1}{i}\log(z \pm i\sqrt{1 - z^2})$$

(*11*)
$$\tan^{-1} z = \frac{1}{2i}\log\frac{1 + iz}{1 - iz}$$

上式の複号は，$\sqrt{}$ が 2 価関数を表すことに注意すれば，$+$ だけでもよい．

問題 2.8 公式 (*9*) ～ (*11*) を証明せよ．

§ 3.　正 則 関 数

極限値　複素関数 $w = f(z)$ について，変数 z が c に限りなく近づくとき，どのような近づき方によっても，一定の値 C に限りなく近づくならば，関数 $f(z)$ はそのとき C に**収束する**といい，C をその**極限値**という．これを記号

$$f(z) \to C \quad (z \to c) \quad \text{または} \quad \lim_{z \to c} f(z) - C$$

で表す．$z \to c$ のとき，関数 $f(z)$ の値の絶対値が限りなく大きくなれば，記号

$$f(z) \to \infty \quad (z \to c) \quad \text{または} \quad \lim_{z \to c} f(z) = \infty$$

で表す．

関数 $w = f(z)$ の定義域 D の中の 1 つの複素数 c に対して，$z \to c$ のとき $f(z)$ の極限値が存在して，

$$\lim_{z \to c} f(z) = f(c)$$

ならば，$w = f(z)$ は $z = c$ で**連続**であるという．$w = f(z)$ が領域 D のすべての点で連続ならば，$w = f(z)$ は領域 $\boldsymbol{D}$ で**連続**であるという．

正則関数　関数 $w = f(z)$ が領域 D で定義されており，c を D の1点とする．点 z が c に近づくとき，どのような近づき方に対しても，

$$\lim_{z \to c} \frac{f(z) - f(c)}{z - c} \tag{1}$$

が一定値に収束するならば，$f(z)$ は $z = c$ において(**複素**)**微分可能**であるといい，その極限値を $z = c$ における $f(z)$ の**微分係数**という．微分係数を記号

$$f'(c) \quad \text{または} \quad \left[\frac{df}{dz}\right]_{z=c}$$

で表す．実変数関数の場合と同様に，z の増分を Δz または h で，それに対する $w = f(z)$ の増分を $\Delta w = f(c+h) - f(c)$ で表せば，式 (1) を

$$f'(c) = \lim_{\Delta z \to 0} \frac{\Delta w}{\Delta z} = \lim_{h \to 0} \frac{f(c+h) - f(c)}{h}$$

と書くことができる．$f(z)$ が点 c で微分可能ならば，$f(z)$ は c で連続である．

$w = f(z)$ が領域 D のすべての点で微分可能ならば，各点 z での微分係数 $f'(z)$ はまた z の関数を定義する．これを $f(z)$ の**導関数**といい，

$$f'(z), \quad w', \quad \frac{df(z)}{dz}, \quad \frac{dw}{dz}$$

などで表す．このとき，関数 $w = f(z)$ は領域 $\boldsymbol{D}$ で**正則**であるといい，$f(z)$ を**正則関数**または**解析関数**という．

関数の和・差・積・商と合成関数の導関数について次の公式も成り立つ．

$$\{f(z) \pm g(z)\}' = f'(z) \pm g'(z) \quad \text{(複号同順)}$$

$$\{f(z)g(z)\}' = f'(z)g(z) + f(z)g'(z)$$

$$\left\{\frac{f(z)}{g(z)}\right\}' = \frac{f'(z)g(z) - f(z)g'(z)}{\{g(z)\}^2} \quad (g(z) \neq 0)$$

$w = f(z)$, $t = g(w)$ であるとき，合成関数 $t = g(f(z))$ について

$$\frac{dt}{dz} = \frac{dt}{dw}\frac{dw}{dz} \quad \text{すなわち} \quad \{g(f(z))\}' = g'(w)f'(z)$$

したがって，関数の正則性について次の定理が成り立つ．

> **[3.1]**　2 つの関数が領域 D でともに正則であるとき，それらの和・差・積・商 (ただし分母が 0 になる点を除く) もその領域 D で正則である．正則関数の合成関数もまた正則関数である．

実変数の場合とまったく同様にして，次の公式が成り立つ．

定数 k に対して　　$(k)' = 0$

n が整数のとき　　$(z^n)' = nz^{n-1}$

[**例題 3.1**]　関数 $f(z) = x^2 + iy^2$ は正則であるかどうかを調べよ．

解　$\Delta z = \Delta x + i\Delta y$ とすると

$$\frac{f(z+\Delta z) - f(z)}{\Delta z} = \frac{\{(x+\Delta x)^2 + i(y+\Delta y)^2\} - \{x^2 + iy\}^2}{\Delta x + i\Delta y}$$
$$= \frac{2x\Delta x + \Delta x^2 + i(2y\Delta y + \Delta y^2)}{\Delta x + i\Delta y}$$

$\Delta y = m\Delta x$ として $\Delta x \to 0$ とすれば，この極限値は $\dfrac{2x + 2iym}{1 + im}$ となる．これは m の値，したがって Δz が 0 に近づく方向に関係し，一般に微分可能でない．ただ，原点 $z = 0$ ではこの極限値は常に 0 であるから，原点で微分可能で $f'(0) = 0$ である．このような場合，原点で正則であるとはいわない．　終

関数の正則性について次の基本となる定理が導かれる．

> **[3.2]**　関数 $w = f(z) = u(x, y) + iv(x, y)$ が領域 D で正則ならば，関数 $u(x, y)$, $v(x, y)$ は方程式
>
> (2)　$$\frac{\partial u}{\partial x} = \frac{\partial v}{\partial y}, \quad \frac{\partial v}{\partial x} = -\frac{\partial u}{\partial y}$$
>
> を満足する．この 2 つの偏微分方程式を**コーシー・リーマンの微分方程式**という．そのとき $f(z)$ の導関数は次の式で与えられる．
>
> (3)　$$f'(z) = \frac{dw}{dz} = \frac{\partial u}{\partial x} + i\frac{\partial v}{\partial x} = \frac{\partial v}{\partial y} - i\frac{\partial u}{\partial y}$$
>
> 逆に，u, v の偏導関数が D で存在して連続であり，方程式 (2) を満足すれば，関数 $f(z)$ は D で正則である．

証明　関数 $w = f(z) = u(x,y) + iv(x,y)$ が点 z において正則であるとき，微分係数 $f'(z)$ は式

$$(4)\quad \frac{f(z+\Delta z) - f(z)}{\Delta z} = \frac{\{u(x+\Delta x, y+\Delta y) - u(x,y)\} + i\{v(x+\Delta x, y+\Delta y) - v(x,y)\}}{\Delta x + i\Delta y}$$

の $\Delta z \to 0$ のときの極限値である．$\Delta z \to 0$ は任意の方向の近づき方を示すから，まず $\Delta y = 0$ として $\Delta x \to 0$，すなわち，$z + \Delta z$ を実軸に平行な直線に沿って z に近づければ，式 (4) は

$$(5)\quad \lim_{\Delta z \to 0}\left\{\frac{u(x+\Delta x, y) - u(x,y)}{\Delta x} + i\frac{v(x+\Delta x, y) - v(x,y)}{\Delta x}\right\} = \frac{\partial u}{\partial x} + i\frac{\partial v}{\partial x}$$

となる．一方 $\Delta x = 0$ として $\Delta y \to 0$，すなわち $z + \Delta z$ を虚軸に平行な直線に沿って z に近づければ，同様にして式 (4) の極限値は

$$(6)\quad \frac{1}{i}\left(\frac{\partial u}{\partial y} + i\frac{\partial v}{\partial y}\right) = \frac{\partial v}{\partial y} - i\frac{\partial u}{\partial y}$$

となる．式 (5) と (6) の実数部分と虚数部分を比較して，方程式 (2) を得る．

逆の証明は省略する．式 (5)，(6) が式 (3) の第3項，第4項である．　終

$f(z)$ が正則であるとき，導関数 $f'(z)$ を求めるには1つの方向に沿っての微分係数を求めればよい．式 (3) は実際に正則関数の導関数を求める公式である．

［**例題 3.2**］　次の関数の正則性を調べ，右側の導関数を導け．

	$f(z)$	$f'(z)$
(1)	e^z	e^z
(2)	$\sin z$	$\cos z$
(3)	$\cos z$	$-\sin z$
(4)	$\log z$	$\dfrac{1}{z}$

解　(1)

$$e^z = e^x(\cos y + i\sin y)$$

$$u = e^x \cos y, \quad v = e^x \sin y$$

$$\frac{\partial u}{\partial x}=e^x\cos y=\frac{\partial v}{\partial y},\quad \frac{\partial v}{\partial x}=e^x\sin y=-\frac{\partial u}{\partial y}$$

であるから，e^z は任意の z において正則である．式 (*3*) により

$$f'(z)=\frac{\partial u}{\partial x}+i\frac{\partial v}{\partial x}=e^x(\cos y+i\sin y)=e^z$$

(2), (3)　上記 (1) により，e^{iz}，e^{-iz} が任意の z で正則であるから，

$$\sin z=\frac{e^{iz}-e^{-iz}}{2i},\quad \cos z=\frac{e^{iz}+e^{-iz}}{2}$$

も正則である．

$$(\sin z)'=\frac{ie^{iz}+ie^{-iz}}{2i}=\frac{e^{iz}+e^{-iz}}{2}=\cos z$$

$$(\cos z)'=\frac{ie^{iz}-ie^{-iz}}{2}=\frac{-e^{iz}+e^{-iz}}{2i}=-\sin z$$

(4)
$$\log z=\frac{1}{2}\log_e(x^2+y^2)+i\tan^{-1}\frac{y}{x}$$

である．$u=\dfrac{1}{2}\log_e(x^2+y^2)$ は 1 価関数であるが $v=\tan^{-1}\dfrac{y}{x}$ は多価関数である．しかし，微分する場合には，$z+\Delta z$ が連続的に変化して z に近づくから，$\log z$ と $\log(z+\Delta z)$ が同じ分枝の中に入っていると考えてよい．

$$\frac{\partial u}{\partial x}=\frac{x}{x^2+y^2}=\frac{\partial v}{\partial y},\quad \frac{\partial v}{\partial x}=\frac{-y}{x^2+y^2}=-\frac{\partial u}{\partial y}$$

であるから，$z=0$ を除いては正則である．

$$(\log z)'=\frac{x}{x^2+y^2}-i\frac{y}{x^2+y^2}=\frac{\overline{z}}{z\overline{z}}=\frac{1}{z}$$

終

問題 3.1　$z=x+iy$ とするとき，次の関数が正則であるかどうかを調べ，正則ならば導関数を求めよ．

(1)　$\overline{z}=x-iy$　　(2)　x^2-y^2+2ixy　　(3)　$\dfrac{x+1-iy}{(x+1)^2+y^2}$

問題 3.2　次の関数を微分せよ．

(1)　$w=z^3-4z^2$　　(2)　$w=(z+2)(z-3i)^2$　　(3)　$w=\dfrac{z+i}{z-i}$

(4)　$w=e^{2z-4i}$　　(5)　$w=\tan z$　　(6)　$w=\log(z^2+z+i)$

問題 3.3　次の関数の正則でない点を調べ，各式を証明せよ．

(1)　$(\sin^{-1} z)' = \dfrac{1}{\sqrt{1-z^2}}$　　　(2)　$(\tan^{-1} z)' = \dfrac{1}{z^2+1}$

問題 3.4 次の関数を微分せよ．

(1)　$w = \sqrt{z^2 - 4z + 5}$　　　(2)　$w = \log(z + \sqrt{z^2 + a})$

(3)　$w = \sin^{-1}(z + i)$　　　(4)　$w = \tan^{-1}(z - i)$

コーシー・リーマンの微分方程式 (*2*) をさらに偏微分すれば

$$\frac{\partial^2 u}{\partial x^2} = \frac{\partial^2 v}{\partial x \partial y}, \quad \frac{\partial^2 u}{\partial y^2} = -\frac{\partial^2 v}{\partial x \partial y}$$

であり，v についても同様の式が成り立つから

$$\Delta u = \frac{\partial^2 u}{\partial x^2} + \frac{\partial^2 u}{\partial y^2} = 0, \quad \Delta v = \frac{\partial^2 v}{\partial x^2} + \frac{\partial^2 v}{\partial y^2} = 0$$

を得る．この式で Δ は**ラプラシアン**を示し，この方程式は**ラプラスの微分方程式**である．ゆえに

> [**3.3**]　複素関数 $w = f(z) = u + iv$ が領域 D で正則ならば，その実数部分 $u(x, y)$ と虚数部分 $v(x, y)$ は x, y の調和関数である．

§ 4.　複素積分

複素積分　複素変数 z が 1 つの実変数 t の関数

(*1*)　$$z = z(t) = x(t) + iy(t) \quad (\alpha \leqq t \leqq \beta)$$

$$a = z(\alpha), \quad b = z(\beta)$$

であるとき，$z(t)$ は z 平面上で点 a と b を結ぶ曲線 C をえがく．

関数 $f(z)$ は領域 D で連続であるとし，

$$f(z) = u(x, y) + iv(x, y)$$

とおく．

$$\begin{aligned} f(z)dz &= \{u(x, y) + iv(x, y)\}(dx + idy) \\ &= (udx - vdy) + i(vdx + udy) \end{aligned}$$

となる．曲線 C が D に含まれるとき，各項の C に沿っての線積分を考えて

$$\int_C f(z)\,dz = \left(\int_C u\,dx - \int_C v\,dy\right) + i\left(\int_C v\,dx + \int_C u\,dy\right) \tag{2}$$

とおき，これを関数 $f(z)$ の曲線 C に沿っての**積分**という．これは複素数の範囲で考えられているから**複素積分**ともいう．これに対して実数の範囲で考えた普通の積分を**実積分**という．

C が方程式 (1) で表されるとき，曲線 C に沿っての積分は

$$\int_C f(z)dz = \int_\alpha^\beta f(z(t))\frac{dz}{dt}dt$$

であり，これは媒介変数のとり方に関係しない．

積分路 C の端点を

$$z(\alpha) = a = a_1 + ia_2, \quad z(\beta) = b = b_1 + b_2$$

とし，C が方程式 $y = \varphi(x)$ $(a_1 \leqq x \leqq b_1)$ または $x = \psi(y)$ $(a_2 \leqq y \leqq b_2)$ で表されるとき，積分 (2) の右辺の第 1 項，第 2 項はそれぞれ線積分

$$\int_{a_1}^{b_1} u(x, \varphi(x))dx, \quad \int_{a_2}^{b_2} v(\psi(y), y)dy$$

である．残りの項も類似の式で表される．複素積分 (2) を $\displaystyle\int_a^b f(z)dz$ と表すこともあるが，実積分と違って，複素積分は点 a, b のほかに一般には積分路 C にも関係している．

実関数の線積分の場合と同様に，C の逆向きの曲線を $-C$ で，C と C' を連結した曲線を $C + C'$ で表す．そのとき次の公式が成り立つ．

［**4.1**］　関数 $f(z)$ が連続であるとき，

$$\int_{-C} f(z)dz = -\int_C f(z)dz$$

$$\int_{C+C'} f(z)dz = \int_C f(z)dz + \int_{C'} f(z)dz$$

［**例題 4.1**］　$a - 2,\ b - 1 + i\sqrt{3}$ とし，点 a と b を原点 O を中心とした

円弧で結ぶ．O から a を通って b までの曲線を C_1，また線分 Ob を C_2 とし，それぞれの曲線に沿って，次の関数を積分せよ．

(1)　$f(z) = z$　　　　(2)　$f(z) = \overline{z} = x - iy$

解　(1) 積分路が C_1 のとき，Oa 上では

$z = x$ $(0 \leqq x \leqq 2)$,　$dz = dx$ であるから

$$\int_0^a z\,dz = \int_0^2 x\,dx = \frac{1}{2}\left[x^2\right]_0^2 = 2$$

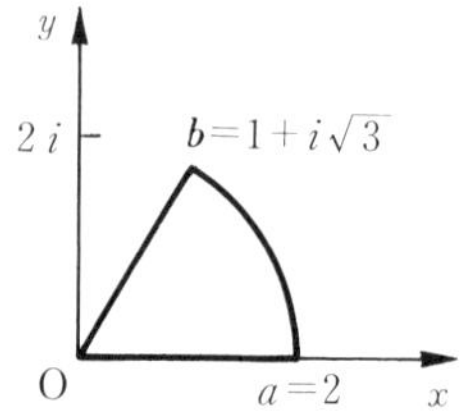

図 **4.1**

円弧 ab 上では

$$\begin{aligned} z &= 2(\cos\theta + i\sin\theta) \left(0 \leqq \theta \leqq \frac{\pi}{3}\right) \\ dz &= 2(-\sin\theta + i\cos\theta)d\theta \\ &= 2i(\cos\theta + i\sin\theta)d\theta \end{aligned}$$

である．ド・モアブルの定理 [1.2] を用いて

$$\begin{aligned} \int_a^b z\,dz &= \int_0^{\pi/3} 4i(\cos\theta + i\sin\theta)^2 d\theta = 4i\int_0^{\pi/3}(\cos 2\theta + i\sin 2\theta)d\theta \\ &= 2i\Big[\sin 2\theta - i\cos 2\theta\Big]_0^{\pi/3} = 2i\left\{\frac{\sqrt{3}}{2} - i\left(-\frac{1}{2} - 1\right)\right\} \\ &= i(\sqrt{3} + 3i) = -3 + i\sqrt{3} \end{aligned}$$

$$\int_{C_1} z\,dz = \int_0^a z\,dz + \int_a^b z\,dz = -1 + i\sqrt{3}$$

線分 $C_2 = \mathrm{O}b$ 上では，$y = \sqrt{3}x$ $(0 \leqq x \leqq 1)$ であるから

$$z = x + iy = \left(1 + i\sqrt{3}\right)x, \quad dz = \left(1 + i\sqrt{3}\right)dx$$

$$\begin{aligned} \int_{C_2} z\,dz &= \int_0^1 \left(1 + i\sqrt{3}\right)^2 x\,dx = \left(1 + i\sqrt{3}\right)^2 \left[\frac{1}{2}x^2\right]_0^1 \\ &= \frac{1}{2}\left(1 + i\sqrt{3}\right)^2 = -1 + i\sqrt{3} \end{aligned}$$

これら 2 つの積分の値は同じである．

(2)　円弧 ab 上では

$$\begin{aligned} \overline{z}dz &= 4(\cos\theta - i\sin\theta)i(\cos\theta + i\sin\theta)d\theta \\ &= 4i(\cos^2\theta + \sin^2\theta)d\theta = 4id\theta \end{aligned}$$

であるから

$$\int_{C_1} \overline{z}\, dz = \int_0^2 x dx + 4i \int_0^{\pi/3} d\theta = 2 + \frac{4}{3}\pi i$$

一方，線分 Ob 上では

$$\overline{z} dz = \left(1 - i\sqrt{3}\right) x \left(1 + i\sqrt{3}\right) dx = 4x\, dx$$

$$\int_{C_2} \overline{z}\, dz = \int_0^1 4x\, dx = 2$$

この関数の積分は，積分路の取り方によって値が異なる．　終

問題 4.1　図 4.1 の 2 つの曲線 C_1，C_2 に沿って，次の関数を積分せよ．

(1)　$f(z) = z^2$　　(2)　$f(z) = |z|^2 = x^2 + y^2$

媒介変数方程式 (*1*) で表される曲線 C の長さ L は

$$L = \int_\alpha^\beta \sqrt{\left(\frac{dx}{dt}\right)^2 + \left(\frac{dy}{dt}\right)^2} dt = \int_\alpha^\beta \left| \frac{dz}{dt} \right| dt$$

で与えられる．曲線 C の弧長媒介変数，すなわち点 $a = z(\alpha)$ から点 $z(t)$ までの長さを s とするとき，s は t の関数であり，

$$ds = \left| \frac{dz}{dt} \right| dt = |dz|$$

[4.2]　$f(z)$ を曲線 C 上で連続な関数とし，C のすべての点 z において，ある定数 M に対して

$$|f(z)| \leqq M$$

であるとする．そのとき C の弧長媒介変数を s，長さを L とすれば

$$\left| \int_C f(z) dz \right| \leqq \int_C |f(z)| ds \leqq ML$$

[証明]　実積分の場合，区間 $[\alpha, \beta]$ で連続な関数 $f(t)$ について，不等式

$$\left| \int_\alpha^\beta f(t) dt \right| \leqq \int_\alpha^\beta |f(t)| dt$$

が成り立つ．$f(t)$ が複素数値関数であっても，同じ不等式が成り立つ．

$$\left| \int_C f(z) dz \right| = \left| \int_C f(z) \frac{dz}{dt} dt \right| \leqq \int_C |f(z)| \left| \frac{dz}{dt} \right| dt$$

$$= \int_C |f(z)| ds \leqq M \int_C ds = ML$$

終

積分定理　1点から出発してその点に戻る曲線を**閉曲線**といい，途中ではそれ自身に交わらないとき**単一閉曲線**という．今後とくに断らない場合は，単一閉曲線が囲んでいる内部の領域を左手に見て進む方向をその曲線の**正の向き**とする．円についていえば，時計の針の回転と逆向きの回転方向を正の向きとする．

次の積分定理は正則関数について最も基本的なものである．

> [**4.3**]　**コーシーの積分定理**　領域 D で関数 $f(z)$ が正則であるとき，D 内の任意の単一閉曲線を C とし，C で囲まれた領域 D_1 が D の内部にあるものとすれば (図 4.2)，つねに
>
> $$\int_C f(z)dz = 0$$

証明　複素積分の定義により

$$\int_C f(z)dz = \int_C (udx - vdy) + i\int_C (vdx + udy)$$

である．グリーンの定理 (付録参照) により

$$\int_C (udx - vdy) = \iint_{D_1}\left(-\frac{\partial v}{\partial x} - \frac{\partial u}{\partial y}\right)dxdy$$

$$\int_C (vdx + udy) = \iint_{D_1}\left(\frac{\partial u}{\partial x} - \frac{\partial v}{\partial y}\right)dxdy$$

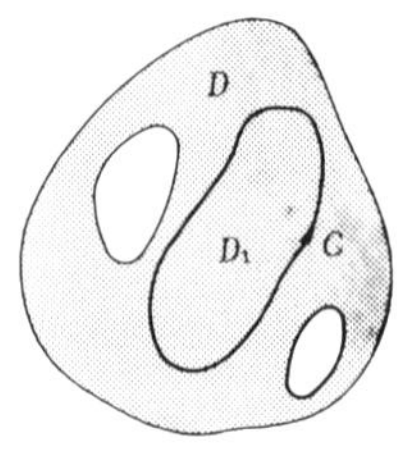

図 4.2

が成り立つ．$f(z)$ は D で正則であるから，コーシー・リーマンの方程式 [3.2] が成り立ち，上の2重積分の被積分関数はいずれも0である．　終

> [**4.4**]　関数 $f(z)$ が領域 D で正則であり，2点 a, b を結ぶ2つの曲線 C_1, C_2 が D 内にあり，かつ，C_1, C_2 で囲まれた領域が D 内にあれば，C_1, C_2 に沿っての $f(z)$ の積分は等しい．
>
> $$\int_{C_1} f(z)dz = \int_{C_2} f(z)dz$$

証明　曲線 $C = C_1 - C_2$ は閉曲線であり，被積分関数を省略して書けば，定理 [4.1] と積分定理 [4.3] により

$$\int_C = \int_{C_1} - \int_{C_2} = 0 \qquad \text{終}$$

例題 4.1(1) の関数 z は z 平面で正則であるから，2 点 0 と b を結ぶ任意の曲線に沿って，その積分は同じ値になる．(2) の $\bar{z}$ は正則でない．

> **[4.5]**　2 つの単一閉曲線 C_1, C_2 があり，それに囲まれた領域を D とする (図 4.3)．関数 $f(z)$ が D とその周上で正則であれば
>
> $$\int_{C_1} f(z)dz = \int_{C_2} f(z)dz$$

証明　曲線 C_1 と C_2 を線分 AF で結び，図のように点 A, B, C, D, E, F をとる．A と C，D と F は同じ点である．曲線 C =ABCDEFA は閉曲線であり，計算の途中 FA = −CD であることに注意して

$$\int_C = \int_{\mathrm{ABC}} + \int_{\mathrm{CD}} + \int_{\mathrm{DEF}} + \int_{\mathrm{FA}} = \int_{C_1} - \int_{C_2} = 0 \qquad \text{終}$$

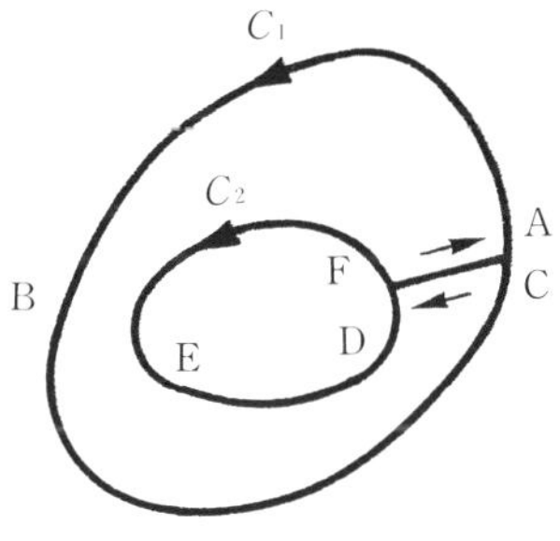

図 4.3

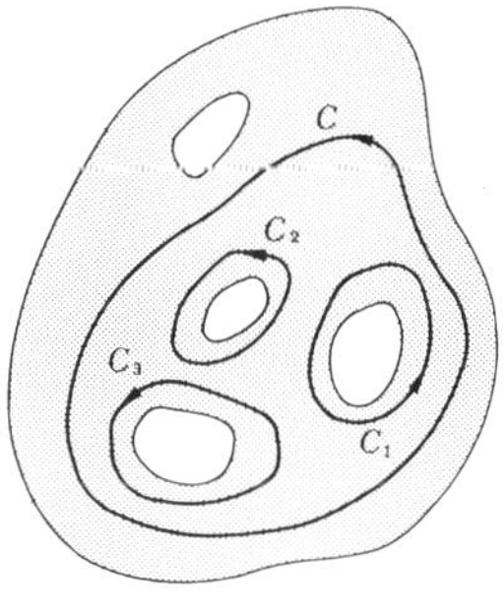

図 4.4

定理 [4.5] は曲線の個数が多くなった場合にも成り立つ．図 4.4 のような曲線について 次の関係が成り立つ．

$$\int_C f(z)dz = \left(\int_{C_1} + \int_{C_2} + \int_{C_3}\right) f(z)dz$$

> **[4.6]**　点 a を中心とし，半径 r の円を正の向きに 1 周する曲線を C とするとき，次の公式が成り立つ．
>
> (1) $$\int_C \frac{dz}{z-a} = 2\pi i$$
>
> (2) $$\int_C (z-a)^n dz = 0 \quad (n\ は整数\ ;\ n \neq -1)$$
>
> C は a のまわりを正の向きに 1 周する任意の閉曲線であってもよい．

証明　C の方程式は $z-a = re^{i\theta}$ $(0 \leqq \theta \leqq 2\pi)$ と表されるから

$$dz = ire^{i\theta}\,d\theta$$

$$\int_C \frac{1}{z-a}dz = \int_0^{2\pi} \frac{1}{re^{i\theta}} ire^{i\theta} d\theta = i\int_0^{2\pi} d\theta = 2\pi i$$

$$\int_C (z-a)^n dz = \int_0^{2\pi} r^n e^{in\theta} ire^{i\theta} d\theta = ir^{n+1}\int_0^{2\pi} e^{i(n+1)\theta} d\theta$$

$$= \frac{r^{n+1}}{n+1}\{e^{2(n+1)\pi i} - 1\} = 0 \qquad (n \neq -1)$$

後半の注意は定理 [4.5] による．　終

[例題 4.2]　原点を中心とし，半径 r $(1 < r < 2)$ の円を C とするとき，次の積分を求めよ．

(1) $\displaystyle\int_C \frac{1}{z+2}dz$　　　(2) $\displaystyle\int_C \frac{2z}{z^2+1}dz$

解　(1)　被積分関数 $\dfrac{1}{z+2}$ は $z=-2$ で正則でない．それは円 C の外部にあるから，円 C の内部では正則である．よって積分定理 [4.3] により

$$\int_C \frac{1}{z+2}dz = 0$$

(2)　被積分関数は複素数の範囲で部分分数

$$\frac{2z}{z^2+1} = \frac{1}{z-i} + \frac{1}{z+i}$$

に分けられる．この関数は $z=i$, $z=-i$ の 2 点を除いて正則である．その 2 点は円 C の

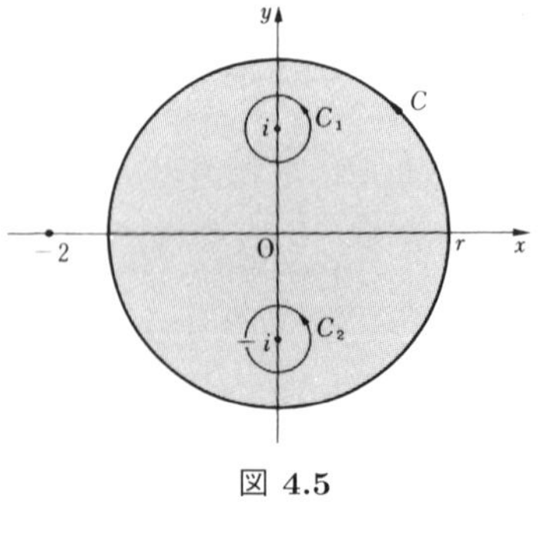

図 4.5

内部にある．i と $-i$ を中心とし C の内部にあり互いに交わらない円を C_1, C_2 とし，正の向きをとる (図 4.5)．定理 [4.5] の注意により

$$\int_C \frac{2z}{z^2+1}dz = \left(\int_{C_1} + \int_{C_2}\right)\frac{2z}{z^2+1}dz$$

である．C_1 に沿っての積分は

$$\int_{C_1} \frac{2z}{z^2+1}dz = \int_{C_1} \frac{1}{z-i}dz + \int_{C_1} \frac{1}{z+i}dz$$

であるが，$\dfrac{1}{z+i}$ は円 C_1 の内部で正則であるから，右辺第 2 項の積分は積分定理 [4.3] によって 0 である．第 1 の積分は定理 [4.6] (1) により

$$\int_{C_1} \frac{dz}{z-i} = 2\pi i$$

である．同様に $\displaystyle\int_{C_2} \frac{2z}{z^2+1}dz = 2\pi i$ であるから

$$\int_C \frac{2z}{z^2+1}dz = 4\pi i$$ 終

問題 4.2 次の関数を示された閉曲線 C に沿って積分せよ．

(1) $z^2 - 4z$　C : 単位円　　(2) $\dfrac{z^2+4}{z}$　C : 単位円

(3) $\dfrac{1}{z^2+1}$　C : 上半円 $|z| = 2$, $\mathrm{Im}\, z \geqq 0$ とその直径

(4) $\dfrac{1}{z^4-1}$　C : $|z-1| = 1$ の円

不定積分　領域 D の内部にある任意の閉曲線の内部がすべて D の点であるとき，領域 D は**単連結**であるという．平面全体，円の内部などは単連結であるが，円の内部から数個の点を取り除いた領域やリング状の領域は単連結ではない．

定理 [4.5] により，関数 $f(z)$ が単連結領域 D で正則ならば，D 内の 2 点を結ぶ曲線に沿っての $f(z)$ の積分は 2 点で定まり，積分路には関係しない．D の中に定点 a と任意の点 z を結ぶ D 内の曲線 C に沿って積分

$$F(z) = \int_a^z f(z)dz \tag{3}$$

を考えると，この積分は点 z だけに関係するから，z の関数 $F(z)$ を定義する．実関数の場合と同様にして次の定理が証明される．

> [**4.7**]　関数 $f(z)$ が単連結領域 D で正則ならば積分 (3) で定義される関数 $F(z)$ は D の内部で正則であり，
> $$F'(z) = f(z)$$

関数 $F(z)$ を $f(z)$ の**不定積分**または**原始関数**という．おもな初等関数の不定積分は例 3.2 の導関数の式から知ることができる．関数が正則な範囲では実積分の公式，部分積分や置換積分が，そのまま複素積分にも成り立つ．

問題 4.3 次の積分を求めよ．積分路は下端と上端を結ぶ線分とする．

(1) $\displaystyle\int_0^{1+i} z^2 dz$　　(2) $\displaystyle\int_0^{\pi/2} e^{iz} dz$

(3) $\displaystyle\int_0^{\pi+2i} \sin z\, dz$　　(4) $\displaystyle\int_{1-i}^{1+i} \frac{1}{z} dz$

> [**4.8**]　**コーシーの積分表示**　関数 $f(z)$ が領域 D で正則であるとする．D 内に単一閉曲線 C があり，C の内部も D に含まれているとき，C の内部の任意の点 a に対して次の公式が成り立つ．
>
> (1) $$f(a) = \frac{1}{2\pi i}\int_C \frac{f(z)}{z-a} dz$$
>
> (2) $$f^{(n)}(a) = \frac{n!}{2\pi i}\int_C \frac{f(z)}{(z-a)^{n+1}} dz \quad (n = 1,\ 2,\ 3, \cdots)$$

証明の概要を説明しよう．(1) 関数 $\dfrac{f(z)}{z-a}$ は $z = a$ を除いては正則である．点 a を中心とし，半径 r の円 C_1 を C の内部にとれば，定理 [4.5] によって，C と C_1 に沿っての積分は等しい．C_1 上で

$$\int_{C_1} \frac{f(z)-f(a)}{z-a} dz = \int_{C_1} \frac{f(z)}{z-a} dz - f(a)\int_{C_1} \frac{1}{z-a} dz$$

である．定理 [4.6](1) を用いて

$$\int_{C_1} \frac{f(z)-f(a)}{z-a} dz = \int_C \frac{f(z)}{z-a} dz - 2\pi i f(a)$$

が成り立つ．この左辺の積分は，円 C_1 の半径 r を $r \to 0$ とするとき，0 に収束する．右辺は円 C_1 には無関係であるから 0 に等しく，(1) が成り立つ．

(2)　$a+h$ が C の内部に含まれるように h をとれば，(1) を用いて，

$$\begin{aligned}\frac{f(a+h)-f(a)}{h} &= \frac{1}{2\pi i h} \int_C \left\{ \frac{f(z)}{z-(a+h)} - \frac{f(z)}{z-a} \right\} dz \\ &= \frac{1}{2\pi i} \int_C \frac{f(z)}{(z-a-h)(z-a)} dz\end{aligned}$$

が成り立つ．ここで $h \to 0$ とすれば，右辺の関数の極限値は存在するから，

$$f'(a) = \frac{1}{2\pi i} \int_C \frac{f(z)}{(z-a)^2} dz$$

を得る．この式は，積分表示 (1) を a の関数として微分するとき，被積分関数を a について微分すればよいことを示している．

$$\frac{\partial^n}{\partial a^n} \frac{f(z)}{z-a} = \frac{n!\,f(z)}{(z-a)^{n+1}}$$

であるから，一般に自然数 n に対して公式 (2) を得る．　終

積分表示 (1) は，正則関数について任意の点 a における値 $f(a)$ が a を内部に含む曲線 C 上の $f(z)$ の値だけによって決定されることを示している．逆に，この性質を用いて複素積分が点 a における関数の値によって求められる．

[**例題 4.3**]　C を円 $|z|=2$ とするとき，次の積分を求めよ．

(1)　$\displaystyle\int_C \frac{\sin z}{3z-\pi} dz$　　　(2)　$\displaystyle\int_C \frac{e^z}{z^2(z+1)} dz$

解　(1)　$\sin z$ は全平面で正則であり，$z = \dfrac{\pi}{3}$ は C の内部にあるから，積分表示 [4.8](1) により

$$\int_C \frac{\sin z}{3z-\pi} dz = \frac{1}{3} \int_C \frac{\sin z}{z-\dfrac{\pi}{3}} dz = \frac{2\pi i}{3} \sin\frac{\pi}{3} = \frac{\sqrt{3}}{3}\pi i$$

(2)
$$\int_C \frac{e^z}{z^2(z+1)} dz = \int_C \left\{ \frac{e^z}{z+1} - \frac{(z-1)e^z}{z^2} \right\} dz$$

e^z は全平面で正則であり，$z=-1$ および $z=0$ は円 C の内部にある．右辺の第1項の積分は積分表示 (1) により

$$\int_C \frac{e^z}{z+1}dz = 2\pi i e^{-1}$$

第 2 項の積分は公式 (2) で $f(z)=(z-1)e^z$，$f'(z)=ze^z$，$a=0$，$n=1$ として

$$\int_C \frac{(z-1)e^z}{z^2}dz = 2\pi i f'(0) = 0$$

$$\int_C \frac{e^z}{z^2(z+1)}dz = \frac{2\pi i}{e}$$ 終

問題 4.4　次の積分を求めよ．C は単位円，$\varGamma$ は円 $|z|=3$ とする．

(1) $\displaystyle\int_C \frac{z}{z+2}dz$　　(2) $\displaystyle\int_\varGamma \frac{z}{z+2}dz$　　(3) $\displaystyle\int_C \frac{\cos z}{z}dz$

(4) $\displaystyle\int_C \frac{e^z}{z^3}dz$　　(5) $\displaystyle\int_\varGamma \frac{e^{\pi z}}{z^2+1}dz$　　(6) $\displaystyle\int_\varGamma \frac{1}{z^2(z^2-1)}dz$

§ 5.　級数展開と留数

整級数展開　a および c_0，c_1，c_2，$\cdots$ を複素数の定数として，

(*1*)
$$\sum_{n=0}^{\infty} c_n(z-a)^n = c_0 + c_1(z-a) + c_2(z-a)^2 + \cdots$$

の形の級数を，点 a を中心とする**整級数**または**べき級数**という．

$$\sum_{n=0}^{\infty} |c_n(z-a)^n| = |c_0| + |c_1(z-a)| + |c_2(z-a)^2| + \cdots$$

が収束するとき，もとの整級数 (*1*) は**絶対収束**するという．

実数の整級数の場合と同じように，次の定理が成り立つ．

> [**5.1**]　整級数 (*1*) がある点 z_0 $(z_0 \neq a)$ で収束すれば，a を中心とし z_0 を通る円の内部 $|z-a|<|z_0-a|$ の任意の点 z で，整級数 (*1*) は絶対収束する．

整級数 (1) が $|z-a|<r$ である任意の z に対しては絶対収束する最大の実数 r $(0 \leqq r)$ を整級数の**収束半径**といい，円 $|z-a|<r$ をその**収束円**という．任意の複素数に対して収束するときは $r=+\infty$ とする．収束円の円周上の点では，収束する場合も発散する場合もある．

収束半径について，実数の級数の場合と同様に，次の定理が知られている．

> **[5.2]**　整級数 (1) について
>
> $$\lim_{n\to\infty} \frac{1}{\sqrt[n]{|c_n|}} = r \quad \text{または} \quad \lim_{n\to\infty} \left| \frac{c_n}{c_{n+1}} \right| = r$$
>
> が定まるならば，r はその収束半径である．

整級数 (1) の収束円 $|z-a|<r$ 内の任意の点 z において，整級数の極限値を $f(z)$ で表せば，$f(z)$ は収束円内で複素関数を定義する．

(2)
$$\begin{aligned} f(z) &= \sum_{n=0}^{\infty} c_n (z-a)^n \\ &= c_0 + c_1(z-a) + c_2(z-a)^2 + \cdots + c_n(z-a)^n + \cdots \end{aligned}$$

[例題 5.1]　次の整級数の収束半径 r を求めよ．

(1)　$1+z+z^2+\cdots+z^n+\cdots$

(2)　$1+\dfrac{z}{1!}+\dfrac{z^2}{2!}+\cdots+\dfrac{z^n}{n!}+\cdots$

解　(1)
$$r = \lim_{n\to\infty} \frac{1}{1} = 1$$

$|z|<1$ のときは $z^n \to 0$ $(n\to\infty)$ であるから

$$1+z+z^2+\cdots+z^n+\cdots = \lim_{n\to\infty} \frac{1-z^{n+1}}{1-z} = \frac{1}{1-z}$$

となる．$z=1$ のときは発散する．また $|z|=1$, $z\neq 1$ のとき $z=e^{i\theta}$ とおけば

$$1+z+z^2+\cdots+z^n+\cdots = \frac{1-z^{n+1}}{1-z} = \frac{1-e^{i(n+1)\theta}}{1-z}$$

となる．$\arg z^n = \arg e^{in\theta} = n\theta$ であるから，この級数は発散する．ゆえに単位円周上のすべての点で発散する．

(2)
$$r=\lim_{n\to\infty}\frac{(n+1)!}{n!}=\lim_{n\to\infty}(n+1)=+\infty$$

ゆえにすべての複素数 z で収束する．この整級数は指数関数 e^z を表す．　終

問題 5.1　一般項が次の式で表される整級数の収束円を求めよ．

(1)　nz^n　　(2)　$\dfrac{(z+i)^n}{n}$　　(3)　$\dfrac{(z-1)^n}{n!}$

次の定理も実数の整級数の場合と同様に証明される．

［**5.3**］　整級数 (2) で定義される関数 $f(z)$ は，収束円 $|z-a|<r$ の内部で項別微分，項別積分ができる．右辺の整級数の収束半径も r である．したがって，$f(z)$ は収束円内で正則である．

(1)　**項別微分**

$$\begin{aligned}f'(z)&=\sum_{n=1}^{\infty}nc_n(z-a)^{n-1}\\&=c_1+2c_2(z-a)+\cdots+nc_n(z-a)^{n-1}+\cdots\end{aligned}$$

(2)　**項別積分**

$$\begin{aligned}\int_a^z f(t)dt&=\sum_{n=0}^{\infty}\frac{c_n}{n+1}(z-a)^{n+1}\\&=c_0(z-a)+\frac{c_1}{2}(z-a)^2+\frac{c_2}{3}(z-a)^3\\&\quad+\cdots+\frac{c_n}{n+1}(z-a)^{n+1}+\cdots\end{aligned}$$

(3)
$$\sum_{n=0}^{\infty}c_n(z-a)^{-n}=c_0+\frac{c_1}{z-a}+\frac{c_2}{(z-a)^2}+\cdots+\frac{c_n}{(z-a)^n}+\cdots$$

の形の級数を**負べき級数**という．$w=\dfrac{1}{z-a}$ とおけば，この級数は

(4)
$$\sum_{n=0}^{\infty}c_nw^n=c_0+c_1w+c_2w^2+\cdots+c_nw^n+\cdots$$

となる．整級数 (4) の収束半径が r ならば，式 (3) の負べき級数は円 $|z-a|=\dfrac{1}{r}$

の外部の任意の z で絶対収束する．その範囲で式 (3) は正則関数を表し，項別微分，項別積分を行うことができる．

整級数は収束円内で正則関数を表すが，逆に正則関数は整級数で表される．

> **[5.4] テイラー展開** 関数 $f(z)$ が領域 D で正則ならば，D 内の任意の点 a を中心とし D 内に含まれる最大の円の半径を r とするとき，関数 $f(z)$ はこの円の内部 $|z-a|<r$ で，整級数
>
> $$f(z) = f(a) + \frac{f'(a)}{1!}(z-a) + \frac{f''(a)}{2!}(z-a)^2 + \cdots + \frac{f^{(n)}(a)}{n!}(z-a)^n + \cdots$$
>
> で表される．

a を中心とし，領域 D に含まれる円 C をとるとき，係数の $f^{(n)}(a)$ はコーシーの積分表示 [4.8] により，

$$f^{(n)}(a) = \frac{n!}{2\pi i}\int_C \frac{f(z)}{(z-a)^{n+1}}dz \quad (n = 1, 2, 3, \cdots)$$

で与えられる．

$f(z)$ が原点を含む領域 D で正則ならば，テイラー展開で $a=0$ とおいて，次の**マクローリン展開**を得る．

> **[5.5] マクローリン展開** $f(z)$ が原点を含む領域で正則ならば，
>
> $$f(z) = f(0) + f'(0)z + \frac{f''(0)}{2!}z^2 + \cdots + \frac{f^{(n)}(0)}{n!}z^n + \cdots$$

実変数の場合と同様に，基本的な初等関数について次のマクローリン展開が成り立つ．p は自然数でない複素数とする．

(1) $e^z = 1 + \dfrac{z}{1!} + \dfrac{z^2}{2!} + \dfrac{z^3}{3!} + \cdots + \dfrac{z^n}{n!} + \cdots$

(2) $\sin z = z - \dfrac{z^3}{3!} + \dfrac{z^5}{5!} - \cdots + (-1)^{n-1}\dfrac{z^{2n-1}}{(2n-1)!} + \cdots$

(3)　$\cos z = 1 - \dfrac{z^2}{2!} + \dfrac{z^4}{4!} - \cdots + (-1)^n \dfrac{z^{2n}}{(2n)!} + \cdots$

(4)　$\log(1+z) = z - \dfrac{z^2}{2} + \dfrac{z^3}{3} - \cdots + (-1)^{n-1} \dfrac{z^n}{n} + \cdots$

(5)　$$(1+z)^p = 1 + pz + \frac{p(p-1)}{2} z^2 + \cdots + \frac{p(p-1)\cdot\cdots\cdot(p-n+1)}{n!} z^n + \cdots$$

収束半径は (1), (2), (3) では $r = +\infty$, (4), (5) では $r = 1$ である．(4) では $\log 1 = 0$ であるような分枝をとっている．(5) は拡張された二項定理であって，$1^p = 1$ であるような分枝をとっている．

問題 5.2 次の関数を，[　] の点を中心としてテイラー展開し，その収束半径を求めよ．

(1)　$\dfrac{1}{z}$　$[z = 1]$　　(2)　$\dfrac{1}{1-z}$　$[z = i]$

(3)　e^z　$[z = i\pi]$　　(4)　$\log z$　$[z = -1]$

ローラン展開　中心が関数の正則な点でない場合も含めた次の級数展開が知られている．

> [**5.6**]　**ローラン展開**　C_1, C_2 を a を中心とする同心円，C を C_1 と C_2 の間の同心円とする．関数 $f(z)$ が C_1 と C_2 で囲まれた円環状領域 D で 1 価で正則であるとき，D の内部の任意の点 z に対して
>
> $$f(z) = \sum_{n=-\infty}^{\infty} c_n (z-a)^n = \cdots + \frac{c_{-m}}{(z-a)^m} + \cdots + \frac{c_{-2}}{(z-a)^2} + \frac{c_{-1}}{z-a} + c_0 + c_1(z-a) + c_2(z-a)^2 + \cdots + c_n(z-a)^n + \cdots$$
>
> と展開される．ここに各項の係数は次の式で与えられる．
>
> $$c_n = \frac{1}{2\pi i} \int_C \frac{f(t)}{(t-a)^{n+1}} dt \quad (n = 0,\ \pm 1,\ \pm 2,\ \cdots)$$

ローラン展開を求める際，上の基本的関数のマクローリン展開を利用できる．

[**例題 5.2**]　次の関数を [　] 内の点を中心としてローラン展開せよ．

(1)　$\dfrac{e^z}{(z+1)^2}$　$[z=-1]$　　(2)　$\dfrac{2}{(z-3)(z-1)}$　$[z=3]$

(3)　$\dfrac{1-\cos z}{z^2}$　$[z=0]$　　(4)　$z^2\cos\dfrac{1}{z}$　$[z=0]$

解　(1)　$z+1=t$ とおくと，$z+1=t\neq 0$ のとき正則であり

$$\frac{e^z}{(z+1)^2}=\frac{e^{t-1}}{t^2}=\frac{e^{-1}}{t^2}\left\{1+\frac{t}{1!}+\frac{t^2}{2!}+\cdots+\frac{t^{n+2}}{(n+2)!}+\cdots\right\}$$

$$=e^{-1}\left\{\frac{1}{t^2}+\frac{1}{t}+\frac{1}{2!}+\cdots+\frac{t^n}{(n+2)!}+\cdots\right\}$$

$$=\frac{e^{-1}}{(z+1)^2}+\frac{e^{-1}}{z+1}+\frac{e^{-1}}{2}+\cdots+\frac{e^{-1}(z+1)^n}{(n+2)!}+\cdots$$

(2)　$z-3=t$ とおくと部分分数

$$\frac{2}{(z-3)(z-1)}=\frac{2}{t(t+2)}=\frac{1}{t}-\frac{1}{t+2}=\frac{1}{t}-\frac{1}{2}\cdot\frac{1}{1+t/2}$$

と分解される．$0<|z-3|=|t|<2$ のとき正則であり

$$\frac{2}{(z-3)(z-1)}=\frac{1}{t}-\frac{1}{2}\left\{1-\frac{t}{2}+\left(\frac{t}{2}\right)^2-\cdots+\left(-\frac{t}{2}\right)^n+\cdots\right\}$$

$$=\frac{1}{z-3}-\frac{1}{2}+\frac{1}{2^2}(z-3)-\frac{1}{2^3}(z-3)^2$$

$$+\cdots+\left(-\frac{1}{2}\right)^{n+1}(z-3)^n+\cdots$$

(3)　$$\frac{1-\cos z}{z^2}=\frac{1}{z^2}\left\{1-\left(1-\frac{z^2}{2!}+\frac{z^4}{4!}-\cdots+(-1)^n\frac{z^{2n}}{(2n)!}+\cdots\right)\right\}$$

$$=\frac{1}{2!}-\frac{z^2}{4!}+\cdots+\frac{(-1)^n}{(2n+2)!}z^{2n}+\cdots$$

(4)　$$z^2\cos\frac{1}{z}=z^2\left\{1-\frac{1}{2!\,z^2}+\frac{1}{4!\,z^4}-\cdots+\frac{(-1)^n}{(2n)!\,z^{2n}}+\cdots\right\}$$

$$=z^2-\frac{1}{2!}+\frac{1}{4!\,z^2}+\cdots+\frac{(-1)^{n+1}}{(2n+2)!\,z^{2n}}+\cdots$$　終

特異点　関数 $f(z)$ が点 a で正則でないとき，a を $f(z)$ の**特異点**という．

関数 $f(z)$ が点 a の近くで a を除いては正則であるとき，a を**孤立特異点**という．そのとき $f(z)$ は a を中心としてローラン展開される．その展開で $z-a$ の負べきの項が有限個であって

$$f(z)=\frac{c_{-k}}{(z-a)^k}+\cdots+\frac{c_{-1}}{z-a}+c_0+c_1(z-a)+\cdots+c_n(z-a)^n+\cdots$$

で $c_{-k}\neq 0$ であるとき，点 a を $f(z)$ の $\boldsymbol{k}$ **位の極**という．例題 5.2 (1) の関数 $\dfrac{e^x}{(z+1)^2}$ について $z=-1$ は 2 位の極である．極の位数 k は $(z-a)^k f(z)$ が点 a で正則になるような最小の自然数である．

例題 5.2 (3) の関数 $f(z)=\dfrac{1-\cos z}{z^2}$ は $z=0$ で定義されていない．しかしそのローラン展開は負べきの項を含まず，$\displaystyle\lim_{z\to 0}f(z)=\frac{1}{2}$ である．このような特異点を**除去可能な特異点**という．極でも除去可能でもない特異点を**真性特異点**という．(4) の関数は無限個の負べきの項を含み，$z=0$ は真性特異点である．

問題 5.3　関数 $\dfrac{z}{(z-1)(z-2)}$ を次の各領域の点に対して，原点を中心としてローラン展開せよ．

(1)　$|z|<1$　　(2)　$1<|z|<2$　　(3)　$|z|>2$

問題 5.4　次の関数を，[　] の点を中心としてローラン展開せよ．

(1)　$\dfrac{1}{z(z-1)^2}$　$[z=1]$　　(2)　$\dfrac{1}{z^2+1}$　$[z=i]$

(3)　$\dfrac{z-\sin z}{z^3}$　$[z=0]$　　(4)　$\dfrac{e^z}{z^2}$　$[z=0]$

留数　関数 $f(z)$ が領域 D で 1 価で，1 点 a を除いては正則であるとき，D の内部にあり，点 a を内部に含む単一閉曲線 C をとれば，定理 [4.5] により，

$$\frac{1}{2\pi i}\int_C f(z)dz$$

の値はこのような曲線の取り方に関係しない．この値を $f(z)$ の点 a における**留数**といい，記号 $\mathrm{Res}[f,a]$ で，$f(z)$ がわかっているときは簡単に $\mathrm{Res}[a]$ で示す．

[5.7] 関数 $f(z)$ が点 a で正則ならば，$\mathrm{Res}[a]=0$ である．$f(z)$ が 1 価関数で，点 a が孤立特異点であるとき，$f(z)$ の a における留数 $\mathrm{Res}[f,a]$ は，a を中心とする $f(z)$ のローラン展開の負べき第 1 項の係数 c_{-1} に等しい．

証明　点 a で正則であるときは，コーシーの積分定理から明らかである．点 a が関数 $f(z)$ の特異点ならば，a を中心とする $f(z)$ のローラン展開は，整級数の部分を $g(z)$ とおいて，

$$f(z)=g(z)+\frac{c_{-1}}{z-a}+\frac{c_{-2}}{(z-a)^2}+\cdots+\frac{c_{-n}}{(z-a)^n}+\cdots$$

と書くことができる．C を中心 a の円にとるとき，$g(z)$ は正則であるから，$\int_C g(z)dz=0$ である．一方，負べきの級数は C 上で収束する．したがって上のローラン展開を C に沿って項別積分すれば，定理 [4.6] によって

$$\mathrm{Res}[f,a]=\frac{1}{2\pi i}\int_C f(z)dz=\frac{c_{-1}}{2\pi i}\int_C\frac{dz}{z-a}=c_{-1}$$ 終

[5.8] 点 a が $f(z)$ の 1 位の極ならば，

(1) $$\mathrm{Res}[f,a]=c_{-1}=\lim_{z\to a}(z-a)f(z)$$

である．一般に，a が $f(z)$ の k 位の極ならば，

(2) $$\mathrm{Res}[f,a]=c_{-1}=\frac{1}{(k-1)!}\lim_{z\to a}\frac{d^{k-1}}{dz^{k-1}}\{(z-a)^k f(z)\}$$

証明　(1) 点 a が 1 位の極ならば，定理 [5.7] から明らかである．

(2) a が k 位の極ならば，ローラン展開の両辺に $(z-a)^k$ を掛けて

$$(z-a)^k f(z)=c_{-k}+\cdots+c_{-2}(z-a)^{k-2}+c_{-1}(z-a)^{k-1}+c_0(z-a)^k+\cdots$$

である．これを $(k-1)$ 回微分して，$z\to a$ とすればよい． 終

[5.9] **留数定理** 関数 $f(z)$ が単一閉曲線 C の上および内部で，その内部にある有限個の点 $a_1, a_2, \cdots, a_n$ を除いては正則な 1 価関数であるとき，次の公式が成り立つ．

$$\int_C f(z)dz=2\pi i\{\mathrm{Res}[a_1]+\mathrm{Res}[a_2]+\cdots+\mathrm{Res}[a_n]\}$$

証明　各点 a_1, a_2, $\cdots$, a_n を中心として，C の内部に含まれ，互いに重ならない円 C_1, C_2, $\cdots$, C_n をえがく．各点 a_j において

$$\int_{C_j} f(z)dz = 2\pi i \,\mathrm{Res}[a_j]$$

である．$f(z)$ は C と C_1, C_2, $\cdots$, C_n で囲まれた領域で正則であるから，定理 [4.5] とその注意から導かれる．　終

この留数定理により，曲線に沿っての積分を，その内部の特異点での留数から求めることができる．

[**例題 5.3**]　次の関数の特異点での留数を求め，単位円 C に沿って積分せよ．

(1)　$\dfrac{z+3}{z(z-2)^2}$　　　(2)　$z^2 e^{1/z}$

解　(1)　$z=0$ は 1 位の極，$z=2$ は 2 位の極である．公式 [5.8] により

$$\mathrm{Res}[0] = \lim_{z\to 0} \frac{z+3}{(z-2)^2} = \frac{3}{4}$$

$$\mathrm{Res}[2] = \frac{1}{1!} \lim_{z\to 2} \frac{d}{dz} \frac{z+3}{z} = \lim_{z\to 2} \frac{-3}{z^2} = -\frac{3}{4}$$

点 0 は単位円 C の内部にあり，点 2 は C の外部にあるから

$$\int_C \frac{z+3}{z(z-2)^2} dz = 2\pi i \mathrm{Res}[0] = \frac{3\pi i}{2}$$

もし積分路が点 0 と 2 を内部に含む閉曲線であれば，その曲線に沿っての積分は

$$\int_C \frac{z+3}{z(z-2)^2} dz = 2\pi i \{\mathrm{Res}[0] + \mathrm{Res}[2]\} = 0$$

になる．

(2)　$z=0$ を中心としてローラン展開すれば

$$\begin{aligned} z^2 e^{1/z} &= z^2 \left\{ 1 + \frac{1}{z} + \frac{1}{2!\,z^2} + \frac{1}{3!\,z^3} + \frac{1}{4!\,z^4} + \cdots \right\} \\ &= z^2 + z + \frac{1}{2} + \frac{1}{6z} + \frac{1}{24z^2} + \cdots \end{aligned}$$

であるから，$z=0$ は真性特異点であり，$\mathrm{Res}[0] = \dfrac{1}{6}$ である．

$$\int_C z^2 e^{1/z} dz = 2\pi i \mathrm{Res}[0] = \frac{\pi i}{3}$$ 終

問題 5.5 次の関数の特異点における留数を求め，示された曲線に沿って積分せよ．

(1)　$\dfrac{z}{z+1}$　　C : 円 $|z| = 2$

(2)　$\dfrac{1}{z(z-i)}$　　C : 円 $|z| = 2$

(3)　$\dfrac{z}{(z-2)^2}$　　C : 円 $|z-2| = 1$

(4)　$\dfrac{1}{(z^2+1)^2}$　　C : 円 $|z-i| = 1$

(5)　$\dfrac{e^z}{(z-1)^2}$　　C : 円 $|z| = 2$

§ 6.　実積分への応用

複素積分を応用して，実変数の定積分を求める例をあげておこう．その際，次の性質がよく用いられる．

［**例題 6.1**］　M を正の定数として，半径 R の上半円周 Γ 上でつねに

$$|f(z)| \leqq \frac{M}{R^k}$$

ならば，次の式が成り立つことを証明せよ．

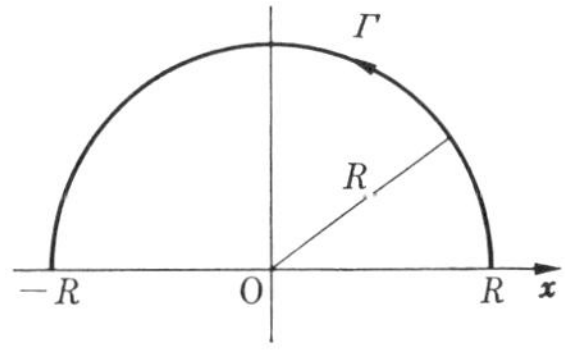

図 **6.1**

(1)　$\displaystyle\lim_{R\to\infty}\int_\Gamma f(z)dz = 0 \quad (k > 1)$

(2)　$\displaystyle\lim_{R\to\infty}\int_\Gamma e^{imz} f(z)dz = 0 \quad (k > 0,\ m > 0)$

証明　(1)　Γ の長さは πR であるから，定理 [4.2] により

$$\left|\int_\Gamma f(z)dz\right| \leqq \frac{M}{R^k}\pi R = \frac{M\pi}{R^{k-1}} \to 0 \quad (R \to +\infty)$$

(2)　$z = Re^{i\theta} = R(\cos\theta + i\sin\theta)$ とおけば $dz = iRe^{i\theta}d\theta$．

$$\left|\int_C e^{imz} f(z)dz\right| = \left|\int_0^\pi e^{imR(\cos\theta + i\sin\theta)} f(Re^{i\theta}) iRe^{i\theta} d\theta\right|$$

$$\leqq \int_0^{\pi} |e^{mR(i\cos\theta - \sin\theta)} f(Re^{i\theta}) iRe^{i\theta}| d\theta$$

$$= \int_0^{\pi} e^{-mR\sin\theta} |f(Re^{i\theta})| R d\theta \quad (|e^{imR\cos\theta}| = 1)$$

$$\leqq \frac{M}{R^{k-1}} \int_0^{\pi} e^{-mR\sin\theta} d\theta = \frac{2M}{R^{k-1}} \int_0^{\pi/2} e^{-mR\sin\theta} d\theta \qquad ①$$

一般に不等式 $\sin\theta \geqq \dfrac{2\theta}{\pi}\left(0 \leqq \theta \leqq \dfrac{\pi}{2}\right)$ が成り立つから

$$① \leqq \frac{2M}{R^{k-1}} \int_0^{\pi/2} e^{-2mR\theta/\pi} d\theta = \frac{\pi M(1 - e^{-mR})}{mR^k} \to 0 \quad (R \to +\infty)$$ 終

実変数 x の関数 $f(x)$ の無限積分

(*1*) $$\int_{-\infty}^{+\infty} f(x) dx$$

については，$f(x)$ を複素変数 z の関数 $f(z)$ に拡張し，積分路 C として実軸上の点 $-R$ と R を結ぶ線分と，円 $|z| = R$ の上半円周 Γ とを連結した閉曲線をとり (図 6.1)，$f(z)$ の C に沿っての複素積分を考える．そのとき

(*2*) $$\int_C f(z) dz = \int_{-R}^{R} f(z) dz + \int_{\Gamma} f(z) dz$$

である．R を十分大きくとり，曲線 C で囲まれた領域内の $f(z)$ の特異点における留数を求めれば，複素積分 (*2*) に留数定理を適用できる．

一方，(*2*) の右辺の第 1 の積分は実軸上の線積分であるから，変数 z を実変数 x でおき換えてよい．式 (*2*) で $R \to +\infty$ とするとき，例題 6.1 の性質などによって第 2 の積分が 0 に収束すれば，実積分 (*1*) の値が求められる．

［**例題 6.2**］ $\displaystyle\int_{-\infty}^{\infty} \frac{dx}{x^4 + 1}$ を求めよ．

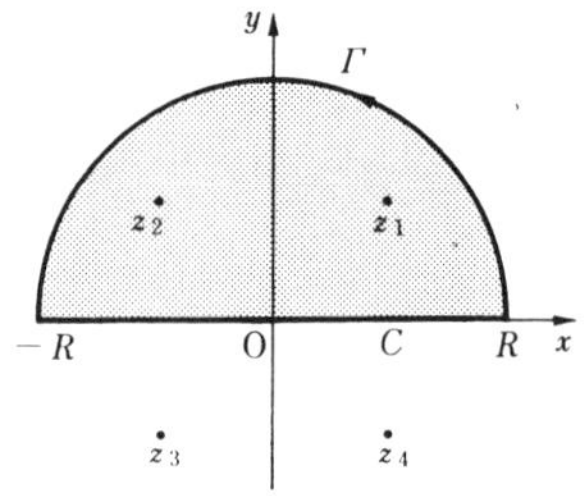

図 6.2

解　関数 $\dfrac{1}{z^4 + 1}$ の特異点は

$a_1 = e^{i\pi/4}$，$a_2 = e^{3i\pi/4}$，$a_3 = e^{5i\pi/4}$，$a_4 = e^{7i\pi/4}$

であり，これらはいずれも 1 位の極である．$R > 1$ とし，積分路として図 6.2 の閉曲線 C を考える．

C の内部に含まれる特異点は 2 点

$$a_1 = e^{i\pi/4}, \quad a_2 = e^{3i\pi/4}$$

である．これらの点における留数は，定理 [5.8](1) とロピタルの定理を用いて

$$\mathrm{Res}[a_1] = \lim_{z\to a_1}\left\{(z-a_1)\frac{1}{z^4+1}\right\} = \lim_{z\to a_1}\frac{1}{4z^3} = \frac{1}{4{a_1}^3}$$

$$\mathrm{Res}[a_2] = \lim_{z\to a_2}\left\{(z-a_2)\frac{1}{z^4+1}\right\} = \lim_{z\to a_2}\frac{1}{4z^3} = \frac{1}{4{a_2}^3}$$

である．留数定理 [5.9] により

$$\begin{aligned}\int_C \frac{dz}{z^4+1} &= \frac{2\pi i}{4}({a_1}^{-3}+{a_2}^{-3}) = \frac{1}{2}\pi i(e^{-3i\pi/4}+e^{-9i\pi/4}) \\ &= \frac{\pi}{2}i\left(-\frac{\sqrt{2}}{2}-i\frac{\sqrt{2}}{2}+\frac{\sqrt{2}}{2}-i\frac{\sqrt{2}}{2}\right) = \frac{\sqrt{2}}{2}\pi\end{aligned}$$

したがって

$$\int_C \frac{dz}{z^4+1} = \int_{-R}^{R}\frac{dx}{x^4+1} + \int_\Gamma \frac{dz}{z^4+1} = \frac{\sqrt{2}}{2}\pi$$

となる．この値は R $(R>1)$ に関係しない．$R>2$ とすると，Γ 上で

$$\left|\frac{1}{z^4+1}\right| = \frac{1}{|z^4+1|} \leqq \frac{1}{|z^4|-1} = \frac{1}{R^4-1} < \frac{2}{R^4}$$

であるから，$R\to+\infty$ とすれば，第 2 の Γ 上の積分は例題 6.1(1) によって 0 に収束する．ゆえに

$$\int_{-\infty}^{\infty}\frac{dx}{x^4+1} = \frac{\sqrt{2}}{2}\pi$$

終

問題 6.1　次の実積分を複素積分を用いて求めよ．

(1) $\displaystyle\int_{-\infty}^{+\infty}\frac{dx}{x^2+1}$　　(2) $\displaystyle\int_{-\infty}^{+\infty}\frac{dx}{(x^2+1)^2}$

(3) $\displaystyle\int_{-\infty}^{+\infty}\frac{dx}{x^2+x+1}$　　(4) $\displaystyle\int_{-\infty}^{+\infty}\frac{x^2}{x^4+1}dx$

実変数 θ の三角関数を含む式の，区間 $[0, 2\pi]$ における積分

$$(3) \qquad \int_0^{2\pi} F(\sin\theta,\ \cos\theta)d\theta$$

については，原点を中心とする単位円周 C を積分路としてとる．C は θ を媒介変数として

$$(4) \qquad z = e^{i\theta} = \cos\theta + i\sin\theta \quad (0 \leqq \theta \leqq 2\pi)$$

と表される．逆に，$\sin\theta$, $\cos\theta$ は

$$(5) \quad \sin\theta = \frac{e^{i\theta} - e^{-i\theta}}{2i} = \frac{z^2 - 1}{2iz}, \quad \cos\theta = \frac{e^{i\theta} + e^{-i\theta}}{2} = \frac{z^2+1}{2z}$$

と表される．また

$$(6) \qquad dz = ie^{i\theta}d\theta, \quad d\theta = \frac{dz}{iz}$$

である．これらを積分 (3) に代入すると複素積分

$$\int_C F\left(\frac{z^2-1}{2iz},\ \frac{z^2+1}{2z}\right)\frac{dz}{iz}$$

になる．この被積分関数の単位円内の特異点における留数を求めればよい．

［**例題 6.3**］ $\displaystyle\int_0^{2\pi} \frac{d\theta}{2+\sin\theta}$ を求めよ．

解　単位円 C を積分路にとり，式 (4) のようにおく．(5), (6) を代入して

$$\int_0^{2\pi} \frac{d\theta}{2+\sin\theta} = \int_C \frac{1}{2+\dfrac{z^2-1}{2iz}}\frac{dz}{iz} = \int_C \frac{2}{z^2+4iz-1}dz$$

被積分関数の極を求めるために，分母を 0 とおいて解く．

$$z = -2i \pm \sqrt{-4+1} = \left(-2 \pm \sqrt{3}\right)i$$

極は $a_1 = \left(-2+\sqrt{3}\right)i$ と $a_2 = \left(-2-\sqrt{3}\right)i$ であるが，a_1 だけが単位円 C の内部にあり，1 位の極である．その点における留数は

$$\mathrm{Res}[a_1] = \left[\frac{2}{z+(2+\sqrt{3})i}\right]_{z=a_1} = \frac{1}{\sqrt{3}i} = -\frac{i}{\sqrt{3}}$$

である．ゆえに

$$\int_0^{2\pi} \frac{d\theta}{2+\sin\theta} = 2\pi i \cdot \frac{1}{\sqrt{3}i} = \frac{2\sqrt{3}}{3}\pi$$

終

問題 6.2 次の実積分を複素積分を用いて求めよ.

(1) $\displaystyle\int_0^{2\pi} \frac{d\theta}{5-3\sin\theta}$　　　(2) $\displaystyle\int_0^{2\pi} \frac{d\theta}{2+\cos\theta}$

被積分関数に応じて積分路をいろいろな曲線にとる例をあげよう.

[**例題 6.4**]　$\displaystyle\int_0^{+\infty} \frac{\sin x}{x}dx$ を求めよ.

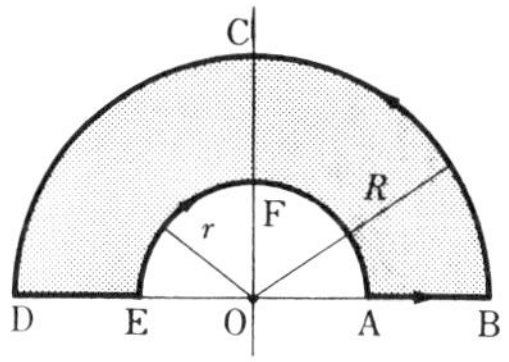

図 **6.3**

解　関数 $\dfrac{e^{iz}}{z}$ を考える. $z=0$ が極であるから図 6.3 のように, 半径 r と R の 2 つの上半円周と実軸上の 2 つの線分で囲まれた領域をとり, 積分路はその領域の周を正の向きに 1 周する曲線 ABCDEFA をとる. $f(z)$ はこの領域の周と内部で正則である. 積分定理 [4.3] により

$$\int_{\mathrm{ABCDEFA}} \frac{e^{iz}}{z}dz = \left(\int_{\mathrm{AB}} + \int_{\mathrm{BCD}} + \int_{\mathrm{DE}} + \int_{\mathrm{EFA}}\right)\frac{e^{iz}}{z}dz = 0 \qquad ①$$

である. 線分 AB と DE 上の積分は実軸上の積分であるから

$$\left(\int_{\mathrm{AB}} + \int_{\mathrm{DE}}\right)\frac{e^{iz}}{z}dz = \left(\int_r^R + \int_{-R}^{-r}\right)\frac{e^{ix}}{x}dx = \int_r^R \frac{e^{ix}}{x}dx + \int_R^r \frac{e^{-ix}}{x}dx$$

$$= \int_r^R \frac{e^{ix}-e^{-ix}}{x}dx = 2i\int_r^R \frac{\sin x}{x}dx$$

半円周 BCD 上の積分は, $|z| = R$ であり $\left|\dfrac{e^{iz}}{z}\right| = \dfrac{1}{R}$ が成り立つから, $R \to +\infty$ とするとき例題 6.1(1) により 0 に収束する.

半円周 EFA 上で $z = re^{i\theta}$ とおけば, $dz = ire^{i\theta}d\theta$ であり

$$\int_{\mathrm{EFA}} \frac{e^{iz}}{z}dz = \int_\pi^0 \frac{e^{ire^{i\theta}}}{re^{i\theta}}ire^{i\theta}d\theta = -i\int_0^\pi e^{ire^{i\theta}}d\theta$$

$$\to -i\int_0^\pi d\theta = -i\pi \quad (r \to 0)$$

であるから, 式 ① で $R \to +\infty$, $r \to 0$ として

$$\int_0^{+\infty} \frac{\sin x}{x}dx = \frac{\pi}{2}$$

終

問題 6.3　$\displaystyle\int_0^{+\infty}\frac{1-\cos mx}{x^2}dx=\frac{m\pi}{2}$ を証明せよ．m は正の実数とする．

[**例題 6.5**]　次の積分の値を求めよ．

$$\int_{-\infty}^{\infty}\frac{\sin x}{x^2+1}dx,\quad \int_{-\infty}^{\infty}\frac{\cos x}{x^2+1}dx$$

証明　図 6.1 のように，原点を中心とした半径 $R\ (R>1)$ の上半円周を積分路 C として，関数 $\dfrac{e^{iz}}{z^2+1}$ の積分を考える．$\dfrac{e^{iz}}{z^2+1}$ は 1 位の極 i, $-i$ をもつが，i だけが上半円の内部にある．

$$\mathrm{Res}[i]=\left[(z-i)\frac{e^{iz}}{z^2+1}\right]_{z=i}=\left[\frac{e^{iz}}{z+i}\right]_{z=i}=\frac{e^{-1}}{2i}=\frac{1}{2ie}$$

留数定理 [5.9] により

$$\int_C\frac{e^{iz}}{z^2+1}dz=\int_{-R}^{R}\frac{e^{ix}}{x^2+1}dx+\int_\Gamma\frac{e^{iz}}{z^2+1}dz=\frac{\pi}{e}$$

実軸上では

$$\int_{-R}^{R}\frac{e^{ix}}{x^2+1}dx=\int_{-R}^{R}\frac{\cos x+i\sin x}{x^2+1}dx$$

半円周 Γ 上では

$$\left|\frac{1}{z^2+1}\right|\leqq\frac{1}{|z^2+1|}\leqq\frac{1}{|z|^2-1}=\frac{1}{R^2-1}<\frac{2}{R^2}$$

であるから，$R\to\infty$ とすれば上の積分は例題 6.1 によって 0 に収束する．よって

$$\int_{-\infty}^{+\infty}\frac{\cos x+i\sin x}{x^2+1}dx=\frac{\pi}{e}$$

である．この両辺の実数部分と虚数部分を比較して，

$$\int_{-\infty}^{+\infty}\frac{\cos x}{x^2+1}dx=\frac{\pi}{e},\quad \int_{-\infty}^{+\infty}\frac{\sin x}{x^2+1}dx=0$$

後者は被積分関数が奇関数であることからも分かる．　終

問題 6.4　次の実積分を複素積分を用いて求めよ．

(1) $\displaystyle\int_{-\infty}^{+\infty} \frac{\cos x}{(x^2+1)^2}dx$　　(2) $\displaystyle\int_{-\infty}^{+\infty} \frac{x\sin x}{x^2+1}dx$

演習問題 3

1. $w = \dfrac{1}{z}$ により，次の直線または円はどんな直線または円に変換されるか．

(1) 単位円 $|z| = 1$ と 2 点 P, Q で交わる直線

(2) 単位円に 1 点 P で接する直線

(3) 点 i を中心とし原点を通る円

2. 次の積分を求めよ．積分路は下端と上端を結ぶ線分とする．

(1) $\displaystyle\int_0^{\pi+i} \cos z\,dz$　　(2) $\displaystyle\int_0^{\pi} e^{iz}dz$

(3) $\displaystyle\int_{1+i}^{-1+i} \frac{1}{z^2}\,dz$　　(4) $\displaystyle\int_1^{i} \log z\,dz$

3. 次の積分を求めよ．C は単位円，Γ は円 $|z| = 2$ とする．

(1) $\displaystyle\int_C \frac{z^2}{2z-1}dz$　　(2) $\displaystyle\int_\Gamma \frac{e^{\pi z}}{z-i}dz$　　(3) $\displaystyle\int_\Gamma \frac{\cos z}{z^2+1}dz$

(4) $\displaystyle\int_\Gamma \frac{e^z}{4z^2-1}dz$　　(5) $\displaystyle\int_C \frac{1}{z^2(z^2+4)}dz$　　(6) $\displaystyle\int_\Gamma \frac{\sin z}{(2z+\pi)^3}dz$

4. $\displaystyle\int_C \frac{e^{iz}}{z^2+1}dz$ を，積分路 C が次の場合に求めよ．

(1) 円　$|z-i| = 1$　　(2) 円　$|z+i| = 1$　　(3) 円　$|z| = 2$

5. 次の関数の特異点における留数を求め，示された曲線に沿って積分せよ．

(1) $\dfrac{z-2}{z(z-1)}$　C : 円　$|z| = 2$

(2) $\dfrac{1}{(z-2)(z-1)^2}$　C : 円　$|z-1| = 1$

(3) $\dfrac{\cos z}{z^3}$　C : 単位円　$|z| = 1$　　(4) $z\sin\dfrac{1}{z}$　C : 単位円　$|z| = 1$

6. 次の関数をそれぞれ示された閉曲線に沿って積分せよ．

(1) $\dfrac{z}{z^3+1}$　C : 円　$|z+1| = 1$　　(2) $\dfrac{z+1}{z^2-2z}$　C : 円　$|z| = 3$

(3) $\dfrac{\sin z}{2z-\pi}$　C：円　$|z|=2$　　(4) $\dfrac{e^z\cos z}{z^2}$　C：単位円　$|z|=1$

(5) $\dfrac{e^{iz}}{(z-\pi)^3}$　C：円　$|z-3|=1$　　(6) $\dfrac{e^{2z}-1}{z^4}$　C：単位円　$|z|=1$

7.　複素積分によって，次の実積分を求めよ．$(0<a<1)$

(1) $\displaystyle\int_{-\infty}^{+\infty}\frac{dx}{(x^2+1)(x^2+4)}$　　(2) $\displaystyle\int_{-\infty}^{+\infty}\frac{\sin 2x}{x^2+x+1}dx$

(3) $\displaystyle\int_0^{2\pi}\frac{d\theta}{1+a\cos\theta}$　　(4) $\displaystyle\int_0^{2\pi}\frac{\sin^2\theta}{2+\cos\theta}d\theta$

(5) $\displaystyle\int_{-\pi}^{\pi}\frac{d\theta}{1+\sin^2\theta}$　　(6) $\displaystyle\int_0^{+\infty}\frac{\sin^2 x}{x^2}dx$

8.*　右の図のような，原点を中心とし半径 R，中心角が $\dfrac{\pi}{4}$ の扇形の周 C を積分路として，関数 e^{iz^2} を積分することにより，次の式を証明せよ．

$$\int_0^{+\infty}\sin x^2 dx=\int_0^{+\infty}\cos x^2 dx=\frac{1}{2}\sqrt{\frac{\pi}{2}}$$

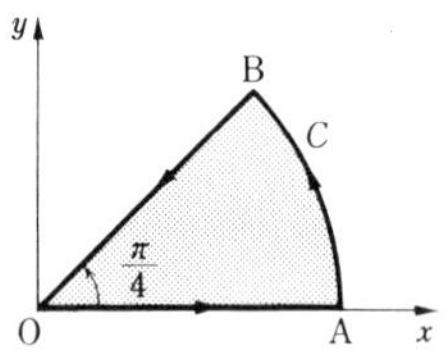

図

$\left[\displaystyle\int_0^{+\infty}e^{-x^2}dx=\frac{\sqrt{\pi}}{2}\right.$ を用いる $\left.\right]$

第4章

ベクトル解析

§ 1.　ベクトル，内積，外積

ベクトルの成分　空間に直交座標系をとり，原点を O とし，座標軸上に基本ベクトル $\boldsymbol{i}, \boldsymbol{j}, \boldsymbol{k}$ をとる．任意のベクトル $\boldsymbol{a}$ は基本ベクトルの 1 次結合

$$\boldsymbol{a} = a_1\boldsymbol{i} + a_2\boldsymbol{j} + a_3\boldsymbol{k}$$

で表される．a_1, a_2, a_3 はベクトルの成分であり，これを $\boldsymbol{a} = (a_1, a_2, a_3)$ で表す．零ベクトルを $\boldsymbol{0}$ で表す．

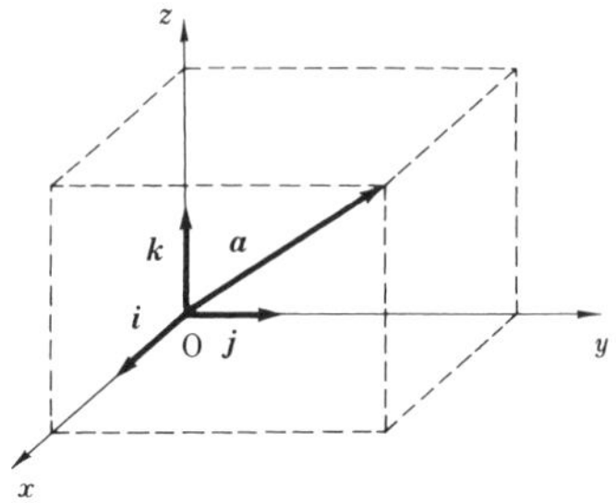

図 1.1

ベクトル $\boldsymbol{a}$ の**大きさ**を $|\boldsymbol{a}|$ で表す．大きさ 1 のベクトルを**単位ベクトル**という．$|\boldsymbol{0}| = 0$ である．

内積　ベクトル $\boldsymbol{a}$ と $\boldsymbol{b}$ の作る角を θ とするとき，$\boldsymbol{a}$ と $\boldsymbol{b}$ の内積 $\boldsymbol{a}\cdot\boldsymbol{b}$ は

$$\boldsymbol{a}\cdot\boldsymbol{b} = |\boldsymbol{a}||\boldsymbol{b}|\cos\theta$$

で定義される．

> [**1.1**]　ベクトル $\boldsymbol{a} = (a_1, a_2, a_3)$, $\boldsymbol{b} = (b_1, b_2, b_3)$ に対して
>
> $$|\boldsymbol{a}| = \sqrt{\boldsymbol{a}\cdot\boldsymbol{a}} = \sqrt{{a_1}^2 + {a_2}^2 + {a_3}^2}$$
>
> $$\boldsymbol{a}\cdot\boldsymbol{b} = a_1b_1 + a_2b_2 + a_3b_3$$

$\boldsymbol{a}, \boldsymbol{b}\ (\neq \boldsymbol{0})$ の作る角 θ は

$$\cos\theta = \frac{\boldsymbol{a}\cdot\boldsymbol{b}}{|\boldsymbol{a}||\boldsymbol{b}|} = \frac{a_1b_1 + a_2b_2 + a_3b_3}{\sqrt{{a_1}^2 + {a_2}^2 + {a_3}^2}\sqrt{{b_1}^2 + {b_2}^2 + {b_3}^2}}$$

で与えられる．$\boldsymbol{a}$ と $\boldsymbol{b}$ が垂直であるとき $\boldsymbol{a}\perp\boldsymbol{b}$ と書く．

$$\boldsymbol{a}\perp\boldsymbol{b} \iff \boldsymbol{a}\cdot\boldsymbol{b} = a_1b_1 + a_2b_2 + a_3b_3 = 0$$

$\boldsymbol{a}\ (\neq \boldsymbol{0})$ に対して $\boldsymbol{l} = \boldsymbol{a}/|\boldsymbol{a}|$ とおけば，$\boldsymbol{l}$ は $\boldsymbol{a}$ と同じ向きの単位ベクトルである．$\boldsymbol{a}$ と $\boldsymbol{b}$ の作る角が θ であるとき

$$\boldsymbol{l}\cdot\boldsymbol{b} = |\boldsymbol{b}|\cos\theta = \frac{1}{|\boldsymbol{a}|}\boldsymbol{a}\cdot\boldsymbol{b}$$

をベクトル $\boldsymbol{b}$ の $\boldsymbol{a}$ 方向の成分といい，ベクトル

$$\boldsymbol{b}' = (\boldsymbol{l}\cdot\boldsymbol{b})\boldsymbol{l} = \frac{\boldsymbol{a}\cdot\boldsymbol{b}}{|\,\boldsymbol{a}\,|^2}\boldsymbol{a}$$

を $\boldsymbol{b}$ の $\boldsymbol{a}$ 方向への正射影という．

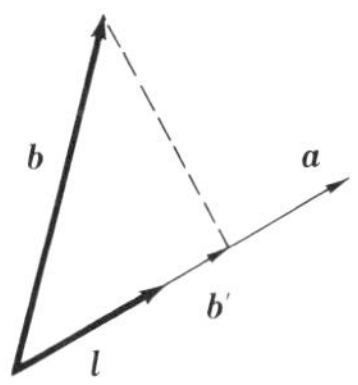

図 1.2

1次独立なベクトル $\boldsymbol{a} = (a_1, a_2, a_3)$，$\boldsymbol{b} = (b_1, b_2, b_3)$ に垂直なベクトル $\boldsymbol{v} = (v_1, v_2, v_3)$ の成分の比は

$$v_1 : v_2 : v_3 = \begin{vmatrix} a_2 & a_3 \\ b_2 & b_3 \end{vmatrix} : \begin{vmatrix} a_3 & a_1 \\ b_3 & b_1 \end{vmatrix} : \begin{vmatrix} a_1 & a_2 \\ b_1 & b_2 \end{vmatrix}$$

で与えられる．また $\boldsymbol{a}$ と $\boldsymbol{b}$ の作る平行四辺形の面積 S は

$$(1) \quad S^2 = |\,\boldsymbol{a}\,|^2|\,\boldsymbol{b}\,|^2 - (\boldsymbol{a}\cdot\boldsymbol{b})^2 = \begin{vmatrix} a_2 & a_3 \\ b_2 & b_3 \end{vmatrix}^2 + \begin{vmatrix} a_3 & a_1 \\ b_3 & b_1 \end{vmatrix}^2 + \begin{vmatrix} a_1 & a_2 \\ b_1 & b_2 \end{vmatrix}^2$$

で与えられる．

外積　ベクトル $\boldsymbol{a}, \boldsymbol{b}$ に対して，$\boldsymbol{v}$ がそれらに垂直であり，大きさ $|\,\boldsymbol{v}\,|$ が $\boldsymbol{a}$ と $\boldsymbol{b}$ の作る平行四辺形の面積 S に等しく，$\{\boldsymbol{a}, \boldsymbol{b}, \boldsymbol{v}\}$ がこの順で右手系を作っているとき，$\boldsymbol{v}$ を $\boldsymbol{a}$ と $\boldsymbol{b}$ の**外積**または**ベクトル積**といい，記号 $\boldsymbol{a}\times\boldsymbol{b}$ で表す．$\boldsymbol{a}$ と $\boldsymbol{b}$ が1次従属のときは $\boldsymbol{a}\times\boldsymbol{b} = \boldsymbol{0}$ と定義する．

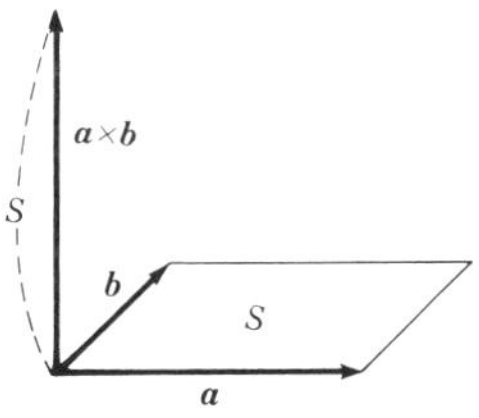

図 1.3

[1.2]　$\boldsymbol{a} = (a_1, a_2, a_3)$ と $\boldsymbol{b} = (b_1, b_2, b_3)$ の外積 $\boldsymbol{a}\times\boldsymbol{b}$ の成分は

$$\left(\begin{vmatrix} a_2 & a_3 \\ b_2 & b_3 \end{vmatrix}, \begin{vmatrix} a_3 & a_1 \\ b_3 & b_1 \end{vmatrix}, \begin{vmatrix} a_1 & a_2 \\ b_1 & b_2 \end{vmatrix} \right)$$

外積は交代性をもつ．

$$\boldsymbol{a}\times\boldsymbol{b} = -\boldsymbol{b}\times\boldsymbol{a}$$

$\boldsymbol{a}\times\boldsymbol{b}$ の方向の単位ベクトルを $\boldsymbol{n}$，$\boldsymbol{a}$ と $\boldsymbol{b}$ の作る角を θ，$\boldsymbol{a}$ と $\boldsymbol{b}$ の作る平行四辺形の面績を S とするとき

$$\boldsymbol{a} \times \boldsymbol{b} = (|\boldsymbol{a}||\boldsymbol{b}|\sin\theta)\boldsymbol{n} = S\boldsymbol{n}$$

$\boldsymbol{a}$, $\boldsymbol{b}$, $\boldsymbol{c}$ の成分でできる 3 次の行列式

$$|\boldsymbol{a}\ \ \boldsymbol{b}\ \ \boldsymbol{c}| = \begin{vmatrix} a_1 & a_2 & a_3 \\ b_1 & b_2 & b_3 \\ c_1 & c_2 & c_3 \end{vmatrix}$$

の値をベクトル $\boldsymbol{a}, \boldsymbol{b}, \boldsymbol{c}$ の**三重積**という．$[\boldsymbol{a},\ \boldsymbol{b},\ \boldsymbol{c}]$ と書くこともある．

> [**1.3**]　三重積について次の等式が成り立つ．
> (1)　$|\boldsymbol{a}\ \ \boldsymbol{b}\ \ \boldsymbol{c}| = (\boldsymbol{a} \times \boldsymbol{b}) \cdot \boldsymbol{c} = (\boldsymbol{b} \times \boldsymbol{c}) \cdot \boldsymbol{a} = (\boldsymbol{c} \times \boldsymbol{a}) \cdot \boldsymbol{b}$
> (2)　$\boldsymbol{a} \times (\boldsymbol{b} \times \boldsymbol{c}) = (\boldsymbol{a} \cdot \boldsymbol{c})\boldsymbol{b} - (\boldsymbol{a} \cdot \boldsymbol{b})\boldsymbol{c}$

$\boldsymbol{a}$, $\boldsymbol{b}$, $\boldsymbol{c}$ の作る平行六面体の体積は三重積 $|\boldsymbol{a}\ \boldsymbol{b}\ \boldsymbol{c}|$ の絶対値に等しい．

> [**1.4**]　1 次従属と外積，三重積の関係
> (1)　$\boldsymbol{a}$ と $\boldsymbol{b}$ が互いに 1 次従属である $\Longleftrightarrow \boldsymbol{a} /\!/ \boldsymbol{b} \Longleftrightarrow \boldsymbol{a} \times \boldsymbol{b} = \boldsymbol{0}$
> (2)　$\boldsymbol{a}, \boldsymbol{b}, \boldsymbol{c}$ が互いに 1 次従属である $\Longleftrightarrow |\boldsymbol{a}\ \ \boldsymbol{b}\ \ \boldsymbol{c}| = 0$

直線・平面　点 $\mathrm{P}(x, y, z)$ の位置ベクトルを

$$\boldsymbol{r} = \overrightarrow{\mathrm{OP}} = x\boldsymbol{i} + y\boldsymbol{j} + z\boldsymbol{k}$$

で表す．2 点 A, B の位置ベクトルを $\boldsymbol{a}, \boldsymbol{b}$ とし，$\boldsymbol{l} = \boldsymbol{b} - \boldsymbol{a}$ とするとき，A, B を通る直線 l のベクトル方程式は

$$\boldsymbol{r} = \boldsymbol{a} + t(\boldsymbol{b} - \boldsymbol{a}) = \boldsymbol{a} + t\boldsymbol{l}$$

であり，$\boldsymbol{l}$ は l の方向ベクトルである．

座標 (x, y, z) についての 1 次方程式

(2)　$$\alpha_1 x + \alpha_2 y + \alpha_3 z + \beta = 0$$

は，α_1, α_2, α_3 のうちに 0 でないものがあるとき，1 つの平面 α を表す．

ベクトル $\boldsymbol{\alpha} = (\alpha_1, \alpha_2, \alpha_3)$ は平面 α に垂直であり，平面 α の**法線ベクトル**，その方向の単位ベクトル $\boldsymbol{n} = \pm\dfrac{\boldsymbol{\alpha}}{|\boldsymbol{\alpha}|}$ を**単位法線ベクトル**という．

平面 α の一方の面を表，他の面を裏と考えるとき**有向平面**といい，α に垂直で裏から表に向かう単位ベクトル $\boldsymbol{n}$ を有向平面 α の**単位法線ベクトル**という．

［**例題 1.1**］　力 $\boldsymbol{F}$ が質点 P に作用するとき，P を通り $\boldsymbol{F}$ に平行な直線 l を $\boldsymbol{F}$ の**作用線**という．点 O について，$\boldsymbol{r}=\overrightarrow{\mathrm{OP}}$ として

$$\boldsymbol{M}=\boldsymbol{r}\times\boldsymbol{F}$$

を力 $\boldsymbol{F}$ の点 O に関する**モーメント・ベクトル**，大きさ $M=|\boldsymbol{M}|$ を**モーメント**という．モーメント・ベクトルは作用線 l 上の点 P の位置に無関係であり，点 O と l の距離を h とするとき

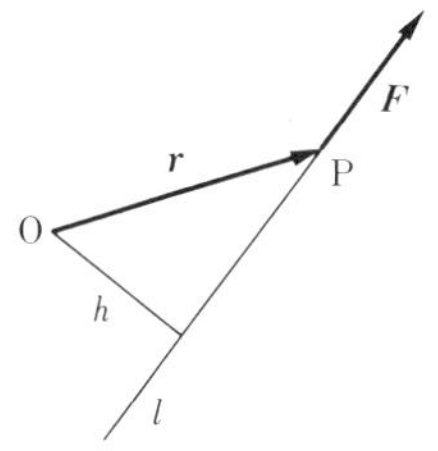

図 1.4

$$M=h|\boldsymbol{F}|$$

であることを証明せよ．

証明　作用線 l 上に点 P′ をとり，$\boldsymbol{r}'=\overrightarrow{\mathrm{OP'}}$，$\boldsymbol{v}=\overrightarrow{\mathrm{PP'}}$ とすれば，$\boldsymbol{r}'=\boldsymbol{r}+\boldsymbol{v}$，$\boldsymbol{v}/\!/\boldsymbol{F}$ であるから，

$$\boldsymbol{r}'\times\boldsymbol{F}=(\boldsymbol{r}+\boldsymbol{v})\times\boldsymbol{F}=\boldsymbol{r}\times\boldsymbol{F}+\boldsymbol{v}\times\boldsymbol{F}=\boldsymbol{r}\times\boldsymbol{F}$$

である．点 O の l 上への正射影を点 P としてとるとき，$|\boldsymbol{r}\times\boldsymbol{F}|$ は $\boldsymbol{r}$ と $\boldsymbol{F}$ の作る長方形の面積に等しく，$M=h|\boldsymbol{F}|$ である．　終

問題 1.1　質点 P に作用する力 $\boldsymbol{F}$ の作用線を l とする．l と異なる直線を g とし，g の単位方向ベクトルを $\boldsymbol{g}$，g 上に点 O をとり $\boldsymbol{r}=\overrightarrow{\mathrm{OP}}$ として

$$M_g=\boldsymbol{g}\cdot(\boldsymbol{r}\times\boldsymbol{F})=|\boldsymbol{g}\ \ \boldsymbol{r}\ \ \boldsymbol{F}|$$

を力 $\boldsymbol{F}$ の直線 g に関する**モーメント**という．そのとき次のことを証明せよ．

(1)　モーメント M_g は g 上の点 O，作用線 l 上の点 P の位置に無関係である．

(2)　g と l との距離を h, g に垂直な平面 α 上への $\boldsymbol{F}$ の正射影を $\boldsymbol{F}'$ とするとき，

$$|M_g|=h|\boldsymbol{F}'|$$

§ 2.　ベクトル関数

ベクトル関数と導関数　変数 t $(\alpha\leqq t\leqq\beta)$ の各値に対してベクトル $\boldsymbol{a}(t)$ が定まるとき，$\boldsymbol{a}(t)$ を**ベクトル関数**という．直交座標系に関して $\boldsymbol{a}(t)$ が

$$\boldsymbol{a}(t)=a_1(t)\boldsymbol{i}+a_2(t)\boldsymbol{j}+a_3(t)\boldsymbol{k}$$

と表されるとき，成分 $a_1(t)$, $a_2(t)$, $a_3(t)$ は t の関数である．t の変化に対して変わらないベクトルを**定ベクトル**という．その成分は定数である．t の各値に対してつねに大きさが 1 であるベクトル関数を**単位ベクトル関数**といい，つね

に垂直である 2 つのベクトル関数は**垂直**または**直交**しているという．

ベクトル関数 $\boldsymbol{a}(t)$ に対して，変数 t の増分を Δt として極限のベクトル

$$(1)\qquad \lim_{\Delta t \to 0} \frac{1}{\Delta t}\{\boldsymbol{a}(t+\Delta t) - \boldsymbol{a}(t)\} = \frac{d\boldsymbol{a}(t)}{dt}$$

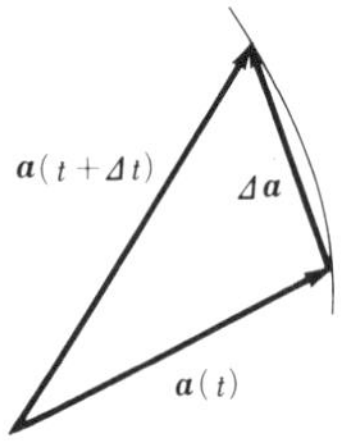

図 2.1

が存在すれば，この極限のベクトルを $\boldsymbol{a}(t)$ の t におけるベクトル**微分係数**といい，$\dfrac{d\boldsymbol{a}}{dt}$，$\boldsymbol{a}'(t)$，$\dot{\boldsymbol{a}}(t)$ などで示す．区間 $[\alpha, \beta]$ の t の各値に対して $\boldsymbol{a}'(t)$ が存在するとき，それを t のベクトル関数と考えて，$\boldsymbol{a}(t)$ の**ベクトル導関数**という．式 (1) を成分で表すと，$\boldsymbol{i}$，$\boldsymbol{j}$，$\boldsymbol{k}$ は定ベクトルであるから，

$$\boldsymbol{a}'(t) = a_1'(t)\boldsymbol{i} + a_2'(t)\boldsymbol{j} + a_3'(t)\boldsymbol{k} = (a_1', a_2', a_3')$$

である．

普通の関数の場合と同様に，ベクトル関数の高次導関数を考えることができ，それについて $\boldsymbol{a}''(t)$，$\dfrac{d^2\boldsymbol{a}}{dt^2}$ など類似の記号を用いる．

ベクトル関数の微分について，関数の微分と同様に，次の公式が成り立つ．

> **[2.1]**　$\boldsymbol{a}$, $\boldsymbol{b}$, $\boldsymbol{c}$ はベクトル関数，$\boldsymbol{k}$ は定ベクトル，$f(t)$ は t の関数とする．
>
> (1)　$\boldsymbol{k}' = \boldsymbol{0}$
>
> (2)　$(\boldsymbol{a}+\boldsymbol{b})' = \boldsymbol{a}' + \boldsymbol{b}'$
>
> (3)　$(f\boldsymbol{a})' = f'\boldsymbol{a} + f\boldsymbol{a}'$
>
> (4)　$(\boldsymbol{a}\cdot\boldsymbol{b})' = \boldsymbol{a}'\cdot\boldsymbol{b} + \boldsymbol{a}\cdot\boldsymbol{b}'$,　$(|\boldsymbol{a}|^2)' = 2\boldsymbol{a}\cdot\boldsymbol{a}'$
>
> (5)　$(\boldsymbol{a}\times\boldsymbol{b})' = \boldsymbol{a}'\times\boldsymbol{b} + \boldsymbol{a}\times\boldsymbol{b}'$
>
> (6)　$|\boldsymbol{a}\ \boldsymbol{b}\ \boldsymbol{c}|' = |\boldsymbol{a}'\ \boldsymbol{b}\ \boldsymbol{c}| + |\boldsymbol{a}\ \boldsymbol{b}'\ \boldsymbol{c}| + |\boldsymbol{a}\ \boldsymbol{b}\ \boldsymbol{c}'|$

(5), (6) では因数のベクトルの順序に注意しなければならない．

証明　(1)～(3) は成分を用いて容易に証明できる．

$$\begin{aligned}(4)\qquad (\boldsymbol{a}\cdot\boldsymbol{b})' &= (a_1b_1 + a_2b_2 + a_3b_3)' \\ &= a_1'b_1 + a_1b_1' + a_2'b_2 + a_2b_2' + a_3'b_3 + a_3b_3' \\ &= \boldsymbol{a}'\cdot\boldsymbol{b} + \boldsymbol{a}\cdot\boldsymbol{b}'\end{aligned}$$

ここで $\boldsymbol{b}=\boldsymbol{a}$ とおけば第 2 式を得る．

(5) $$\begin{aligned}(\boldsymbol{a}\times\boldsymbol{b})' &= \{(a_2b_3-a_3b_2)\boldsymbol{i}+(a_3b_1-a_1b_3)\boldsymbol{j}+(a_1b_2-a_2b_1)\boldsymbol{k}\}' \\ &= (a_2'b_3-a_3'b_2)\boldsymbol{i}+(a_3'b_1-a_1'b_3)\boldsymbol{j}+(a_1'b_2-a_2'b_1)\boldsymbol{k} \\ &\quad +(a_2b_3'-a_3b_2')\boldsymbol{i}+(a_3b_1'-a_1b_3')\boldsymbol{j}+(a_1b_2'-a_2b_1')\boldsymbol{k} \\ &= \boldsymbol{a}'\times\boldsymbol{b}+\boldsymbol{a}\times\boldsymbol{b}'\end{aligned}$$

(6) $|\boldsymbol{a}\ \ \boldsymbol{b}\ \ \boldsymbol{c}|$ を成分の関数の行列式で表して，それを微分してもよい．また定理 [1.3] (1) の公式と上の (4), (5) を用いて

$$\begin{aligned}|\boldsymbol{a}\ \ \boldsymbol{b}\ \ \boldsymbol{c}|' &= \{(\boldsymbol{a}\times\boldsymbol{b})\cdot\boldsymbol{c}\}' = (\boldsymbol{a}\times\boldsymbol{b})'\cdot\boldsymbol{c}+(\boldsymbol{a}\times\boldsymbol{b})\cdot\boldsymbol{c}' \\ &= (\boldsymbol{a}'\times\boldsymbol{b})\cdot\boldsymbol{c}+(\boldsymbol{a}\times\boldsymbol{b}')\cdot\boldsymbol{c}+(\boldsymbol{a}\times\boldsymbol{b})\cdot\boldsymbol{c}' = \text{右辺}\end{aligned}$$ 終

問題 2.1 次のベクトル関数について $\boldsymbol{a}'$, $\boldsymbol{b}'$, $|\boldsymbol{a}'|$, $|\boldsymbol{b}'|$, $(\boldsymbol{a}\cdot\boldsymbol{b})'$, $(\boldsymbol{a}\times\boldsymbol{b})'$ を求めよ．

$$\boldsymbol{a}=(t^2,\ 2t-3,\ t),\quad \boldsymbol{b}=(t,\ t-2,\ t+2)$$

[例題 2.1] ベクトル関数 $\boldsymbol{a}(t)$ $(\boldsymbol{a}(t)\neq\boldsymbol{0})$ について次の性質を証明せよ．

(1) $\boldsymbol{a}(t)$ の大きさが一定である $\iff \boldsymbol{a}'(t)\perp\boldsymbol{a}(t)$

(2) $\boldsymbol{a}(t)$ の方向が一定である $\iff \boldsymbol{a}'(t)\,/\!/\,\boldsymbol{a}(t)$

証明 (1) 公式 [2.1] (4) 第 2 式により

$$|\boldsymbol{a}(t)|^2=\boldsymbol{a}\cdot\boldsymbol{a}=\text{一定}\iff\boldsymbol{a}(t)\cdot\boldsymbol{a}'(t)=0\iff\boldsymbol{a}'(t)\perp\boldsymbol{a}(t)$$

(2) $\boldsymbol{a}(t)$ の方向の定ベクトルを $\boldsymbol{c}$ とすれば，$f(t)$ を t の関数として $\boldsymbol{a}(t)=f(t)\boldsymbol{c}$ と表される．

$$\boldsymbol{a}'(t)=f'(t)\boldsymbol{c}+f(t)\boldsymbol{c}'=f'(t)\boldsymbol{c}\qquad\therefore\quad\boldsymbol{a}'(t)\,/\!/\,\boldsymbol{a}(t)$$

逆の証明．$\dfrac{\boldsymbol{a}(t)}{|\boldsymbol{a}(t)|}=\boldsymbol{e}(t)$ とおけば $\boldsymbol{e}(t)$ は単位ベクトルである．$\boldsymbol{a}(t)=|\boldsymbol{a}(t)|\boldsymbol{e}(t)$ を微分すると

$$\boldsymbol{a}'(t)=|\boldsymbol{a}(t)|'\boldsymbol{e}(t)+|\boldsymbol{a}(t)|\boldsymbol{e}'(t) \qquad ①$$

$\boldsymbol{a}'(t)\,/\!/\,\boldsymbol{a}(t)$ であるから $\boldsymbol{a}(t)\times\boldsymbol{a}'(t)=\boldsymbol{0}$．これに式 ① を代入すると

$$|\boldsymbol{a}(t)|^2\boldsymbol{e}(t)\times\boldsymbol{e}'(t)=\boldsymbol{0}$$

$|\boldsymbol{a}(t)|\neq 0$ であるから $\boldsymbol{e}(t)\times\boldsymbol{e}'(t)=\boldsymbol{0}$．したがって $\boldsymbol{e}'(t)=\boldsymbol{0}$ または $\boldsymbol{e}'(t)\,/\!/\,\boldsymbol{e}(t)$ である．$\boldsymbol{e}'(t)\,/\!/\,\boldsymbol{e}(t)$ のとき $\boldsymbol{e}'(t)=g(t)\boldsymbol{e}(t)$ と書ける．$\boldsymbol{e}(t)$ は単位ベクトル関数であるから (1) により $\boldsymbol{e}(t)\cdot\boldsymbol{e}'(t)=0$．ゆえに $g(t)=0$ でありこの場合も $\boldsymbol{e}'(t)=\boldsymbol{0}$ となる．したがって $\boldsymbol{e}(t)$ は定ベクトルであり，$\boldsymbol{e}(t)=\boldsymbol{c}$ として $\boldsymbol{a}(t)=|\boldsymbol{a}(t)|\boldsymbol{c}$ と表される． 終

[例題 2.2]　3つのベクトル関数 $\boldsymbol{a}, \boldsymbol{b}, \boldsymbol{c}$ が t の各値に対してつねに単位ベクトルでありかつ互いに直交しているならば，ベクトル導関数について方程式

$$
(2)\qquad \begin{cases} \boldsymbol{a}' = & & \omega_3\boldsymbol{b} & -\omega_2\boldsymbol{c} \\ \boldsymbol{b}' = & -\omega_3\boldsymbol{a} & & +\omega_1\boldsymbol{c} \\ \boldsymbol{c}' = & \omega_2\boldsymbol{a} & -\omega_1\boldsymbol{b} & \end{cases}
$$

が成り立ち，$\boldsymbol{a}', \boldsymbol{b}', \boldsymbol{c}'$ はつねに互いに1次従属であることを証明せよ．

証明　例題 2.1 (1) により $\boldsymbol{a}' \perp \boldsymbol{a}$ であるから，$\boldsymbol{a}'$ は $\boldsymbol{b}, \boldsymbol{c}$ の1次結合で表される．$\boldsymbol{b}', \boldsymbol{c}'$ についても同様である．ゆえに

$$
\begin{cases} \boldsymbol{a}' = & & \alpha_{12}\boldsymbol{b} & +\alpha_{13}\boldsymbol{c} \\ \boldsymbol{b}' = & \alpha_{21}\boldsymbol{a} & & +\alpha_{23}\boldsymbol{c} \\ \boldsymbol{c}' = & \alpha_{31}\boldsymbol{a} & +\alpha_{32}\boldsymbol{b} & \end{cases}
$$

とおく．$\boldsymbol{a} \perp \boldsymbol{b}$ であるから $\boldsymbol{a}\cdot\boldsymbol{b} = 0$．この両辺を微分して

$$
\boldsymbol{a}'\cdot\boldsymbol{b} + \boldsymbol{a}\cdot\boldsymbol{b}' = (\alpha_{12}\boldsymbol{b} + \alpha_{13}\boldsymbol{c})\cdot\boldsymbol{b} + \boldsymbol{a}\cdot(\alpha_{21}\boldsymbol{a} + \alpha_{23}\boldsymbol{c}) = \alpha_{12} + \alpha_{21} = 0
$$

同様に

$$
\alpha_{13} + \alpha_{31} = 0, \quad \alpha_{23} + \alpha_{32} = 0
$$

となる．$\alpha_{23} = \omega_1$，$\alpha_{31} = \omega_2$，$\alpha_{12} = \omega_3$ とおいて式 (3) が導かれる．そのとき

$$
\begin{aligned}
|\boldsymbol{a}' \ \ \boldsymbol{b}' \ \ \boldsymbol{c}'| &= |\omega_3\boldsymbol{b} - \omega_2\boldsymbol{c} \quad -\omega_3\boldsymbol{a} + \omega_1\boldsymbol{c} \quad \omega_2\boldsymbol{a} - \omega_1\boldsymbol{b}| \\
&= \omega_3|\boldsymbol{b} \quad -\omega_3\boldsymbol{a} + \omega_1\boldsymbol{c} \quad \omega_2\boldsymbol{a}| - \omega_2|\boldsymbol{c} \quad -\omega_3\boldsymbol{a} \quad \omega_2\boldsymbol{a} - \omega_1\boldsymbol{b}| \\
&= \omega_1\omega_2\omega_3|\boldsymbol{b} \ \ \boldsymbol{c} \ \ \boldsymbol{a}| - \omega_1\omega_2\omega_3|\boldsymbol{c} \ \ \boldsymbol{a} \ \ \boldsymbol{b}| = 0
\end{aligned}
$$

であり，定理 [1.4] (2) により $\boldsymbol{a}', \boldsymbol{b}', \boldsymbol{c}'$ はつねに1次従属である．　終

ベクトル関数の積分　ベクトル関数 $\boldsymbol{A}(t)$ の導関数がベクトル関数 $\boldsymbol{a}(t)$ であるとき，$\boldsymbol{A}(t)$ を $\boldsymbol{a}(t)$ の**不定積分**または**原始ベクトル関数**といい，

$$
\boldsymbol{A}(t) = \int \boldsymbol{a}(t)\,dt
$$

で表す．成分で書けば

$$
\int \boldsymbol{a}(t)\,dt = \left(\int a_1(t)dt,\ \int a_2(t)dt,\ \int a_3(t)dt\right)
$$

である．1つのベクトル関数の原始ベクトル関数は無数に存在し，それらの2つの差は定ベクトルである．

変数が多いベクトル関数の偏導関数および重積分が定義される．3 変数の場合はとくに重要であって，それについては §4 で詳しく述べる．

問題 2.2　次のベクトル関数 $\boldsymbol{a}(t)$ について，$\boldsymbol{a}', |\boldsymbol{a}'|, \boldsymbol{a}'', |\boldsymbol{a}''|$ を求めよ．a, b は定数とする．

(1)　$\boldsymbol{a} = (3\cos t,\ 3\sin t,\ 4t)$　　(2)　$\boldsymbol{a} = (e^t,\ e^{-t},\ 2t)$

§ 3.　曲線と運動

曲線と弧長媒介変数　点 O を原点とし，変数 t の各値に対して点 $\mathrm{P}(t)$ が定まるとき，$\mathrm{P}(t)$ の座標を $(x(t),\ y(t),\ z(t))$ として，位置ベクトル

$$\boldsymbol{r}(t) = \overrightarrow{\mathrm{OP}}(t) = x(t)\boldsymbol{i} + y(t)\boldsymbol{j} + z(t)\boldsymbol{k} \tag{1}$$

はベクトル関数である．t の変化に伴って点 $\mathrm{P}(t)$ は一般に曲線 C をえがく．式 (*1*) を曲線 C の**ベクトル方程式**という．ベクトル導関数は

$$\boldsymbol{r}'(t) = (x'(t),\ y'(t),\ z'(t))$$

であり，$\boldsymbol{r}'(t) \neq \boldsymbol{0}$ ならば，このベクトルは曲線 C の点 $\mathrm{P}(t)$ における接線の方向ベクトルである．$\boldsymbol{r}'(t)$ を曲線 C の点 $\mathrm{P}(t)$ における**接線ベクトル**という．$\boldsymbol{r}'(t) = \boldsymbol{0}$ であるような点を曲線 C の**特異点**という．

ベクトル導関数 $\boldsymbol{r}'(t) = (x'(t),\ y'(t),\ z'(t))$ が連続であるとき，曲線 C は**滑らか**であるまたは**微分可能**であるという．

滑らかな曲線 C の 1 点 $\mathrm{A} = \mathrm{P}(\alpha)$ から点 $\mathrm{P}(t)$ までの曲線弧の長さ s は

$$s = \int_\alpha^t \sqrt{\left(\frac{dx}{dt}\right)^2 + \left(\frac{dy}{dt}\right)^2 + \left(\frac{dz}{dt}\right)^2}\, dt$$

で与えられる．この被積分関数は，曲線 C の各点 $\mathrm{P}(t)$ における接線ベクトル $\dfrac{d\boldsymbol{r}}{dt}$ の大きさである．ゆえに

$$s = \int_\alpha^t \left|\frac{d\boldsymbol{r}}{dt}\right| dt$$

と表される．点 $\mathrm{P}(t)$ が曲線上を動くとき，s は t の微分可能な関数であり

$$(2) \qquad \frac{ds}{dt} = \left|\frac{d\boldsymbol{r}}{dt}\right| = \sqrt{\left(\frac{dx}{dt}\right)^2 + \left(\frac{dy}{dt}\right)^2 + \left(\frac{dz}{dt}\right)^2}$$

である．曲線 C 上に特異点がなければ，この式はつねに正であるから，$s(t)$ は t の増加関数であり，逆関数が存在して t は s の関数 $t = t(s)$ で表される．これを方程式 (1) に代入すると，曲線の点は s の関数として表され，曲線のベクトル方程式は

$$\boldsymbol{r}(s) = \overrightarrow{\mathrm{OP}}(s) = x(s)\boldsymbol{i} + y(s)\boldsymbol{j} + z(s)\boldsymbol{k}$$

となる．この媒介変数 s は曲線 C に対して特別な性質をもっており，**弧長媒介変数**とよばれる．その微分 ds は

$$(3) \qquad ds = |\,d\boldsymbol{r}\,| = \sqrt{dx^2 + dy^2 + dz^2}$$

であり，これを空間の**線素**という．

フルネー・セレーの公式　今後，曲線は滑らかであり特異点をもたないものとし，弧長媒介変数 s についての導関数を $'$ で，一般の変数 t についての導関数を $\dot{}$ で示す．

曲線 C に対しては線素は

$$ds = |\,\dot{\boldsymbol{r}}\,|dt = \sqrt{\dot{x}^2 + \dot{y}^2 + \dot{z}^2}dt$$

で表される．

$$\boldsymbol{r}'(s) = \dot{\boldsymbol{r}}(t)\frac{dt}{ds} \quad \therefore \quad |\,\boldsymbol{r}'\,| = |\,\dot{\boldsymbol{r}}\,|\frac{dt}{ds} = 1$$

であるから，

$$\boldsymbol{t} = \boldsymbol{r}' = (x', y', z')$$

とおけば，$\boldsymbol{t}$ は曲線の各点において大きさ 1 の接線ベクトルである．これを曲線 C の**単位接線ベクトル**という．

そのとき，例題 2.1 (1) により，$\boldsymbol{t}' \perp \boldsymbol{t}$ である．

$$(4) \qquad \kappa(s) = |\,\boldsymbol{t}'\,| = |\,\boldsymbol{r}''\,| = \sqrt{(x'')^2 + (y'')^2 + (z'')^2}$$

とおく．もし恒等的に $\boldsymbol{t}' = \boldsymbol{r}'' = \boldsymbol{0}$ すなわち $\kappa(s) = 0$ ならば，

$$\boldsymbol{r} = \boldsymbol{A}s + \boldsymbol{B} \quad (\boldsymbol{A}, \boldsymbol{B}\text{ は定ベクトル})$$

と表されるから，C は直線である．

$\kappa(s) \neq 0$ である各点で，$\boldsymbol{t}'(s)$ と同じ向きの単位ベクトルを $\boldsymbol{n}(s)$ とすれば，

(5)
$$\boldsymbol{n}(s) = \frac{1}{\kappa(s)}\boldsymbol{t}' = \frac{1}{\kappa(s)}\boldsymbol{r}''(s)$$

すなわち

(6)
$$\boldsymbol{t}'(s) = \boldsymbol{r}''(s) = \kappa(s)\boldsymbol{n}$$

である．$\boldsymbol{n} \perp \boldsymbol{t}$ であり，$\boldsymbol{n}(s)$ を曲線 C の点 $\mathrm{P}(s)$ における**単位主法線ベクトル**といい，$\mathrm{P}(s)$ を通り $\boldsymbol{n}(s)$ の方向の直線を C の**主法線**という．$\boldsymbol{t}(s)$ と $\boldsymbol{n}(s)$ によって張られる平面を $\mathrm{P}(s)$ における**接触平面**という．

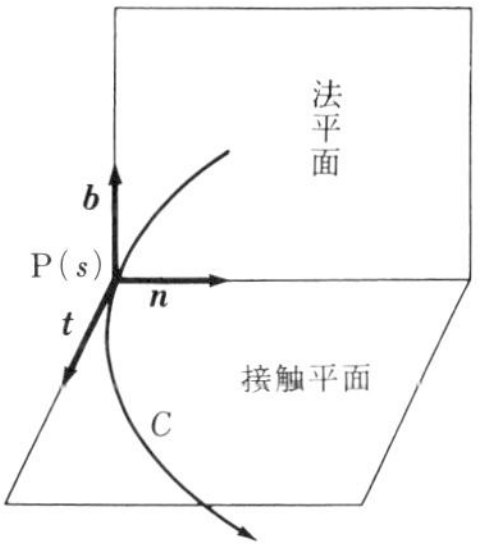

図 **3.1**

点 $\mathrm{P}(s)$ を通り接触平面に垂直な直線を $\mathrm{P}(s)$ における C の**従法線**といい，ベクトル

(7)
$$\boldsymbol{b}(s) = \boldsymbol{t}(s) \times \boldsymbol{n}(s)$$

を $\mathrm{P}(s)$ における**単位従法線ベクトル**という．$\mathrm{P}(s)$ において $\{\boldsymbol{t}(s),\ \boldsymbol{n}(s),\ \boldsymbol{b}(s)\}$ は右手系の正規直交基底を作っている．$\boldsymbol{n}(s)$ と $\boldsymbol{b}(s)$ で張られる平面を C の点 $\mathrm{P}(s)$ における**法平面**という．

[**3.1**]　**フルネー・セレーの公式**　曲線 $C : \boldsymbol{r} = \boldsymbol{r}(s)$ に沿って

(8)
$$\begin{cases} \boldsymbol{t}' = & \kappa\boldsymbol{n} & \\ \boldsymbol{n}' = -\kappa\boldsymbol{t} & & +\tau\boldsymbol{b} \\ \boldsymbol{b}' = & -\tau\boldsymbol{n} & \end{cases}$$

が成り立つ．ここに $\kappa(s)$ は式 (4) で与えられ，$\kappa(s) \neq 0$ のとき $\tau(s)$ は次の式で与えられる．

$$\tau(s) = \frac{1}{\kappa^2}|\boldsymbol{r}' \ \ \boldsymbol{r}'' \ \ \boldsymbol{r}'''| = \frac{1}{\kappa^2}\begin{vmatrix} x' & y' & z' \\ x'' & y'' & z'' \\ x''' & y''' & z''' \end{vmatrix}$$

$\kappa(s), \tau(s)$ をそれぞれ曲線 C の点 $\mathrm{P}(s)$ における**曲率** および**捩率**という．

$\rho(s) = \dfrac{1}{\kappa(s)}$ を $\mathrm{P}(s)$ における**曲率半径**という．

証明　第1式は式 (6) である．$\{\boldsymbol{t},\ \boldsymbol{n},\ \boldsymbol{b}\}$ が各点 P(s) で正規直交基底になっているから，例題 2.2 で $\boldsymbol{a}$, $\boldsymbol{b}$, $\boldsymbol{c}$ として $\boldsymbol{t}$, $\boldsymbol{n}$, $\boldsymbol{b}$ をとり，$\omega_1=\tau$, $\omega_2=0$, $\omega_3=\kappa$ とおけば，公式 (8) が導かれる．式 (5), (7) を s で微分して

$$\boldsymbol{n}'=\frac{1}{\kappa}\boldsymbol{t}''-\frac{\kappa'}{\kappa^2}\boldsymbol{t}', \qquad \boldsymbol{b}'=\boldsymbol{t}'\times\boldsymbol{n}+\boldsymbol{t}\times\boldsymbol{n}'=\boldsymbol{t}\times\boldsymbol{n}'$$

となる．式 (8) の第3式と $\boldsymbol{n}$ との内積を求めれば

$$\begin{aligned}\tau&=-\boldsymbol{b}'\cdot\boldsymbol{n}=-(\boldsymbol{t}\times\boldsymbol{n}')\cdot\boldsymbol{n}=-|\,\boldsymbol{t}\ \ \boldsymbol{n}'\ \ \boldsymbol{n}\,|=|\,\boldsymbol{t}\ \ \boldsymbol{n}\ \ \boldsymbol{n}'\,|\\&=\left|\boldsymbol{t}\ \ \frac{1}{\kappa}\boldsymbol{t}'\ \ \frac{1}{\kappa}\boldsymbol{t}''-\frac{\kappa'}{\kappa^2}\boldsymbol{t}'\right|=\frac{1}{\kappa^2}|\boldsymbol{t}\ \boldsymbol{t}'\ \boldsymbol{t}''|=\frac{1}{\kappa^2}|\boldsymbol{r}'\ \boldsymbol{r}''\ \boldsymbol{r}'''|\end{aligned}$$

終

[例題 3.1]　曲線 $C:\boldsymbol{r}=\boldsymbol{r}(t)$ が一般の媒介変数で表されているとき，曲率 κ と捩率 τ は次の式で与えられることを示せ．

(1)　$\kappa(t)=\dfrac{|\,\dot{\boldsymbol{r}}\times\ddot{\boldsymbol{r}}\,|}{|\,\dot{\boldsymbol{r}}\,|^3}$　　　(2)　$\tau(t)=\dfrac{1}{\kappa^2}\dfrac{|\,\dot{\boldsymbol{r}}\ \ \ddot{\boldsymbol{r}}\ \ \dddot{\boldsymbol{r}}\,|}{|\,\dot{\boldsymbol{r}}\,|^6}$

証明　$\dfrac{d\boldsymbol{r}}{dt}=\dfrac{d\boldsymbol{r}}{ds}\dfrac{ds}{dt}$ であるから，この式とさらに t についての導関数は次のようになる．

$$\begin{aligned}\dot{\boldsymbol{r}}&=\boldsymbol{r}'\dot{s}\\\ddot{\boldsymbol{r}}&=\boldsymbol{r}''(\dot{s})^2+\boldsymbol{r}'\ddot{s}\\\dddot{\boldsymbol{r}}&=\boldsymbol{r}'''(\dot{s})^3+2\boldsymbol{r}''\dot{s}\ddot{s}+\boldsymbol{r}''\dot{s}\ddot{s}+\boldsymbol{r}'\dddot{s}\\&=\boldsymbol{r}'''(\dot{s})^3+3\boldsymbol{r}''\dot{s}\ddot{s}+\boldsymbol{r}'\dddot{s}\end{aligned}$$

$\boldsymbol{r}'=\boldsymbol{t}$ は単位ベクトルであり，第1式から $\dot{s}=|\,\dot{\boldsymbol{r}}\,|$

(1)　フルネー・セレーの公式で $\boldsymbol{t}'=\kappa\boldsymbol{n}$ であるから

$$\boldsymbol{r}'\times\boldsymbol{r}''=\boldsymbol{t}\times(\kappa\boldsymbol{n})=\kappa\boldsymbol{b}$$

$\boldsymbol{b}$ は単位ベクトルであるから，両辺の大きさを考えると

$$\kappa=|\,\boldsymbol{r}'\times\boldsymbol{r}''\,|$$

と表される．

$$\dot{\boldsymbol{r}}\times\ddot{\boldsymbol{r}}=\{\boldsymbol{r}'\dot{s}\}\times\{\boldsymbol{r}''(\dot{s})^2+\boldsymbol{r}'\ddot{s}\}=(\boldsymbol{r}'\times\boldsymbol{r}'')(\dot{s})^3$$

となり，式 (1) が導かれる．

(2)

$$\begin{aligned}|\,\dot{\boldsymbol{r}}\ \ \ddot{\boldsymbol{r}}\ \ \dddot{\boldsymbol{r}}\,|&=|\,\boldsymbol{r}'\dot{s}\ \ \ \boldsymbol{r}''(\dot{s})^2+\boldsymbol{r}'\ddot{s}\ \ \ \boldsymbol{r}'''(\dot{s})^3+3\boldsymbol{r}''\dot{s}\ddot{s}+\boldsymbol{r}'\dddot{\boldsymbol{r}}\,|\\&=|\,\boldsymbol{r}'\ \ \boldsymbol{r}''\ \ \boldsymbol{r}'''\,|(\dot{s})^6=\tau\kappa^2|\,\dot{\boldsymbol{r}}\,|^6\end{aligned}$$

これから式 (2) が導かれる.　終

曲率 $\kappa(s)$ と捩率 $\tau(s)$ の図形的意味を考えよう. 原点 O を始点として単位接線ベクトル $\boldsymbol{t}(s)$ に等しいベクトル $\overrightarrow{\mathrm{OQ}}(s)$ を考えれば, 端点 Q(s) の座標は $(x'(s), y'(s), z'(s))$ であり, s の変化に従って O を中心とし半径 1 の球面上に曲線 C_1 をえがく. 曲線 C 上の点 P(s) と P$(s+\Delta s)$ におけるベクトル $\boldsymbol{t}(s)$ と $\boldsymbol{t}(s+\Delta s)$ の作る角 $\Delta\theta$ は曲線 C_1 上の対応する 2 点 Q(s) と Q$(s+\Delta s)$ を結ぶ弧の長さに等しい. 変数 s は曲線 C_1 に対しては一般の媒介変数であり, C_1 の弧長媒介変数 θ の s に関する導関数 $\dfrac{d\theta}{ds}$ は, 式 (2) に相当するから

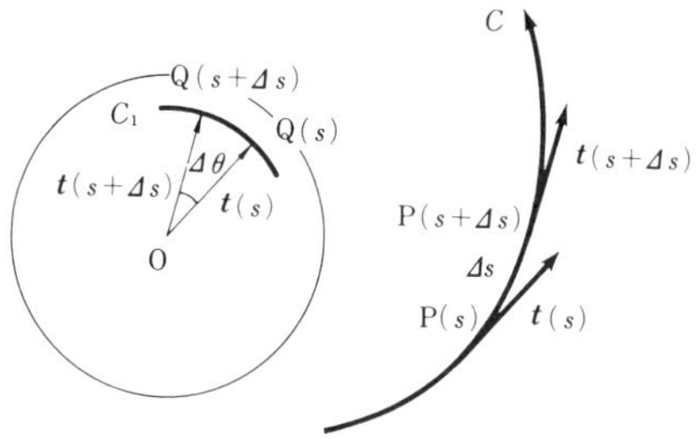

図 3.2

$$\frac{d\theta}{ds} = \left|\frac{d\boldsymbol{t}}{ds}\right| = \kappa(s)$$

に等しい. ゆえに $\kappa(s)$ は曲線 C の接線方向の作る角の弧長 s に対する変化率を表している.

一方, $\tau(s)$ については, 単位従法線ベクトル $\boldsymbol{b}(s)$ について上と同じように考察すれば, $\tau(s)$ は従法線方向の作る角の弧長 s に対する変化率を表す. 従法線は接触平面に垂直であるから, $\tau(s)$ は接触平面の作る角の弧長 s に対する変化率であるといってもよい. このことから, 曲線 C が平面曲線, すなわち 1 つの平面上の曲線であるための必要十分条件は, 恒等的に $\tau = 0$ である.

[例題 3.2]　平面曲線 C が円であるための必要十分条件は曲率 κ が一定であることを証明せよ.

証明　必要性. 円 C の中心の位置ベクトルを $\boldsymbol{c}$ とし, 半径を ρ とする. 円のベクトル方程式は

$$|\boldsymbol{r} - \boldsymbol{c}|^2 = \rho^2$$

両辺を順次弧長媒介変数 s で微分し, フルネー・セレーの公式で $\tau = 0$ として

$$\begin{aligned}
&\boldsymbol{t}\cdot(\boldsymbol{r}-\boldsymbol{c}) = 0 \\
&\kappa\boldsymbol{n}\cdot(\boldsymbol{r}-\boldsymbol{c}) + \boldsymbol{t}\cdot\boldsymbol{t} = \kappa\boldsymbol{n}\cdot(\boldsymbol{r}-\boldsymbol{c}) + 1 = 0 \\
&\kappa'\boldsymbol{n}\cdot(\boldsymbol{r}-\boldsymbol{c}) - \kappa^2\boldsymbol{t}\cdot(\boldsymbol{r}-\boldsymbol{c}) + \kappa\boldsymbol{n}\cdot\boldsymbol{t} = \kappa'\boldsymbol{n}\cdot(\boldsymbol{r}-\boldsymbol{c}) = 0
\end{aligned}$$

この式から $\kappa' = 0$ が導かれ，曲率 κ は一定である．

十分性．曲率 κ が一定であるとき，$\rho = \dfrac{1}{\kappa}$ として

$$\boldsymbol{c} = \boldsymbol{r} + \rho \boldsymbol{n}$$

とおく．両辺を s で微分すれば

$$\boldsymbol{c}' = \boldsymbol{t} + \rho(-\kappa \boldsymbol{t}) = \boldsymbol{0}$$

であるから，$\boldsymbol{c}$ は定ベクトルである．

$$|\,\boldsymbol{r} - \boldsymbol{c}\,|^2 = \rho^2$$

であり，曲線 C は $\boldsymbol{c}$ を中心とし半径 ρ の円である．　終

［**例題 3.3**］　曲線 $\boldsymbol{r}(t) = (a\cos t,\ a\sin t,\ bt)$ (a, b は正の定数) を**定傾曲線**または**常ら線**という．この曲線の弧長媒介変数 s，ベクトル $\boldsymbol{t}$, $\boldsymbol{n}$, $\boldsymbol{b}$, 曲率 κ, 捩率 τ を求めよ．

解

$$\dot{\boldsymbol{r}} = (\ -a\sin t,\quad a\cos t,\ \ b)$$
$$\ddot{\boldsymbol{r}} = (\ -a\cos t,\ \ -a\sin t,\ \ 0)$$
$$\dddot{\boldsymbol{r}} = (\quad a\sin t,\ \ -a\cos t,\ \ 0)$$

$$|\,\dot{\boldsymbol{r}}\,|^2 = (-a\sin t)^2 + (a\cos t)^2 + b^2 = a^2 + b^2$$

であるから，$t = 0$ のとき $s = 0$ として曲線の弧長を測れば

$$s = \int_0^t |\,\dot{\boldsymbol{r}}\,| dt = \int_0^t \sqrt{a^2 + b^2}\, dt = \sqrt{a^2 + b^2}\, t$$

簡単のために $c = \sqrt{a^2 + b^2}$ とおく．$\dot{s} = |\,\dot{\boldsymbol{r}}\,| = c$ であるから

$$\boldsymbol{t} = \boldsymbol{r}' = \frac{\dot{\boldsymbol{r}}}{\dot{s}} = \left(-\frac{a}{c}\sin t,\ \frac{a}{c}\cos t,\ \frac{b}{c}\right)$$

$$\dot{\boldsymbol{t}} = \frac{a}{c}(-\cos t,\ -\sin t,\ 0), \qquad |\,\dot{\boldsymbol{t}}\,| = \frac{a}{c}$$

$$\boldsymbol{t}' = \frac{\dot{\boldsymbol{t}}}{\dot{s}} = \frac{a}{c^2}(-\cos t,\ -\sin t,\ 0)$$

曲率の定義 (4) により

$$\kappa = |\,\boldsymbol{t}'\,| = \frac{a}{c^2}\sqrt{\cos^2 t + \sin^2 t + 0} = \frac{a}{c^2} = \frac{a}{a^2 + b^2}$$

である．単位主法線ベクトル $\boldsymbol{n}$，単位従法線ベクトル $\boldsymbol{b}$ は

$$\boldsymbol{n} = \frac{\dot{\boldsymbol{t}}}{|\,\dot{\boldsymbol{t}}\,|} = (-\cos t,\ -\sin t,\ 0)$$

$$\boldsymbol{b} = \boldsymbol{t} \times \boldsymbol{n} = \frac{1}{c}(b\sin t,\ -b\cos t,\ a)$$

で与えられる．捩率 τ は例題 3.1 (2) により

$$\tau = \frac{1}{\kappa^2 c^6}\begin{vmatrix} -a\sin t & a\cos t & b \\ -a\cos t & -a\sin t & 0 \\ a\sin t & -a\cos t & 0 \end{vmatrix} = \frac{b}{c^2}\begin{vmatrix} \cos t & \sin t \\ -\sin t & \cos t \end{vmatrix}$$

$$= \frac{b}{c^2} = \frac{b}{a^2+b^2}$$

終

問題 3.1　次の曲線について，$t=0$ のとき $s=0$ として 弧長媒介変数 s を t で表し，$\boldsymbol{t}, \boldsymbol{n}, \boldsymbol{b}$ および曲率 κ，捩率 τ を求めよ．

(1)　$\boldsymbol{r} = \left(t,\ t^2,\ \dfrac{2}{3}t^3\right)$　　(2)　$\boldsymbol{r} = \left(\tan^{-1} t,\ \dfrac{1}{\sqrt{2}}\log(t^2+1),\ t - \tan^{-1} t\right)$

質点の運動　時刻を t で示し，空間内で運動する質点 $\mathrm{P}(t)$ がえがく曲線 C をその**軌道**という．C のベクトル方程式が $\boldsymbol{r} = \boldsymbol{r}(t)$ であるとき，その導関数および第 2 次導関数をそれぞれ

$$\boldsymbol{v}(t) = \boldsymbol{r}'(t) = x'(t)\boldsymbol{i} + y'(t)\boldsymbol{j} + z'(t)\boldsymbol{k}$$

$$\boldsymbol{a}(t) = \boldsymbol{r}''(t) = x''(t)\boldsymbol{i} + y''(t)\boldsymbol{j} + z''(t)\boldsymbol{k}$$

で表し，その運動の**速度ベクトル**，**加速度ベクトル**という．速度ベクトルの大きさ $v = |\,\boldsymbol{v}(t)\,|$ を**速さ**という．

軌道 $C : \boldsymbol{r} = \boldsymbol{r}(t)$ の 弧長媒介変数を s，接線・主法線・従法線単位ベクトルを $\boldsymbol{t}, \boldsymbol{n}, \boldsymbol{b}$ とする．速度ベクトル $\boldsymbol{v}$ は

$$\boldsymbol{v} = \frac{d\boldsymbol{r}}{dt} = \frac{d\boldsymbol{r}}{ds}\frac{ds}{dt} = \frac{ds}{dt}\boldsymbol{t}$$

であるから，$\boldsymbol{v}$ は軌道 C に接している．速さ v を用いて

$$\boldsymbol{v} = v\boldsymbol{t}, \quad v = \frac{ds}{dt} = \left|\,\frac{d\boldsymbol{r}}{dt}\,\right|$$

と表される．これをさらに t で微分すれば，フルネー・セレーの公式 [3.1] により，加速度ベクトル $\boldsymbol{a}$ は

$$\boldsymbol{a} = \frac{dv}{dt}\boldsymbol{t} + v\frac{ds}{dt}\frac{d\boldsymbol{t}}{ds} = \frac{dv}{dt}\boldsymbol{t} + \kappa v^2\boldsymbol{n}$$

と表される．$\boldsymbol{t}$ および $\boldsymbol{n}$ の係数を

$$a_t = \frac{dv}{dt} = \frac{d^2 s}{dt^2}, \quad a_n = \kappa v^2 = \kappa\left(\frac{ds}{dt}\right)^2$$

とおいて，それぞれ加速度の**接線成分**，**法線成分**という．これらは

$$a_t = \boldsymbol{a}\cdot\boldsymbol{t}, \quad a_n = \boldsymbol{a}\cdot\boldsymbol{n}$$

で計算できる．

[**例題 3.4**]　平面で，半径 c の円周上の等速円運動 $\boldsymbol{r} = (c\cos\omega t)\boldsymbol{i} + (c\sin\omega t)\boldsymbol{j}$ の速度ベクトル $\boldsymbol{v}$，加速度ベクトル $\boldsymbol{a}$ と接線成分 a_t，法線成分 a_n を求めよ．

解

$$\boldsymbol{v} = \dot{\boldsymbol{r}} = (-c\omega\sin\omega t,\ c\omega\cos\omega t) = c\omega(-\sin\omega t,\ \cos\omega t)$$

$$\boldsymbol{a} = \ddot{\boldsymbol{r}} = c\omega^2(-\cos\omega t,\ -\sin\omega t) = -\omega^2\boldsymbol{r}$$

速さ　$v = |\,\dot{\boldsymbol{r}}\,| = c\omega$,　弧長媒介変数　$s = c\omega t$

単位接線ベクトル　$\boldsymbol{t} = \dfrac{\dot{\boldsymbol{r}}}{|\,\dot{\boldsymbol{r}}\,|} = (-\sin\omega t,\ \cos\omega t) = \left(-\sin\dfrac{s}{c},\ \cos\dfrac{s}{c}\right)$

$$\dot{\boldsymbol{t}} = \omega(-\cos\omega t,\ -\sin\omega t) = -\frac{\omega}{c}\boldsymbol{r}, \qquad |\,\dot{\boldsymbol{t}}\,| = \omega$$

単位主法線ベクトル　$\boldsymbol{n} = \dfrac{\dot{\boldsymbol{t}}}{|\,\dot{\boldsymbol{t}}\,|} = (-\cos\omega t,\ -\sin\omega t) = -\dfrac{1}{c}\boldsymbol{r}$

曲率　$\kappa = \dfrac{1}{c}$

接線成分　$a_t = 0$,　法線成分　$a_n = \dfrac{c^2\omega^2}{c} = c\omega^2$

加速度ベクトルは $\boldsymbol{a} = c\omega^2\boldsymbol{n}$ と表され，$\boldsymbol{n}$, $\boldsymbol{a}$ は中心に向かっている．　終

問題 3.2　運動する質点 P(t) の軌道が時刻 t $(t \geqq 0)$ のベクトル関数

$$\boldsymbol{r}(t) = \left(\frac{1}{2}t^2 + t,\ \frac{1}{2}t^2 - t,\ \frac{4}{3}t^{\frac{3}{2}}\right)$$

で表されるとき，速度ベクトル $\boldsymbol{v}$，加速度ベクトル $\boldsymbol{a}$ と接線成分 a_t，法線成分 a_n を求め，$\boldsymbol{a}$ を単位接線ベクトル $\boldsymbol{t}$ と単位法線ベクトル $\boldsymbol{n}$ で表せ．

運動量　質量 m の質点 P が力 $\boldsymbol{F}$ の作用を受けて運動するとき，その加速度ベクトルを $\boldsymbol{a}$ としてその運動はベクトル方程式

$$m\boldsymbol{a} = m\frac{d^2\boldsymbol{r}}{dt^2} = \boldsymbol{F}$$

で表される．これを**運動方程式**という．また $m\boldsymbol{v}$ を**運動量ベクトル**，mv を**運動量**という．

$\boldsymbol{r} \times \boldsymbol{v}$ を点 O に関する質点 P の **速度モーメント**，$\dfrac{1}{2}\boldsymbol{r} \times \boldsymbol{v}$ を**面積速度ベクトル**，$\boldsymbol{H} = \boldsymbol{r} \times (m\boldsymbol{v})$ を**運動量モーメント**または**角運動量**，$\boldsymbol{M} = \boldsymbol{r} \times \boldsymbol{F}$ を力 $\boldsymbol{F}$ の**モーメント**という．

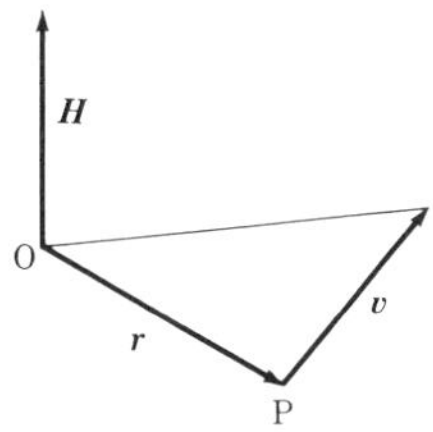

図 **3.3**

$$\frac{d\boldsymbol{H}}{dt} = \frac{d}{dt}(\boldsymbol{r} \times m\boldsymbol{v})$$

$$= m\boldsymbol{v} \times \boldsymbol{v} + m\boldsymbol{r} \times \boldsymbol{a} = \boldsymbol{r} \times \boldsymbol{F}$$

$$\therefore \quad \frac{d\boldsymbol{H}}{dt} = \boldsymbol{M}$$

が成り立つ．角運動量の時間的変化は力のモーメントに等しい．

問題 3.3　定点 O に向かう力を**中心力**という．質点 P が中心力 $\boldsymbol{F}$ の作用を受けて運動するとき，速度モーメント，したがって面積速度は一定であり，P は平面上を運動することを証明せよ．これは惑星の運動についてのケプラーの第 1 法則である．

§ 4.　スカラー場・ベクトル場

ベクトル場　空間全体またはある領域 D の各点 P に対して実数値 $f(\mathrm{P})$ が対応するとき，関数 f を D で定義された**スカラー場**という．スカラー場は P の座標 (x, y, z) の関数として

$$f(\mathrm{P}) = f(x, y, z)$$

で表される．温度・質量密度・電位などの分布はスカラー場である．

領域 D の各点 P に対してベクトル $\boldsymbol{a}(\mathrm{P})$ が対応しているとき $\boldsymbol{a}$ を D で定義された**ベクトル場**という．ベクトル場は 3 変数のベクトル関数

$$\boldsymbol{a}(\mathrm{P}) = \boldsymbol{a}(x, y, z)$$

で表される．成分でいえば，これは 3 変数の 3 個の関数の組

$$\boldsymbol{a}(x, y, z) = (a_1(x, y, z),\ a_2(x, y, z),\ a_3(x, y, z))$$

である．重力場・電場・磁場・流体内の速度などの分布はベクトル場である．

スカラー場またはベクトル場の定義域を簡単にそれらの**領域**ということがある．これらについて偏導関数等を考えることができる．

曲線 C 上の各点 $\mathrm{P}(t)$ に対してベクトル $\boldsymbol{a}(\mathrm{P})$ が対応しているとき，$\boldsymbol{a}(\mathrm{P})$ は媒介変数 t のベクトル関数 $\boldsymbol{a}(t)$ と考えられる．このとき $\boldsymbol{a}(t)$ を**曲線 C に沿って定義されたベクトル場**という．曲線の単位接線ベクトル $\boldsymbol{t}$，主法線ベクトル $\boldsymbol{n}$，運動する質点の速度ベクトル $\boldsymbol{v}$，加速度ベクトル $\boldsymbol{a}$ などは曲線に沿ってのベクトル場である．

ベクトル場 $\boldsymbol{a}(x, y, z)$ の領域 D の中に曲線 C : $\boldsymbol{r}(t) = (x(t),\ y(t), z(t))$ があるとき，

$$\boldsymbol{a}(t) = \boldsymbol{a}(x(t),\ y(t),\ z(t))$$

は曲線 C に沿ってのベクトル場になる．

流線　ベクトル場 $\boldsymbol{a}$ に対して，曲線 C の各点 P における接線ベクトルが $\boldsymbol{a}(\mathrm{P})$ と同じ方向をもつとき，C をベクトル場 $\boldsymbol{a}$ の**流線**という．流線とは流体中の速度ベクトルと流れから由来するものであって，電場・磁場における流線は電気力線・磁力線といわれる．

ベクトル場 $\boldsymbol{a}$ の各流線 C : $\boldsymbol{r} = \boldsymbol{r}(t)$ の媒介変数 t を適当に選べば

$$\frac{d\boldsymbol{r}}{dt} = \boldsymbol{a}(\mathrm{P}(t)) \tag{1}$$

とすることができる．ただし C に特異点がないものとする．

式 (1) を成分で書けば，x, y, z についての連立微分方程式

$$\frac{dx}{dt} = a_1(x(t),\ y(t),\ z(t))$$
$$\frac{dy}{dt} = a_2(x(t),\ y(t),\ z(t))$$
$$\frac{dz}{dt} = a_3(x(t),\ y(t),\ z(t))$$

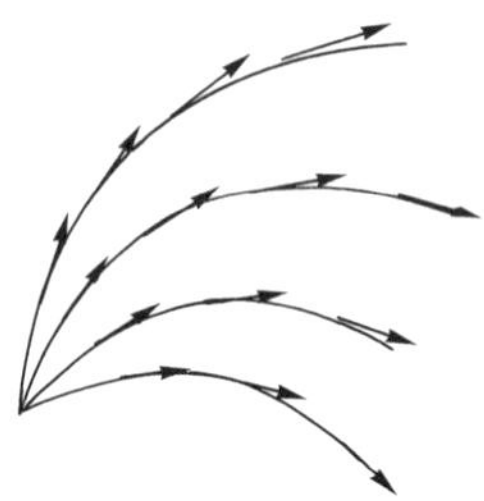
図 4.1

となる．これはベクトル場 $\boldsymbol{a}$ が与えられたとき，その流線を決定する方程式である．微分方程式の理論から，特異点でない点の近くでは各点を通る流線は 1 本だけ存在する．特異点では，その点から多くの流線が出たり，渦を巻いたりいろいろな状態が起こる．

［例題 4.1］　平面上で，ベクトル場 $\boldsymbol{a} = (x,\ -y)$ の流線をえがけ．

解　流線の微分方程式は

$$\frac{dx}{dt} = x, \quad \frac{dy}{dt} = -y$$

となる．解は

$$x = Ae^t, \quad y = Be^{-t}$$

$(A,\ B$ は任意定数$)$

であり，t を消去すると

$$xy = C \quad (C = AB)$$

となる．流線は双曲線であり，図 4.2 になる．原点 $(0,\ 0)$ が特異点である．　終

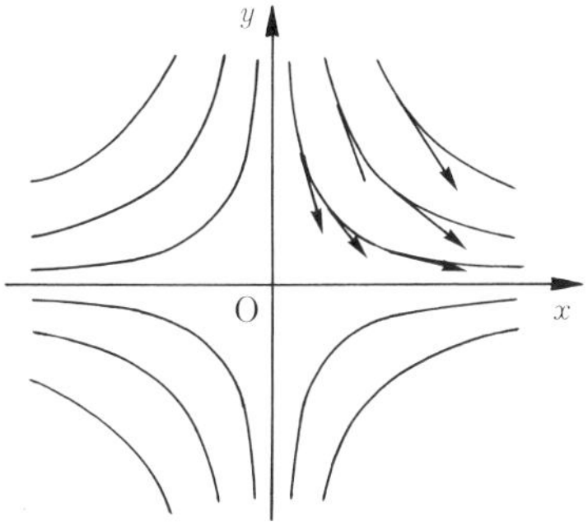

図 4.2

問題 4.1　平面上で，次のベクトル場の流線の方程式を求め，その図をかけ．

(1)　$\boldsymbol{a} = (x,\ 2y)$　　　(2)　$\boldsymbol{a} = (y,\ -x)$

勾配　スカラー場 $f(x,\ y,\ z)$ に対して，成分が

$$\left(\frac{\partial f}{\partial x},\ \frac{\partial f}{\partial y},\ \frac{\partial f}{\partial z}\right)$$

で与えられるベクトル場を f の**勾配ベクトル**または単に**勾配**といい，∇f または grad f で表す．すなわち

$$\nabla f = \operatorname{grad} f = \frac{\partial f}{\partial x}\boldsymbol{i} + \frac{\partial f}{\partial y}\boldsymbol{j} + \frac{\partial f}{\partial z}\boldsymbol{k}$$

である．記号 ∇ はナブラまたはアトレッドと読む．記号的に

$$\nabla = \boldsymbol{i}\frac{\partial}{\partial x} + \boldsymbol{j}\frac{\partial}{\partial y} + \boldsymbol{k}\frac{\partial}{\partial z}$$

と書き，これを**ハミルトンの微分演算子**という．また

$$\nabla_1 = \frac{\partial}{\partial x}, \quad \nabla_2 = \frac{\partial}{\partial y}, \quad \nabla_3 = \frac{\partial}{\partial z}$$

という記号を用いる．勾配 ∇f の成分は

$$\nabla f = (\nabla_1 f,\ \nabla_2 f,\ \nabla_3 f)$$

と書かれる．

スカラー場 $f(\mathrm{P})$ を曲線 C : $\boldsymbol{r}=\boldsymbol{r}(t)$ に沿って考えるとき，$f(x(t),\ y(t),\ z(t))$ の t についての微分は

$$\frac{df}{dt}=\frac{dx}{dt}\frac{\partial f}{\partial x}+\frac{dy}{dt}\frac{\partial f}{\partial y}+\frac{dz}{dt}\frac{\partial f}{\partial z}=\dot{\boldsymbol{r}}\cdot\nabla f$$

である．

点 $\mathrm{P}(x,\ y,\ z)$ を始点とするベクトル $\boldsymbol{l}=(l_1,\ l_2,\ l_3)$ があるとき，P を通り方向ベクトル $\boldsymbol{l}$ をもつ直線 l 上の点の座標は $(x+l_1t,\ y+l_2t,\ z+l_3t)$ で与えられる．スカラー場 f について

$$\frac{d}{dt}f(x+l_1t,\ y+l_2t,\ z+l_3t)$$

を f の点 P における **$\boldsymbol{l}$ 方向の微分係数**といい，$\dfrac{\partial f}{\partial \boldsymbol{l}}$ で表す．

$$\frac{\partial f}{\partial \boldsymbol{l}}=l_1\frac{\partial f}{\partial x}+l_2\frac{\partial f}{\partial y}+l_3\frac{\partial f}{\partial z}=\boldsymbol{l}\cdot\nabla f$$

であるから，これは勾配ベクトル ∇f の $\boldsymbol{l}$ 方向への成分にほかならない．

$\boldsymbol{l}$ を単位ベクトルとして，$\boldsymbol{l}$ と勾配 ∇f の作る角を θ とすれば，

(2)
$$\frac{\partial f}{\partial \boldsymbol{l}}=|\nabla f|\cos\theta$$

が成り立つ．P を固定して単位ベクトル $\boldsymbol{l}$ の向きを変化させると，$\theta=0$ のとき $\dfrac{\partial f}{\partial \boldsymbol{l}}$ の値は最大となり，その値は $|\nabla f|$ に等しい．

スカラー場 f について，k を定数として方程式 $f(x,\ y,\ z)=k$ を満たす点 $\mathrm{P}(x,\ y,\ z)$ は一般に 1 つの曲面をえがく．これを f の**等位面**という．定数 k の値を変えるとき等位面の層ができる．これらを f の **等位面族**という．

1 つの等位面 $f(x,\ y,\ z)=k$ の $\mathrm{P}(x,\ y,\ z)$ における接平面の方程式は

$$\frac{\partial f}{\partial x}(X-x)+\frac{\partial f}{\partial y}(Y-y)+\frac{\partial f}{\partial z}(Z-z)=0$$

である．$\nabla f=\left(\dfrac{\partial f}{\partial x},\ \dfrac{\partial f}{\partial y},\ \dfrac{\partial f}{\partial z}\right)$ は $\nabla f\neq\mathbf{0}$

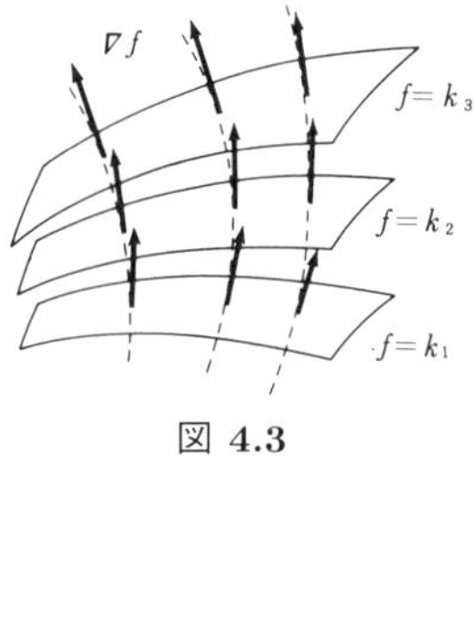

図 4.3

ならば P において等位面に垂直である．∇f と同じ向きの単位ベクトルを $\boldsymbol{n}$ とし，これを等位面の**単位法線ベクトル**という．

問題 4.2 次のスカラー場の等位面族は何か．また勾配 ∇f と単位法線ベクトル $\boldsymbol{n}$ を求めよ．

(1)　$f = x + 2y - 2z$　　　(2)　$f = x^2 + y^2 + z^2$

勾配の概念をベクトル場にも拡張して，$\boldsymbol{a} = (a_1,\ a_2,\ a_3)$ に対して行列

$$(\nabla_i a_j) = \begin{pmatrix} \nabla_1 a_1 & \nabla_1 a_2 & \nabla_1 a_3 \\ \nabla_2 a_1 & \nabla_2 a_2 & \nabla_2 a_3 \\ \nabla_3 a_1 & \nabla_3 a_2 & \nabla_3 a_3 \end{pmatrix}$$

で表される量をベクトル場 $\boldsymbol{a}$ の**勾配**といい，$\nabla \boldsymbol{a}$ で表す．

発散　ベクトル場 $\boldsymbol{a} = (a_1,\ a_2,\ a_3)$ に対して，次の式で定義されるスカラー場をベクトル場 $\boldsymbol{a}$ の**発散**といい，$\nabla \cdot \boldsymbol{a}$ または $\mathrm{div}\,\boldsymbol{a}$ で示す．

$$\nabla \cdot \boldsymbol{a} = \mathrm{div}\,\boldsymbol{a} = \frac{\partial a_1}{\partial x} + \frac{\partial a_2}{\partial y} + \frac{\partial a_3}{\partial z} = \nabla_1 a_1 + \nabla_2 a_2 + \nabla_3 a_3$$

これはハミルトンの演算子 ∇ を形式的に成分 $(\nabla_1,\ \nabla_2,\ \nabla_3)$ のベクトルと考えるとき，∇ と $\boldsymbol{a}$ の内積の形をしており，記号 $\nabla \cdot \boldsymbol{a}$ はそれに従っている．これは $\boldsymbol{a}$ の勾配 $\nabla \boldsymbol{a} = (\nabla_i a_j)$ の対角成分の和である．$\nabla \cdot \boldsymbol{a} = 0$ ならばベクトル場 $\boldsymbol{a}$ は**湧き出しなし**であるという．

流体の各点における速度ベクトルを $\boldsymbol{v} = (v_1,\ v_2,\ v_3)$ とするとき，流れの中に点 $\mathrm{P}(x,\ y,\ z)$ を頂点とし，座標軸に平行な辺の長さがそれぞれ $\Delta x,\ \Delta y,\ \Delta z$ である直方体 ΔV を考える (図 4.4)．点 P から $\mathrm{Q}(x + \Delta x,\ y,\ z)$ までの $\boldsymbol{v}$ の

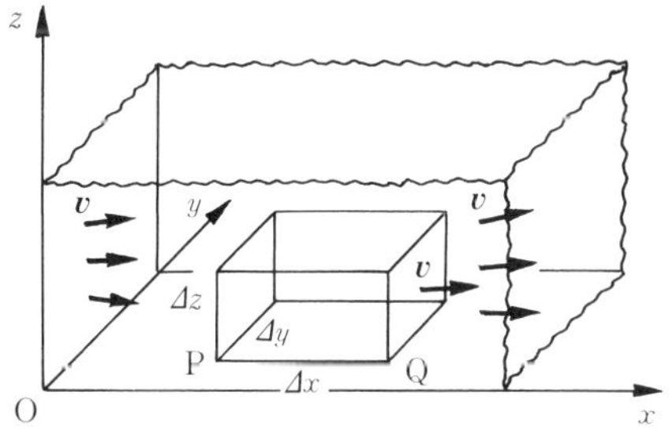

図 **4.4**

x 成分 v_1 の増分は $\left(\dfrac{\partial v_1}{\partial x}\right)_{\mathrm{P}}\Delta x$ であるから，点 P と Q を通り yz 平面に平行な平面を単位時間に通過する流体の容積の差は，$\left(\dfrac{\partial v_1}{\partial x}\right)_{\mathrm{P}}\Delta x\Delta y\Delta z$ で与えられる．y 軸方向，z 軸方向についても同様の式で与えられる．したがって単位時間に直方体 ΔV から流出する流体の容積は

$$\left\{\frac{\partial v_1}{\partial x}+\frac{\partial v_2}{\partial y}+\frac{\partial v_3}{\partial z}\right\}_{\mathrm{P}}\Delta x\Delta y\Delta z=(\nabla\cdot\boldsymbol{v})_{\mathrm{P}}\Delta x\Delta y\Delta z$$

であり，これを直方体 ΔV の体積 $\Delta x\Delta y\Delta z$ で割ると $(\nabla\cdot\boldsymbol{v})_{\mathrm{P}}$ となり，$(\nabla\cdot\boldsymbol{v})_{\mathrm{P}}$ は単位時間に P を頂点とする単位体積から流出する流体の容積に等しい．

回転　ベクトル場 $\boldsymbol{a}$ に対して，成分が

$$(\nabla_2 a_3-\nabla_3 a_2,\ \nabla_3 a_1-\nabla_1 a_3,\ \nabla_1 a_2-\nabla_2 a_1)$$

で与えられるベクトル場を $\boldsymbol{a}$ の**回転**といい，$\nabla\times\boldsymbol{a}$ または $\mathrm{rot}\,\boldsymbol{a}$ で示す．

$$\nabla\times\boldsymbol{a}=\mathrm{rot}\,\boldsymbol{a}=(\nabla_2 a_3-\nabla_3 a_2)\boldsymbol{i}+(\nabla_3 a_1-\nabla_1 a_3)\boldsymbol{j}+(\nabla_1 a_2-\nabla_2 a_1)\boldsymbol{k}$$

である．これは演算子 $\nabla=(\nabla_1,\ \nabla_2,\ \nabla_3)$ を形式的にベクトルと考えれば，∇ と $\boldsymbol{a}$ との外積の形をしており，記号 $\nabla\times\boldsymbol{a}$ はそれに従っている．

$\nabla\times\boldsymbol{a}=\boldsymbol{0}$ ならば，ベクトル場 $\boldsymbol{a}$ は**渦なし**であるという．

スカラー場 f の勾配の発散 $\nabla\cdot\nabla f$ は 1 つのスカラー場である．これを記号 Δf または $\nabla^2 f$ 表し，f の**ラプラシアン**といい，Δ を**ラプラス演算子**という．

$$\Delta f=\sum_{i=1}^{3}\nabla_i\nabla_i f=\frac{\partial^2 f}{\partial x^2}+\frac{\partial^2 f}{\partial y^2}+\frac{\partial^2 f}{\partial z^2}$$

である．$\Delta f=0$ を**ラプラスの微分方程式**，これを満たす関数を**調和関数**という．

ベクトル場 $\boldsymbol{a}$ に対してもそのラプラシアンを

$$\Delta\boldsymbol{a}=\frac{\partial^2\boldsymbol{a}}{\partial x^2}+\frac{\partial^2\boldsymbol{a}}{\partial y^2}+\frac{\partial^2\boldsymbol{a}}{\partial z^2}$$

で定義する．$\Delta\boldsymbol{a}$ はベクトル場である．

問題 4.3　スカラー場 f とベクトル場 $\boldsymbol{a}$ に対して次の式を証明せよ．

$$\nabla\times(f\boldsymbol{a})=(\nabla f)\times\boldsymbol{a}+f\nabla\times\boldsymbol{a}$$

[**例題 4.2**]　ベクトル場 $\boldsymbol{a}=(2xy^2,\ 2x^2y-z^3,\ -3yz^2)$ について

(1) $\boldsymbol{a}$ は渦なし，$\nabla \times \boldsymbol{a} = \boldsymbol{0}$ であることを示せ．

(2) $\nabla f = \boldsymbol{a}$ であるようなスカラー場 f を求めよ．

解 (1) ベクトル場 $\boldsymbol{a}$ の勾配は

$$\nabla \boldsymbol{a} = (\nabla_i a_j) = \begin{pmatrix} 2y^2 & 4xy & 0 \\ 4xy & 2x^2 & -3z^2 \\ 0 & -3z^2 & -6yz \end{pmatrix}$$

$\nabla_i a_j = \nabla_j a_i \ (i, j = 1, 2, 3)$ であるから $\nabla \times \boldsymbol{a} = \boldsymbol{0}$.

(2) 偏微分方程式

$$\frac{\partial f}{\partial x} = 2xy^2, \quad \frac{\partial f}{\partial y} = 2x^2y - z^3, \quad \frac{\partial f}{\partial z} = -3yz^2$$

を解けばよい．第 1 式を積分して

$$f = x^2y^2 + g(y, z)$$

と表される．$g(y, z)$ は y と z の関数である．第 2, 3 式に代入して

$$\frac{\partial g}{\partial y} = -z^3, \quad \frac{\partial g}{\partial z} = -3yz^2$$

これから，$g = -yz^3 + C$ (C は積分定数) であることがわかる．ゆえに

$$f = x^2y^2 - yz^3 + C$$

終

問題 4.4 次のベクトル場について $\nabla \cdot \boldsymbol{a}$, $\nabla \times \boldsymbol{a}$, $\Delta \boldsymbol{a}$ を求めよ．また渦なしであるとき，$\nabla f = \boldsymbol{a}$ であるようなスカラー場 f を求めよ．

(1) $\boldsymbol{a} = (3x^2y^2z,\ 2x^3yz,\ x^3y^2)$

(2) $\boldsymbol{a} = (\sin y \cos z,\ x \cos y \cos z,\ -x \sin y \sin z)$

[例題 4.3] 位置ベクトル $\boldsymbol{r} = x\boldsymbol{i} + y\boldsymbol{j} + z\boldsymbol{k} = (x,\ y,\ z)$ について，勾配 $\nabla \boldsymbol{r}$, 発散 $\nabla \cdot \boldsymbol{r}$, 回転 $\nabla \times \boldsymbol{r}$ を求めよ．

解 $r_1 = x$, $r_2 = y$, $r_3 = z$ として

$$\nabla \boldsymbol{r} = (\nabla_i r_j) = \begin{pmatrix} 1 & 0 & 0 \\ 0 & 1 & 0 \\ 0 & 0 & 1 \end{pmatrix} = E \quad (\text{単位行列})$$

対角成分の和をとると $\nabla \cdot \boldsymbol{r} = 3$

その他の成分は 0 であるから，$\nabla \times \boldsymbol{r} = \boldsymbol{0}$

終

問題 4.5　$\boldsymbol{r} = (x,\ y,\ z)$, $r = |\boldsymbol{r}|$ とするとき，次の量を求めよ．

(1)　∇r　　(2)　$\nabla \times (r^2 \boldsymbol{r})$　　(3)　$\Delta\left(\dfrac{1}{r}\right)$　　(4)　$\Delta \log r$

[例題 4.4]　f をスカラー場，$\boldsymbol{a}$ をベクトル場とするとき，次の式を証明せよ．

(1)　$\nabla \times (\nabla f) = \boldsymbol{0}$

(2)　$\nabla \cdot (\nabla \times \boldsymbol{a}) = 0$

(3)　$\nabla \times (\nabla \times \boldsymbol{a}) = \nabla(\nabla \cdot \boldsymbol{a}) - \Delta \boldsymbol{a}$

証明　(1)　$\nabla_i \nabla_j f\ (i, j = 1, 2, 3)$ は f の第2次偏導関数であり，$\nabla_i \nabla_j f = \nabla_j \nabla_i f$ であるから，$\nabla_i \nabla_j f - \nabla_j \nabla_i f = 0$ である．

(2)

$$(\nabla \times \boldsymbol{a}) = (\nabla_2 a_3 - \nabla_3 a_2,\ \nabla_3 a_1 - \nabla_1 a_3,\ \nabla_1 a_2 - \nabla_2 a_1)$$

であり，その発散は

$$\begin{aligned}\nabla \cdot (\nabla \times \boldsymbol{a}) &= \nabla_1(\nabla_2 a_3 - \nabla_3 a_2) + \nabla_2(\nabla_3 a_1 - \nabla_1 a_3) + \nabla_3(\nabla_1 a_2 - \nabla_2 a_1) \\ &= \nabla_1 \nabla_2 a_3 - \nabla_1 \nabla_3 a_2 + \nabla_2 \nabla_3 a_1 - \nabla_2 \nabla_1 a_3 + \nabla_3 \nabla_1 a_2 - \nabla_3 \nabla_2 a_1 \\ &= 0\end{aligned}$$

(3)　$\nabla \times (\nabla \times \boldsymbol{a})$ の x 成分は

$$\begin{aligned}\nabla_2(\nabla \times \boldsymbol{a})_3 - \nabla_3(\nabla \times \boldsymbol{a})_2 &= \nabla_2(\nabla_1 a_2 - \nabla_2 a_1) - \nabla_3(\nabla_3 a_1 - \nabla_1 a_3) \\ &= \nabla_1(\nabla_1 a_1 + \nabla_2 a_2 + \nabla_3 a_3) - (\nabla_1 \nabla_1 + \nabla_2 \nabla_2 + \nabla_3 \nabla_3) a_1 \\ &= \nabla_1(\nabla \cdot \boldsymbol{a}) - \Delta a_1\end{aligned}$$

と書くことができる．y 成分・z 成分についても同様な式になる．これをまとめてベクトルの記号で表したのが，公式の右辺の意味である．　終

ポテンシャル　ベクトル場 $\boldsymbol{a}$ に対してその領域で $\boldsymbol{a} = -\nabla U$ である1価関数 U が存在するとき，U を $\boldsymbol{a}$ の**スカラー・ポテンシャル**または単に**ポテンシャル**という．一方 $\boldsymbol{a} = \nabla \times \boldsymbol{b}$ であるようなベクトル場 $\boldsymbol{b}$ が存在するとき，$\boldsymbol{b}$ を $\boldsymbol{a}$ の**ベクトル・ポテンシャル**という．

力の場 $\boldsymbol{F}$ がスカラー・ポテンシャル U をもつとき，$\boldsymbol{F}$ を**保存力場**といい，U を $\boldsymbol{F}$ に対する**位置エネルギー**という．$\boldsymbol{F}$ の作用による質量 m の質点の運動の速さを v とするとき，$T = \dfrac{1}{2} m v^2$ を**運動エネルギー**という．

[例題 4.5]　質量 m の質点 P が保存力場 $\boldsymbol{F}$ の作用によって運動するとき，運動エネルギー T と位置エネルギー U との和 $E = T + U$ は一定であること

を証明せよ．これを保存力場における**エネルギー保存則**という．

証明　質点 P の位置ベクトルを $\boldsymbol{r}$ として，運動方程式は

$$m\ddot{\boldsymbol{r}} = \boldsymbol{F}$$

である．運動エネルギーおよび位置エネルギーの導関数は

$$\frac{dT}{dt} = \frac{m}{2}\frac{d}{dt}|\boldsymbol{v}|^2 = \frac{m}{2}\frac{d}{dt}(\dot{\boldsymbol{r}}\cdot\dot{\boldsymbol{r}}) = m\dot{\boldsymbol{r}}\cdot\ddot{\boldsymbol{r}} = \dot{\boldsymbol{r}}\cdot\boldsymbol{F}$$

$$\frac{dU}{dt} = \frac{dx}{dt}\frac{\partial U}{\partial x} + \frac{dy}{dt}\frac{\partial U}{\partial y} + \frac{dz}{dt}\frac{\partial U}{\partial z} = \dot{\boldsymbol{r}}\cdot\nabla U = -\dot{\boldsymbol{r}}\cdot\boldsymbol{F}$$

であるから，$\dfrac{d}{dt}(T+U)=0$，すなわち $E=T+U$ は一定である．　終

問題 4.6　重力場 $\boldsymbol{g}$ で，質量 m の質点 P が原点 O を中心として原点からの距離に比例する引力 $-k\boldsymbol{r}$ を受けて運動するとき，エネルギー保存則

$$\frac{1}{2}mv^2 + m\boldsymbol{g}\cdot\boldsymbol{r} + \frac{1}{2}kr^2 = 一定$$

が成り立つことを証明せよ．左辺の第 1 項は運動エネルギー，第 2 項は重力に対する位置エネルギー，第 3 項は引力に対する位置ネルギーである．

§ 5.　線　積　分

線積分　空間の領域 D で曲線 C が弧長媒介変数 s を用いて $\boldsymbol{r}=\boldsymbol{r}(s)$, $\alpha \leqq s \leqq \beta$, で表され，$\boldsymbol{t}(s)=\boldsymbol{r}'(s)$ を C の単位接線ベクトル場とする．領域 D で定義されているベクトル場 $\boldsymbol{a}(x, y, z)$ に対して，内積

$$\boldsymbol{a}(x(s),\ y(s),\ z(s))\cdot\boldsymbol{t}(s)$$

は曲線 C に沿うスカラー場になる．それの C に沿っての線積分

$$\int_C \boldsymbol{a}(s)\cdot\boldsymbol{t}(s)\,ds = \int_\alpha^\beta \left(a_1\frac{dx}{ds} + a_2\frac{dy}{ds} + a_3\frac{dz}{ds}\right)ds$$

をベクトル場 $\boldsymbol{a}$ の曲線 C に沿う**線積分**という．一般の媒介変数 t, $\alpha \leqq t \leqq \beta$, に変数変換しても，上式の右辺は

$$\int_\alpha^\beta \left(a_1\frac{dx}{dt} + a_2\frac{dy}{dt} + a_3\frac{dz}{dt}\right)dt = \int_C \boldsymbol{a}(t)\cdot\frac{d\boldsymbol{r}}{dt}\,dt$$

となるから，この線積分は曲線 C の媒介変数に関係しない．この線績分を

$$\int_C \boldsymbol{a}(t) \cdot d\boldsymbol{r}$$

と書くことができる．

［**例題 5.1**］　点 A(0, 0, 0) と B(1, 1, 1) を結ぶ 2 つの曲線を

$$C_1 : \boldsymbol{r}(t) = (t,\ t,\ t) \qquad (0 \leqq t \leqq 1)$$

$$C_2 : \boldsymbol{r}(t) = (t,\ t^2,\ t^3) \qquad (0 \leqq t \leqq 1)$$

とする．次のベクトル場を C_1 および C_2 に沿って線積分せよ．

(1)　$\boldsymbol{a} = (yz,\ xz,\ xy)$　　　(2)　$\boldsymbol{b} = (yz,\ xz,\ z)$

解　(1)　曲線 C_1 上では

$$\boldsymbol{a} = (t^2,\ t^2,\ t^2), \quad \frac{d\boldsymbol{r}}{dt} = (1,\ 1,\ 1), \quad \boldsymbol{a} \cdot \frac{d\boldsymbol{r}}{dt} = 3t^2$$

$$\int_{C_1} \boldsymbol{a} \cdot \frac{d\boldsymbol{r}}{dt}\, dt = \int_0^1 3t^2\, dt = \Big[\, t^3 \,\Big]_0^1 = 1$$

曲線 C_2 上では

$$\boldsymbol{a} = (t^5,\ t^4,\ t^3), \quad \frac{d\boldsymbol{r}}{dt} = (1,\ 2t,\ 3t^2), \quad \boldsymbol{a} \cdot \frac{d\boldsymbol{r}}{dt} = 6t^5$$

$$\int_{C_2} \boldsymbol{a} \cdot \frac{d\boldsymbol{r}}{dt}\, dt = \int_0^1 6t^5\, dt = \Big[\, t^6 \,\Big]_0^1 = 1$$

(2)　曲線 C_1 上では

$$\boldsymbol{b} = (t^2,\ t^2,\ t), \quad \boldsymbol{b} \cdot \frac{d\boldsymbol{r}}{dt} = 2t^2 + t$$

$$\int_{C_1} \boldsymbol{b} \cdot \frac{d\boldsymbol{r}}{dt}\, dt = \int_0^1 (2t^2 + t) dt = \left[\frac{2}{3}t^3 + \frac{1}{2}t^2 \right]_0^1 = \frac{5}{6}$$

曲線 C_2 上では $\boldsymbol{b} = (t^5,\ t^4,\ t^3)$ となり，(1) と同じ計算で

$$\int_{C_2} \boldsymbol{b} \cdot \frac{d\boldsymbol{r}}{dt}\, dt = 1$$

この (2) のように端点が同じであっても積分路が異なると線積分の値は一般に異なる．しかし次の定理 [5.1] が示すように，ベクトルがポテンシャルをもつと，値は積分路に関係しない．(1) では $f = xyz$ として $\boldsymbol{a} = \nabla f$ である．　終

［**5.1**］　スカラー場 f の領域 D 内の 2 点 A, B を結ぶ任意の曲線 $C = \mathrm{AB}$ に沿って

$$\int_C \nabla f \cdot d\boldsymbol{r} = f(\mathrm{B}) - f(\mathrm{A})$$

この値は曲線 C の選び方に無関係である．

証明　$C : \boldsymbol{r} = \boldsymbol{r}(t),\ \alpha \leqq t \leqq \beta$ とすれば

$$\int_C \nabla f \cdot d\boldsymbol{r} = \int_\alpha^\beta \nabla f \cdot \frac{d\boldsymbol{r}}{dt} dt = \int_\alpha^\beta \frac{df}{dt} dt = \Big[f(\boldsymbol{r}(t)) \Big]_\alpha^\beta = f(\mathrm{B}) - f(\mathrm{A})$$ 終

したがって，D 内の任意の閉曲線 C に沿って勾配ベクトル場 ∇f の線積分は

$$\int_C \nabla f \cdot d\boldsymbol{r} = 0$$

となる．ベクトル場 $\boldsymbol{a}$ がポテンシャル U をもつならば，その領域 D 内の任意の閉曲線について $\int_C \boldsymbol{a} \cdot d\boldsymbol{r} = 0$ である．この定理の逆も成り立つ．

[5.2]　ベクトル場 $\boldsymbol{a}$ がポテンシャルをもつための必要十分条件は，その領域 D の任意の閉曲線 C に沿って

$$\int_C \boldsymbol{a} \cdot d\boldsymbol{r} = 0$$

が成り立つことである．

証明　十分性を証明しよう．領域 D 内に定点 P_0 と任意の点 $\mathrm{P}(x, y, z)$ をとり，P_0 から P への 2 つの曲線 C と C' をとる．C と $-C'$ を連結した閉曲線 $C - C'$ は D の中にある．仮定により

$$\int_{C-C'} \boldsymbol{a} \cdot d\boldsymbol{r} = \int_C \boldsymbol{a} \cdot d\boldsymbol{r} - \int_{C'} \boldsymbol{a} \cdot d\boldsymbol{r} = 0$$

であるから，P_0 と P を結ぶ曲線に沿う線積分はその曲線の選び方に無関係に，点 P の位置だけによって定まる．したがって

(1)　$$f(\mathrm{P}) = \int_C \boldsymbol{a} \cdot d\boldsymbol{r}$$

とおく．

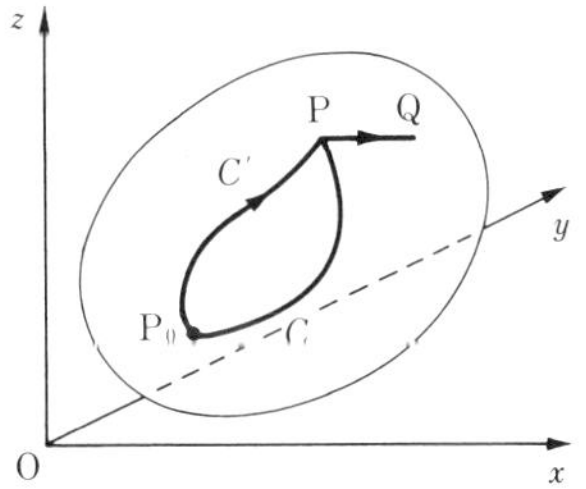

図 5.1

$\nabla f = \boldsymbol{a}$ であることを証明する．領域 D 内に 2 点 $\mathrm{P}(x, y, z)$ と $\mathrm{Q}(x + \Delta x, y, z)$ をとり，P，Q

を線分 PQ で結ぶ.

$$f(\mathrm{Q}) = \int_{C+\mathrm{PQ}} \boldsymbol{a}\cdot d\boldsymbol{r} = \int_C \boldsymbol{a}\cdot d\boldsymbol{r} + \int_{\mathrm{PQ}} \boldsymbol{a}\cdot d\boldsymbol{r}$$

であり, PQ 上では $d\boldsymbol{r} = (dx, 0, 0)$ であるから

$$f(x+\Delta x,\ y,\ z) - f(x,\ y,\ z) = \int_{\mathrm{PQ}} \boldsymbol{a}\cdot d\boldsymbol{r} = \int_x^{x+\Delta x} a_1 dx$$
$$\fallingdotseq a_1(x,\ y,\ z)\Delta x$$

である. 両辺を Δx で割り, $\Delta x \to 0$ とすれば

$$(\nabla_1 f)_{\mathrm{P}} = a_1(\mathrm{P})$$

が成り立つ. 同様にして $(\nabla_i f)_{\mathrm{P}} = a_i(\mathrm{P})$ $(i = 1, 2, 3)$ が成り立つ. $U = -f$ が $\boldsymbol{a}$ のポテンシャルになる. 終

渦なしベクトル場 $\boldsymbol{a} = (a_1,\ a_2,\ a_3)$, $\nabla\times\boldsymbol{a} = \boldsymbol{0}$, のポテンシャル $U = -f$ を作るには次のようにすればよい. $\boldsymbol{a}$ の領域 D 内の定点 $\mathrm{P}_0(x_0,\ y_0,\ z_0)$ と任意の点 $\mathrm{P}(x,\ y,\ z)$ に対して, 線分

$$C_1 = \mathrm{P}_0\mathrm{P}_1 \quad : x = x_0, \quad y = y_0, \quad z = t \quad (z_0 \leqq t \leqq z)$$

$$C_2 = \mathrm{P}_1\mathrm{P}_2 \quad : x = x_0, \quad y = t, \quad z = z \quad (y_0 \leqq t \leqq y)$$

$$C_3 = \mathrm{P}_2\mathrm{P} \quad : x = t, \quad y = y, \quad z = z \quad (x_0 \leqq t \leqq x)$$

を連結して得られる折線を $C = C_1 + C_2 + C_3$ とする (図 5.2). C に沿っての線積分を

$$f(x,\ y,\ z) = \int_C \boldsymbol{a}\cdot d\boldsymbol{r} = \left(\int_{C_3} + \int_{C_2} + \int_{C_1}\right)\boldsymbol{a}\cdot d\boldsymbol{r}$$
$$= \int_{x_0}^x a_1(t, y, z)dt + \int_{y_0}^y a_2(x_0, t, z)dt$$
$$+ \int_{z_0}^z a_3(x_0, y_0, t)dt$$

とおくとき, $(\nabla f)_{\mathrm{P}} = \boldsymbol{a}(\mathrm{P})$ である.

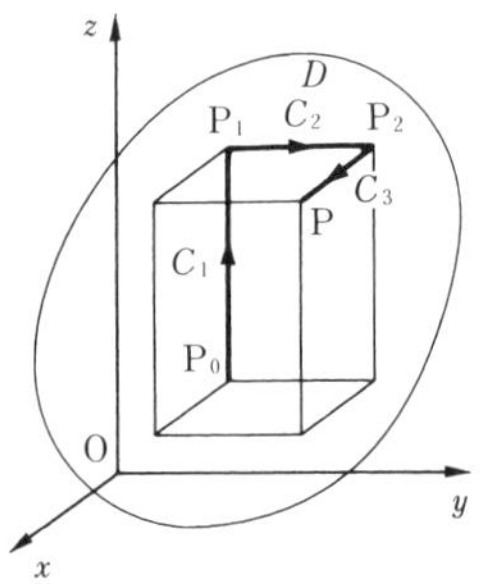

図 5.2

証明は点 $\mathrm{P}(x,\ y,\ z)$ においてスカラー場 $f(x,\ y,\ z)$ を $x,\ y,\ z$ で偏微分する. 計算の途中 $\nabla_i a_j = \nabla_j a_i$, たとえば $\dfrac{\partial a_1}{\partial y} = \dfrac{\partial a_2}{\partial x}$

であることを用いる．P_0 と P を D 内にある座標軸に平行な折線で結べないときには，いくつかの折線を連結して結んでもよい．

しかし，スカラー場 f は点 P において一意的に定まるとは限らない．これについては定理 [7.5] で述べる．

問題 5.1 次のベクトル場を示された曲線 C に沿って線積分せよ．

(1)　$\boldsymbol{a}=(yz,\ -xz,\ xy)$　$C : \boldsymbol{r}=(t, t^2, t^3)$　$(0 \leqq t \leqq 1)$

(2)　$\boldsymbol{a}=(x^2,\ y^2,\ z^2)$　$C : \boldsymbol{r}=(\cos t, \sin t, t)$　$(0 \leqq t \leqq \pi)$

問題 5.2 力の場 $\boldsymbol{F}=(2xy-2yz,\ x^2-2xz,\ -2xy-1)$ は保存力場である．$\boldsymbol{F}$ のポテンシャル U を求めよ．

§ 6.　曲面と面積分

曲面　空間の点 $P(x, y, z)$ の位置ベクトル $\boldsymbol{r}$ が 2 変数 u, v のベクトル関数

$$(1)\qquad \begin{aligned}\boldsymbol{r} &= \boldsymbol{r}(u,v)\\ &= (x(u,v),\ y(u,v),\ z(u,v))\end{aligned}$$

で表され，u, v が uv 平面の領域 D を動くとき，点 P は曲面 S をえがく．このとき式 (*1*) を曲面 S の**ベクトル方程式**といい，u, v を**媒介変数**という．(u,v) に対応する点を $P(u,v)$ と書く．

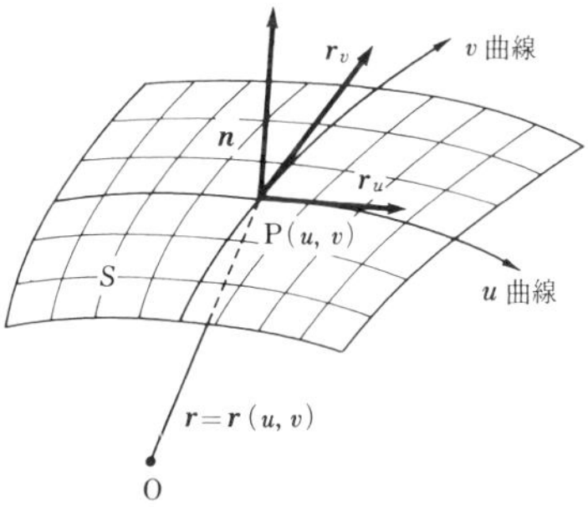

図 **6.1**

v を一定にして u だけ変化させると，点 $P(u,v)$ は曲面 S 上の曲線をえがき，これを **$\boldsymbol{u}$ 曲線**という．同様に **$\boldsymbol{v}$ 曲線**も定義される．$(u,\ v)$ を曲面の**曲線座標**といい，u 曲線と v 曲線を**座標曲線**という．

$$\boldsymbol{r}_u=\frac{\partial \boldsymbol{r}}{\partial u}=\left(\frac{\partial x}{\partial u},\ \frac{\partial y}{\partial u},\ \frac{\partial z}{\partial u}\right),\quad \boldsymbol{r}_v=\frac{\partial \boldsymbol{r}}{\partial v}=\left(\frac{\partial x}{\partial v},\ \frac{\partial y}{\partial v},\ \frac{\partial z}{\partial v}\right)$$

とおけば，各点 $P(u,v)$ において，$\boldsymbol{r}_u$, $\boldsymbol{r}_v$ はそれぞれ u 曲線，v 曲線の接線ベクトルである．これらは S の各点で互いに 1 次独立であると仮定する．そうでない点を曲面の**特異点**という．

各点 P で $\boldsymbol{r}_u$, $\boldsymbol{r}_v$ で張られる平面を曲面 S の点 P における**接平面**という．接平面上の点の位置ベクトルを $\boldsymbol{X} = (X, Y, Z)$ として，その方程式は

$$|\,\boldsymbol{X} - \boldsymbol{r}(u,v) \quad \boldsymbol{r}_u \quad \boldsymbol{r}_v\,| = \begin{vmatrix} X - x(u,v) & Y - y(u,v) & Z - z(u,v) \\ \dfrac{\partial x}{\partial u} & \dfrac{\partial y}{\partial u} & \dfrac{\partial z}{\partial u} \\ \dfrac{\partial x}{\partial v} & \dfrac{\partial y}{\partial v} & \dfrac{\partial z}{\partial v} \end{vmatrix} = 0$$

である．P を通り接平面に垂直な直線を曲面の P における**法線**という．特異点以外では $\boldsymbol{r}_u \times \boldsymbol{r}_v \neq \boldsymbol{0}$ であるから，法線方向の単位ベクトル $\boldsymbol{n}$ は

$$\boldsymbol{n} = \pm\frac{\boldsymbol{r}_u \times \boldsymbol{r}_v}{|\,\boldsymbol{r}_u \times \boldsymbol{r}_v\,|}$$

で与えられる．$\boldsymbol{n}$ を**単位法線ベクトル**という．この選び方は曲面の各点で $+$ と $-$ の 2 通りある．普通 $+$ の符号を選ぶ．

媒介変数 u, v が 1 つの媒介変数 t の関数であれば，

(2)　$$\boldsymbol{r} = \boldsymbol{r}(u(t),\ v(t)) \quad (\alpha \leqq t \leqq \beta)$$

は t のベクトル関数として曲面 S 上の曲線 C をえがく．C の点 P における接線ベクトルは，合成関数の微分により

(3)　$$\frac{d\boldsymbol{r}}{dt} = \frac{\partial \boldsymbol{r}}{\partial u}\frac{du}{dt} + \frac{\partial \boldsymbol{r}}{\partial v}\frac{dv}{dt} = \frac{du}{dt}\boldsymbol{r}_u + \frac{dv}{dt}\boldsymbol{r}_v$$

である．曲面 S 上の点 P を通る任意の曲線の接線は，P における S の接平面上にある．

基本量　曲面 S : $\boldsymbol{r} = \boldsymbol{r}(u,v)$ に対して

$$g_{11} = \boldsymbol{r}_u \cdot \boldsymbol{r}_u = \left(\frac{\partial x}{\partial u}\right)^2 + \left(\frac{\partial y}{\partial u}\right)^2 + \left(\frac{\partial z}{\partial u}\right)^2$$

$$g_{12} = \boldsymbol{r}_u \cdot \boldsymbol{r}_v = \frac{\partial x}{\partial u}\frac{\partial x}{\partial v} + \frac{\partial y}{\partial u}\frac{\partial y}{\partial v} + \frac{\partial z}{\partial u}\frac{\partial z}{\partial v}, \quad g_{21} = g_{12}$$

$$g_{22} = \boldsymbol{r}_v \cdot \boldsymbol{r}_v = \left(\frac{\partial x}{\partial v}\right)^2 + \left(\frac{\partial y}{\partial v}\right)^2 + \left(\frac{\partial z}{\partial v}\right)^2$$

とおく．これらは曲線座標 (u,v) の関数であり，曲面 S の**基本量**と呼ばれる．曲面論では $g_{11} = E$, $g_{12} = g_{21} = F$, $g_{22} = G$ と書かれることが多い．

$g_{11} = |\boldsymbol{r}_u|^2$, $g_{22} = |\boldsymbol{r}_v|^2$ である．またつねに $g_{12} = g_{21} = 0$ ならば u 曲線と v 曲線は曲面の各点で直交している．

> [**6.1**]　曲面 S 上の曲線 C が方程式 (*2*) で与えられているとき，点 $\mathrm{A} = \mathrm{P}(\alpha)$ から $\mathrm{P}(t)$ までの曲線の長さ s は次の式で与えられる．
>
> $$s = \int_\alpha^t \sqrt{g_{11}\frac{du}{dt}\frac{du}{dt} + 2g_{11}\frac{du}{dt}\frac{dv}{dt} + g_{22}\frac{dv}{dt}\frac{dv}{dt}}\, dt$$

証明　$s = \displaystyle\int_\alpha^t \left|\frac{d\boldsymbol{r}}{dt}\right| dt$ と表されるから，$\left|\dfrac{d\boldsymbol{r}}{dt}\right|^2$ に式 (*3*) を代入して

$$\left(\frac{ds}{dt}\right)^2 = \left|\frac{d\boldsymbol{r}}{dt}\right|^2 = \left|\frac{du}{dt}\boldsymbol{r}_u + \frac{dv}{dt}\boldsymbol{r}_v\right|^2$$

$$= \left(\frac{du}{dt}\right)^2 g_{11} + 2\frac{du}{dt}\frac{dv}{dt}g_{12} + \left(\frac{dv}{dt}\right)^2 g_{22}$$　終

弧長 s の微分 ds の 2 乗を考えれば

$$ds^2 = g_{11}dudu + 2g_{12}dudv + g_{22}dvdv = |d\boldsymbol{r}|^2$$

であり，ds を曲線 C の**線素**という．

曲面 S の点 $\mathrm{P}(u, v)$ において接線ベクトル $\boldsymbol{r}_u$, $\boldsymbol{r}_v$ で作られる平行四辺形の面積の 2 乗は，§1 の式 (*1*) により

$$|\boldsymbol{r}_u \times \boldsymbol{r}_v|^2 = |\boldsymbol{r}_u|^2|\boldsymbol{r}_v|^2 - (\boldsymbol{r}_u \cdot \boldsymbol{r}_v)^2 = g_{11}g_{22} - {g_{12}}^2$$

で与えられる．曲面の面積について次の定理が成り立つ．

> [**6.2**]　媒介変数 (u, v) が領域 D を動くとき，曲面 $S : \boldsymbol{r} = \boldsymbol{r}(u, v)$ の面積 (同じ S で示す) は次の式で与えられる．
>
> $$S = \iint_D |\boldsymbol{r}_u \times \boldsymbol{r}_v| dudv = \iint_D \sqrt{g_{11}g_{22} - {g_{12}}^2}\, dudv$$

$$dS = |\boldsymbol{r}_u \times \boldsymbol{r}_v| dudv = \sqrt{g_{11}g_{22} - {g_{12}}^2}\, dudv$$

とおき，曲面 S の**面積素**という．

証明　uv 平面の領域 D を媒介変数の増分 Δu, Δv の幅の平行線で小さい長方

形に分割し，1 つの長方形の頂点 (u,v), $(u+\Delta u,v)$, $(u+\Delta u,v+\Delta v)$, $(u,v+\Delta v)$ に対応する曲面上の点を $\mathrm{P},\mathrm{P}_1,\mathrm{P}_2,\mathrm{P}_3$ とする．曲面上の四辺形 $\mathrm{PP_1P_2P_3}$ は近似的に平行四辺形であり，

$$\overrightarrow{\mathrm{PP}_1} \fallingdotseq \boldsymbol{r}_u \Delta u, \quad \overrightarrow{\mathrm{PP}_3} \fallingdotseq \boldsymbol{r}_v \Delta v$$

であるから，その四辺形の面積 ΔS は

$$\begin{aligned}\Delta S &\fallingdotseq |\overrightarrow{\mathrm{PP}_1} \times \overrightarrow{\mathrm{PP}_3}| \\ &= |\boldsymbol{r}_u \times \boldsymbol{r}_v|\Delta u \Delta v\end{aligned}$$

である．これら小四辺形の面積の和を作り，分割を細かにしていったときの極限値を考えれば，曲面の面積 S は定理の 2 重積分で与えられる．　終

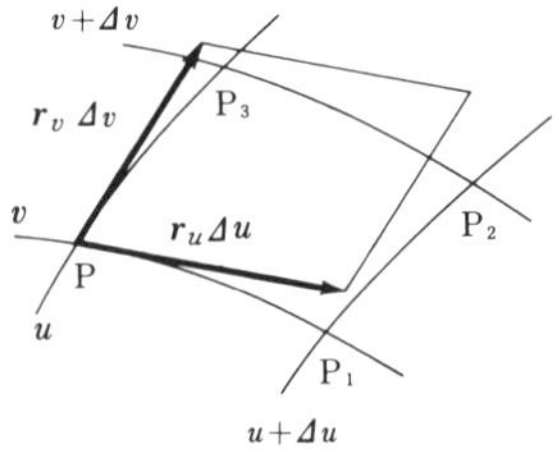

図 6.2

［**例題 6.1**］　原点を中心とし半径 a の球面は，空間の極座標 (r,θ,φ) で $r=a$ とし，媒介変数 u, v の代わりに θ, φ を用いて，ベクトル方程式

$$\boldsymbol{r} = (a\sin\theta\cos\varphi,\ a\sin\theta\sin\varphi,\ a\cos\theta) \quad (0 \leqq \theta \leqq \pi,\ 0 \leqq \varphi \leqq 2\pi)$$

で表される．$\boldsymbol{r}_\theta$, $\boldsymbol{r}_\varphi$, $\boldsymbol{r}_\theta \times \boldsymbol{r}_\varphi$, 単位法線ベクトル $\boldsymbol{n}$, 基本量，全体の面積を求めよ．

解

$$\begin{aligned}\boldsymbol{r}_\theta &= a(\cos\theta\cos\varphi,\ \cos\theta\sin\varphi,\ -\sin\theta) \\ \boldsymbol{r}_\varphi &= a(-\sin\theta\sin\varphi,\ \sin\theta\cos\varphi,\ 0) \\ \boldsymbol{r}_\theta \times \boldsymbol{r}_\varphi &= a^2(\sin^2\theta\cos\varphi,\ \sin^2\theta\sin\varphi,\ \sin\theta\cos\theta) \\ |\boldsymbol{r}_\theta \times \boldsymbol{r}_\varphi| &= a^2\sin\theta\end{aligned}$$

$\theta=0$ および π の点，すなわち北極と南極が特異点である．その点を除いては

$$\boldsymbol{n} = (\sin\theta\cos\varphi,\ \sin\theta\sin\varphi,\ \cos\theta) = \frac{\boldsymbol{r}}{a}$$

基本量　$g_{11} = a^2,\ g_{12} = 0,\ g_{22} = a^2\sin^2\theta$

線　素　$ds^2 = a^2 d\theta^2 + a^2\sin^2\theta d\varphi^2$

面積素　$dS = a^2\sin\theta d\theta d\varphi$

全面積　$S = \displaystyle\int_0^\pi \int_0^{2\pi} a^2 \sin\theta d\varphi d\theta$

$$= 2\pi a^2 \int_0^\pi \sin\theta d\theta = 4\pi a^2$$

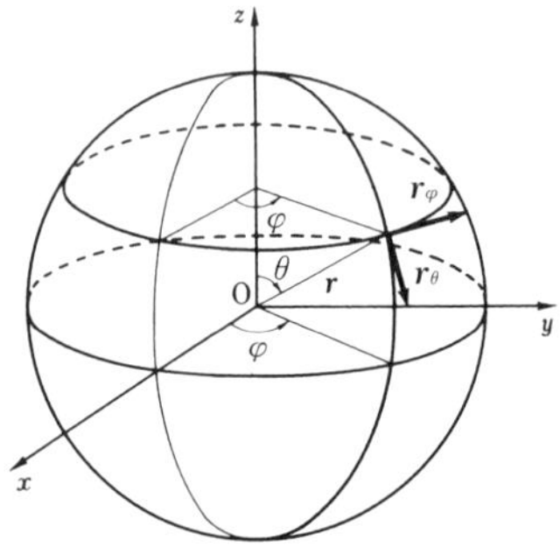

図 6.3

北極と南極が特異点であるといったが，単位法線ベクトルはその点でも定まる．これは θ, φ

の取り方による．このように媒介変数の選び方に関係して生ずる特異点もあれば，円錐の頂点のように本質的な特異点もある．　終

面積分　曲面 S の全体で単位法線ベクトル $\boldsymbol{n}$ が連続であるように選べるとき，S を**有向曲面**といい，$\boldsymbol{n}$ の正方向にある面を S の**表**とする．S の縁の曲線で，S の表面 を左手に見て進む回転方向を正の向きにとるとき S の**境界**といい，∂S で示す．$-\boldsymbol{n}$ を単位法線ベクトルとして選んだ曲面を S の**逆向き**の有向曲面といい，$-S$ と書く．$\partial S = C$ ならば $\partial(-S) = -C = -\partial S$ である．

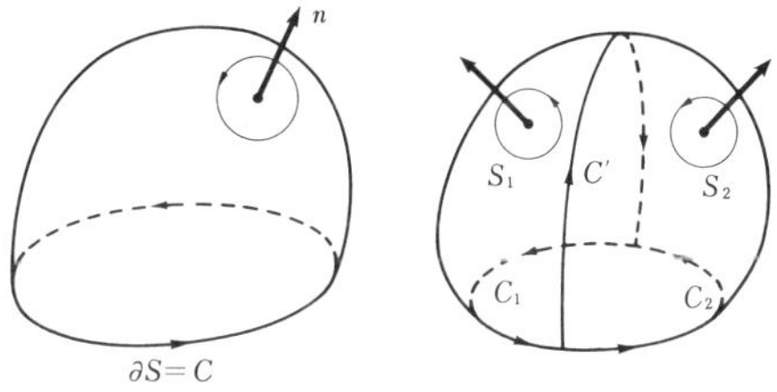

図 **6.4**

曲面 S をいくつかの有向曲面，たとえば S_1 と S_2 に分け，S_1 と S_2 の境界の共通部分が有向曲線として逆向きであるようにできるとき，すなわち

$$\partial S_1 = C_1 + C', \quad \partial S_2 = C_2 - C'$$

と表されるとき，記号的に $S = S_1 + S_2$ と書けば

$$\partial S_1 + \partial S_2 = C_1 + C_2 = \partial S$$

が成り立つ．この場合も S を有向曲面という．

球面や円環面のように，限られた大きさの立体の表面である曲面を**閉曲面**という．閉曲面は有向曲面であることが知られており，$\partial S = 0$ である．閉曲面の表面はとくに断らない限り外側の面をとる．

有向曲面 $S : \boldsymbol{r} = \boldsymbol{r}(u, v)$ の媒介変数 (u, v) の領域が D であるとき，S の上で定義されたスカラー場 $f(\mathrm{P}(u, v)) = f(u, v)$ に対して

$$\iint_S f(\mathrm{P})dS = \iint_D f(u, v)|\,\boldsymbol{r}_u \times \boldsymbol{r}_v\,|dudv$$

を有向曲面 S 上の $f(u, v)$ の**面積分**といい，記号 $\displaystyle\iint_S f dS$ で示す．

有向曲面 S 上にベクトル場 $\boldsymbol{a}(u, v)$ があるとき，その法線方向の成分 $a_n = \boldsymbol{a} \cdot \boldsymbol{n}$ は S 上のスカラー場になる．その面積分を S 上のベクトル場 $\boldsymbol{a}$ の**面積分**という．この面積分は次の式で表される．

$$\iint_S a_n\, dS = \iint_S \boldsymbol{a} \cdot \boldsymbol{n}\, dS$$

空間内のスカラー場 $f(x,\, y,\, z)$ またはベクトル場 $\boldsymbol{a}(x,\, y,\, z)$ の領域の中に曲面 S : $\boldsymbol{r} = \boldsymbol{r}(u, v)$ があれば，変数 $x,\, y,\, z$ に曲面の媒介変数方程式を代入すると，$f(\mathrm{P}(u, v))$ または $\boldsymbol{a}(\mathrm{P}(u, v))$ は S 上のスカラー場またはベクトル場になるから，これらについて曲面 S 上の面積分を定義できる．

有向曲面 S を数個の部分 S_1，S_2，$\cdots$，S_n に分け，S と同じ向きに方向付ければ，すなわち各部分の単位法線ベクトルを S と同じにとれば，

$$\iint_S f dS = \left(\iint_{S_1} + \iint_{S_2} + \cdots + \iint_{S_n}\right) f dS$$

である．

体積分　ベクトル場 $\boldsymbol{a}$ の領域内に立体 V があるとき，$\boldsymbol{a}$ の発散 $\nabla \cdot \boldsymbol{a}$ はスカラー場であるから，その 3 重積分

$$\iiint_V \nabla \cdot \boldsymbol{a} dV = \iiint_V \nabla \cdot \boldsymbol{a}\, dxdydz$$

を考えることができる．これを V における $\boldsymbol{a}$ の**体積分**という．

［**例題 6.2**］　曲面 S が xy 平面の領域 D 上で方程式 $z = z(x, y)$ で表されているとき，S 上でスカラー場 f の面積分は

$$\iint_S f\, dS = \iint_D f \sqrt{{z_x}^2 + {z_y}^2 + 1}\, dxdy$$

で与えられることを証明せよ．ベクトル場 $\boldsymbol{a}$ の面積分については $f = \boldsymbol{a} \cdot \boldsymbol{n}$ とおけばよい．

証明　曲面 S のベクトル方程式は，x, y を媒介変数として

$$\boldsymbol{r} = (x,\, y,\, z(x, y))$$

と表されるから，

$$\boldsymbol{r}_x = (1, 0, z_x), \quad \boldsymbol{r}_y = (0, 1, z_y)$$

$$\boldsymbol{r}_x \times \boldsymbol{r}_y = (-z_x, -z_y, 1), \quad |\,\boldsymbol{r}_x \times \boldsymbol{r}_y\,| = \sqrt{{z_x}^2 + {z_y}^2 + 1}$$

$$dS = |\,\boldsymbol{r}_x \times \boldsymbol{r}_y\,| dxdy = \sqrt{{z_x}^2 + {z_y}^2 + 1} dxdy$$

終

［**例題 6.3**］　原点を中心とし半径 c の球面 S : $r = |\,\boldsymbol{r}\,| = c$ 上で

$$\iint_S \frac{\boldsymbol{r}}{r^3} \cdot \boldsymbol{n}\, dS = 4\pi$$

であることを証明せよ．

証明　球面 S 上では $r=c$ であり，$\boldsymbol{n}=\dfrac{\boldsymbol{r}}{c}$ であるから

$$\iint_S \frac{\boldsymbol{r}}{r^3}\cdot\boldsymbol{n}\,dS=\iint_S \frac{\boldsymbol{r}}{c^3}\cdot\frac{\boldsymbol{r}}{c}\,dS=\frac{1}{c^2}\iint_S dS=\frac{4\pi c^2}{c^2}=4\pi$$

終

[**例題 6.4**]　単位球の上半分 $x^2+y^2+z^2\leqq 1,\ z\geqq 0$ を囲む曲面 S 上で，ベクトル場 $\boldsymbol{a}=(x+y,\ y-x,\ z^2)$ の面積分を求めよ．

解　上半球面 $x^2+y^2+z^2=1,\ z\geqq 0$ を S_1，底面の xy 平面上の単位円を S_2 とする．S_1 のベクトル方程式は例題 6.1 で $a=1$ として，

$$\boldsymbol{r}=(x,\ y,\ z)=(\sin\theta\cos\varphi,\ \sin\theta\sin\varphi,\ \cos\theta)\quad \left(0\leqq\theta\leqq\frac{\pi}{2},\ 0\leqq\varphi\leqq 2\pi\right)$$

単位法線ベクトル　$\boldsymbol{n}=\boldsymbol{r}$,　　面積素　$dS=\sin\theta\,d\theta d\varphi$

$$\begin{aligned}\boldsymbol{a}\cdot\boldsymbol{n}&=(x+y)x+(y-x)y+z^3=x^2+y^2+z^3\\&=\sin^2\theta\cos^2\varphi+\sin^2\theta\sin^2\varphi+\cos^3\theta\\&=\sin^2\theta+\cos^3\theta\end{aligned}$$

$$\begin{aligned}\iint_{S_1}\boldsymbol{a}\cdot\boldsymbol{n}\,dS&=\int_0^{\pi/2}\int_0^{2\pi}(\sin^2\theta+\cos^3\theta)\sin\theta\,d\varphi d\theta\\&=2\pi\int_0^{\pi/2}(\sin^3\theta+\cos^3\theta\sin\theta)\,d\theta\\&=2\pi\left(\frac{2}{3}-\frac{1}{4}\Big[\cos^4\theta\Big]_0^{\pi/2}\right)\\&=2\pi\left(\frac{2}{3}+\frac{1}{4}\right)=\frac{11}{6}\pi\end{aligned}$$

S_2 の表面は下側であり，単位法線ベクトルは $\boldsymbol{n}=-\boldsymbol{k}$ である．S_2 上では

$$\boldsymbol{a}=(x+y,\ y-x,\ 0)\quad \text{であるから}\ \boldsymbol{a}\cdot\boldsymbol{n}=0$$

したがってその S_2 上での面積分は 0 である．

$$\iint_S\boldsymbol{a}\cdot\boldsymbol{n}\,dS=\left\{\iint_{S_1}+\iint_{S_2}\right\}\boldsymbol{a}\cdot\boldsymbol{n}\,dS=\frac{11}{6}\pi$$

終

問題 6.1 次の曲面について単位法線ベクトル $\boldsymbol{n}$，基本量 g_{ij}，面積素 dS および面積 S を求めよ．$(a>0, b>a)$

(1)　円すい面　$\boldsymbol{r}=(av\cos u,\ av\sin u,\ v),\quad 0\leqq u\leqq 2\pi,\ 0\leqq v\leqq h$

(2)　円環面　$\boldsymbol{r}=((b+a\cos v)\cos u,\ (b+a\cos v)\sin u,\ a\sin v),$

$0\leqq u\leqq 2\pi, 0\leqq v\leqq 2\pi$

問題 6.2 次のベクトル場 $\boldsymbol{a}$ を示された曲面 S 上で面積分せよ．

(1)　$\boldsymbol{a} = (x,\ y,\ -3z)$　　平面 $S : 2x + 2y + z = 4,\ x \geqq 0,\ y \geqq 0,\ z \geqq 0$
原点のある側を負の側とする．

(2)　$\boldsymbol{a} = \boldsymbol{r} = (x,\ y,\ z)$　　単位球面 $S : x^2 + y^2 + z^2 = 1$

§ 7.　積分公式

ストークスの定理　xy 平面で関数 $P(x,y)$, $Q(x,y)$ の領域を D, その境界を $C = \partial D$ とするとき，グリーンの定理 (付録 174 ページ参照)

$$\int_C (Pdx + Qdy) = \iint_D \left(\frac{\partial Q}{\partial x} - \frac{\partial P}{\partial y} \right) dxdy \tag{1}$$

が成り立つ．この定理の空間への拡張を考えよう．

> [**7.1**]　有向曲面を S ，その境界の閉曲線を $C = \partial S$, S の単位法線ベクトルを $\boldsymbol{n} = (n_1,\ n_2,\ n_3)$ とする．曲面 S を含む領域で定義されたスカラー場 $a(x,\ y,\ z)$ について，次の関係式が成り立つ．
>
> $$\iint_S \left(\frac{\partial a}{\partial z} n_2 - \frac{\partial a}{\partial y} n_3 \right) dS = \int_C adx$$
> $$\iint_S \left(\frac{\partial a}{\partial x} n_3 - \frac{\partial a}{\partial z} n_1 \right) dS = \int_C ady$$
> $$\iint_S \left(\frac{\partial a}{\partial y} n_1 - \frac{\partial a}{\partial x} n_2 \right) dS = \int_C adz$$

証明　第1式を証明する．その左辺の積分を I とおく．まず曲面 S が z 軸に平行な直線と1回だけ交わるとき，S および C の xy 平面上への正射影をそれぞれ D, C' とする．S の表面が上方に向いているならば，境界 C の正射影である C' は xy 平面上で正の向きに回転し，$\partial D = C'$ である．S が D 上で式 $z = f(x,y)$ で表されているとき，例題 6.2 の証明中にあるように

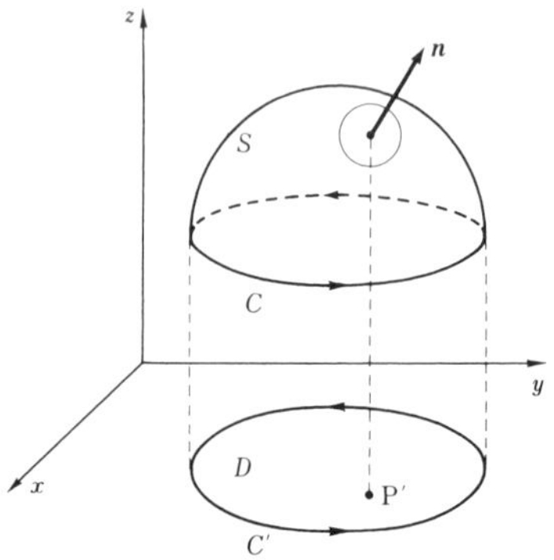

図 7.1

$$\boldsymbol{n} = \frac{\boldsymbol{r}_x \times \boldsymbol{r}_y}{|\boldsymbol{r}_x \times \boldsymbol{r}_y|} = \frac{1}{\sqrt{{z_x}^2 + {z_y}^2 + 1}}(-z_x, -z_y, 1)$$

$$dS = \sqrt{{z_x}^2 + {z_y}^2 + 1}dxdy$$

であるから，

$$n_2 dS = -z_y\, dxdy \qquad (2)$$
$$n_3 dS = dxdy$$

が成り立つ．ゆえに

$$I = -\iint_D \left(\frac{\partial a}{\partial z}\frac{\partial z}{\partial y} + \frac{\partial a}{\partial y}\right)dxdy$$

と表される．スカラー場 a は S 上で $a(x,\ y,\ f(x,y))$ であるから，この関数を $A(x,y)$ とおけば

$$\frac{\partial A}{\partial y} = \frac{\partial a}{\partial z}\frac{\partial z}{\partial y} + \frac{\partial a}{\partial y}$$

である．グリーンの定理 (1) で $Q=0$, $P=A$ として

$$I = -\iint_D \frac{\partial A}{\partial y}\, dxdy = \int_{C'} A\, dx$$

を得る．同じ (x,y) に対する C と C' 上の点で $a(x,\ y,\ z) = A(x,y)$ であるから，

$$I = \int_C a\, dx$$

が成り立つ．

S の表面が下方に向いている場合は $\boldsymbol{n}$ の符号と C' の回転の向きに注意して，S の形状が複雑な場合には S を部分に分けるなどして証明できる． 終

[7.2]　ストークスの定理　定理 [7.1] と同じ仮定のもとに，ベクトル場 $\boldsymbol{a} = (a_1,\ a_2,\ a_3)$ に対して，次の関係が成り立つ．

$$\iint_S (\nabla \times \boldsymbol{a}) \cdot \boldsymbol{n} dS = \int_C \boldsymbol{a} \cdot d\boldsymbol{r}$$

証明　定理 [7.1] の 3 つの式で，a を順に a_1, a_2, a_3 として加えれば

$$\iint_S \{(\nabla_2 a_3 - \nabla_3 a_2)n_1 + (\nabla_3 a_1 - \nabla_1 a_3)n_2 + (\nabla_1 a_2 - \nabla_2 a_1)n_3\}\, dS$$
$$= \int_C (a_1 dx + a_2 dy + a_3 dz) = \int_C \boldsymbol{a} \cdot d\boldsymbol{r}$$

となる．最初の被積分関数は $(\nabla\times\boldsymbol{a})\cdot\boldsymbol{n}$ を成分で表した式である． 終

［**例題 7.1**］　ベクトル場 $\boldsymbol{a}=(2x-y,\ yz^2,\ y^2z)$ と単位上半球面 S : $x^2+y^2+z^2=1,\ z\geqq 0$ についてストークスの定理を確かめよ．S の表面は z の正の側とする．

解　例題 6.4 のように単位上半球面 S は

$$S:\boldsymbol{r}=(x,\ y,\ z)=(\sin\theta\cos\varphi,\ \sin\theta\sin\varphi,\ \cos\theta) \quad ①$$

$$\left(0\leqq\theta\leqq\frac{\pi}{2},\ 0\leqq\varphi\leqq 2\pi\right)$$

で表される．S の各点で単位法線ベクトル $\boldsymbol{n}$ は

$$\boldsymbol{n}=(x,\ y,\ z)$$

である．一方 $\boldsymbol{a}$ の回転は

$$\nabla\times\boldsymbol{a}=(0,\ 0,\ 1)$$

S 上で

$$(\nabla\times\boldsymbol{a})\cdot\boldsymbol{n}=z=\cos\theta$$

$$\iint_S(\nabla\times\boldsymbol{a})\cdot\boldsymbol{n}\,dS=\int_0^{2\pi}\int_0^{\pi/2}\cos\theta\sin\theta d\theta d\varphi$$

$$=2\pi\left[\frac{1}{2}\sin^2\theta\right]_0^{\pi/2}=\pi \quad ②$$

$\partial S=C$ は xy 平面上の単位円であり，① で $\theta=\dfrac{\pi}{2}$ として

$$C:\boldsymbol{r}=(x,\ y,\ 0)=(\cos\varphi,\ \sin\varphi,\ 0)\quad(0\leqq\varphi\leqq 2\pi)$$

である．C 上で

$$\begin{aligned}\boldsymbol{a}\cdot d\boldsymbol{r}&=(2x-y)dx\\&=(2\cos\varphi-\sin\varphi)(-\sin\varphi)d\varphi=(\sin^2\varphi-2\sin\varphi\cos\varphi)d\varphi\end{aligned}$$

$$\int_C\boldsymbol{a}\cdot d\boldsymbol{r}=\int_0^{2\pi}(\sin^2\varphi-\sin 2\varphi)d\varphi$$

$$=4\cdot\frac{1}{2}\cdot\frac{\pi}{2}-0=\pi \quad ③$$

となり，② と ③ の値は一致している． 終

問題 7.1　次のベクトル場 $\boldsymbol{a}$ と曲面 S についてストークスの定理を確かめよ．曲面の表側は z の増加する側とする．

(1)　$\boldsymbol{a}=(z,x,0)$　　S : 三角形 $x\geqq 0,\ y\geqq 0,\ x+y\leqq 1,\ z=1$

(2)　$\boldsymbol{a}=(-y,\ x,\ x^2y)$　S : 単位上半球面 $x^2+y^2+z^2=1,\ z\geqq 0$

ガウスの発散定理

> **[7.3]**　閉曲面 S で囲まれた立体の領域を V とし，S の外側を表面とし，S の単位法線ベクトルを $\boldsymbol{n} = (n_1,\ n_2,\ n_3)$ とする．スカラー場 a について次の関係式が成り立つ．
>
> $$\iiint_V \nabla_i a\, dV = \iint_S a n_i dS \quad (i = 1,\ 2,\ 3)$$

証明　$i = 3$ の場合を証明する．曲面が xy 平面の領域 D で，

$$z = f(x, y),\ z = g(x, y)$$
$$f(x, y) \leqq g(x, y)$$

で表される 2 つの曲面 S_1，S_2 からできている場合を考える．D の各点 (x, y) に対応する S_1，S_2 上の点の z 座標をそれぞれ z_1，z_2 とすれば，

$$\int_{z_1}^{z_2} \frac{\partial a}{\partial z}\, dz = \Big[a(x,\ y,\ z) \Big]_{z_1}^{z_2}$$
$$= a(x, y, g(x, y)) - a(x, y, f(x, y))$$

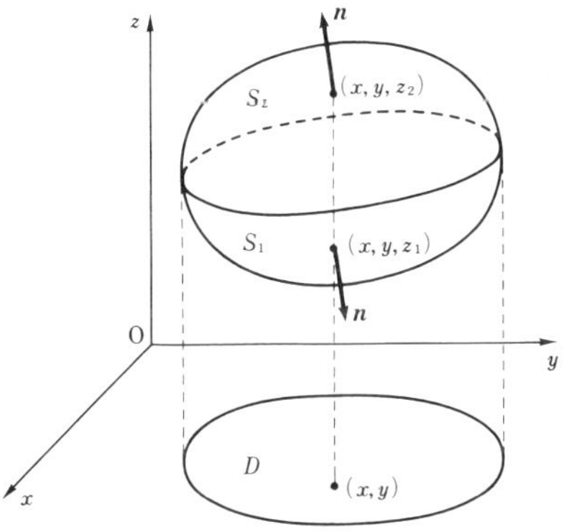

図 **7.2**

である．これを領域 D で積分すると

$$\iiint_V \frac{\partial a}{\partial z}\, dV = \iint_D a(x, y, g(x, y)) dx dy - \iint_D a(x, y, f(x, y)) dx dy$$

曲面 S_2 は上側が表面であるから $dxdy = \boldsymbol{n} \cdot \boldsymbol{k} dS = n_3 dS$ であり，S_1 は下側が表面であるから $dxdy = -n_3 dS$ である．したがって

$$\iiint_V \frac{\partial a}{\partial z}\, dV = \iint_{S_2} a n_3 dS + \iint_{S_1} a n_3 dS = \iint_S a n_3\, dS$$　終

> **[7.4]**　**ガウスの発散定理**　定理 [7.3] と同じ仮定のもとに，ベクトル場 $\boldsymbol{a} = (a_1,\ a_2,\ a_3)$ について次の関係が成り立つ．
>
> $$\iiint_V \nabla \cdot \boldsymbol{a}\, dV = \iint_S \boldsymbol{a} \cdot \boldsymbol{n}\, dS$$

証明　定理 [7.3] で $i = 1, 2, 3$ とした各式で $a = a_i$ としてそれらを加え合わ

せれば，左辺と右辺の被積分関数はそれぞれ

$$\nabla_1 a_1 + \nabla_2 a_2 + \nabla_3 a_3 = \nabla \cdot \boldsymbol{a}, \quad a_1 n_1 + a_2 n_2 + a_3 n_3 = \boldsymbol{a} \cdot \boldsymbol{n}$$

となり，上の発散定理が成り立つ． 終

発散定理の物理的な意味は次のように考えられる．$\boldsymbol{a}$ を流体の速度とすると左辺の $\nabla \cdot \boldsymbol{a} dV$ は単位時間に立体 dV から流れ出る流体の体積である．右辺の $\boldsymbol{a} \cdot \boldsymbol{n} dS$ は立体の表面 dS を通過する流体の量である．それの2つの総量が等しいことを述べている．

ポテンシャルの存在　空間の領域 D の任意の閉曲線 C が D の中で連続的に変形して1点に縮められるとき，いいかえれば，C を境界にもち D に含まれる曲面が存在するとき領域 D は**単連結**であるという．空間全体，球の内部などは単連結である．

また，2点 A,B を結ぶ2つの曲線 C_1，C_2 が，C_1 を D 内で連続的に C_2 に変形できるとき，すなわち閉曲線 $C_1 - C_2$ を境界にもち D に含まれる曲面 S が存在するとき，C_1 と C_2 は D で互いに**連続的変形可能**であるという．

§5. で，ベクトル場 $\boldsymbol{a}$ が渦なし，$\nabla \times \boldsymbol{a} = 0$ ならば，各点 P で $(\nabla f)_{\mathrm{P}} = \boldsymbol{a}(\mathrm{P})$ となるスカラー場 f が存在することをみた．このようなスカラー場が領域のすべての点に対して一意的に定まる場合として，次の定理が成り立つ．

> **[7.5]**　ベクトル場 $\boldsymbol{a}$ が単連結領域 D で $\nabla \times \boldsymbol{a} = \boldsymbol{0}$ ならば，$\nabla f = \boldsymbol{a}$ であるようなスカラー場 f が D 全体で存在する．すなわち，単連結領域で渦なしベクトル場はポテンシャルをもつ．

証明　領域 D の定点 P_0 と任意の点 P を曲線 C 結ぶと，定理 [5.1] では

$$f(\mathrm{P}) = \int_C \boldsymbol{a} \cdot d\boldsymbol{r}$$

で定義された関数 $f(\mathrm{P})$ が $\nabla f = \boldsymbol{a}$ であることをみた．この関数 $f(\mathrm{P})$ が P_0 と P を結ぶ曲線に無関係に定まることをいえばよい．D の中で P_0 と P を結ぶ任意の曲線を C_1 とし，閉曲線 $C - C_1$ を境界にもつ曲面 S を考える．そのときストークスの定理 [7.2] により

$$\int_{C-C_1} \boldsymbol{a} \cdot d\boldsymbol{r} = \iint_S (\nabla \times \boldsymbol{a}) \cdot \boldsymbol{n} dS = 0$$

$$\left(\int_C - \int_{C_1}\right)\boldsymbol{a}\cdot d\boldsymbol{r} = 0, \quad \int_C \boldsymbol{a}\cdot\boldsymbol{r} = \int_{C_1}\boldsymbol{a}\cdot d\boldsymbol{r}$$ 終

［**例題 7.2**］　立体 V の境界である閉曲面を S とするとき，V の体積は

$$V = \frac{1}{3}\iint_S \boldsymbol{r}\cdot\boldsymbol{n}dS$$

で与えられることを証明せよ．この式は,立体の体積が境界 S の位置ベクトル $\boldsymbol{r}$ と法線ベクトル $\boldsymbol{n}$ だけを知れば求められることを示している．

証明　ガウスの発散定理 [7.4] で $\boldsymbol{a}$ として位置ベクトル $\boldsymbol{r} = (x, y, z)$ をとる．$\nabla\cdot\boldsymbol{r} = 3$ であるから

$$\iint_S \boldsymbol{r}\cdot\boldsymbol{n}dS = \iiint_V \nabla\cdot\boldsymbol{r}dV = 3\iiint_V dV = 3V$$ 終

［**例題 7.3**］　定点 O と閉曲面 S 上の点 P に対して $\boldsymbol{r} = \overrightarrow{\mathrm{OP}}$，$r = |\boldsymbol{r}|$ とする．

$$\iint_S \frac{\boldsymbol{r}}{r^3}\cdot\boldsymbol{n}dS = \begin{cases} (1) \quad 0, & \text{点 O が } S \text{ の外部にあるとき} \\ (2) \quad 4\pi, & \text{点 O が } S \text{ の内部にあるとき} \\ (3) \quad 2\pi, & \text{点 O が } S \text{ 上にあるとき} \end{cases}$$

証明　S の囲む立体を V とする．ベクトル場 $\dfrac{\boldsymbol{r}}{r^3}$ は点 O を除いて定義され，O 以外では

$$\nabla\cdot\frac{\boldsymbol{r}}{r^3} = \frac{1}{r^3}\nabla\cdot\boldsymbol{r} - \frac{3}{r^4}\boldsymbol{r}\cdot\nabla r = \frac{3}{r^3} - \frac{3}{r^4}r = 0$$

(1)　このとき $\dfrac{\boldsymbol{r}}{r^3}$ は V 全体で定義されているから，発散定理により

$$\iint_S \frac{\boldsymbol{r}}{r^3}\cdot\boldsymbol{n}dS = \iiint_V \left(\nabla\cdot\frac{\boldsymbol{r}}{r^3}\right)dV = 0$$

(2)　O を中心として S の内部に含まれる小さな球面 S_0 を作り，S_0 の内部の球を V_0，また $V' = V - V_0$ とする．S_0 上の単位法線ベクトルを n_0 とすれば，立体 V' については外に向かう単位

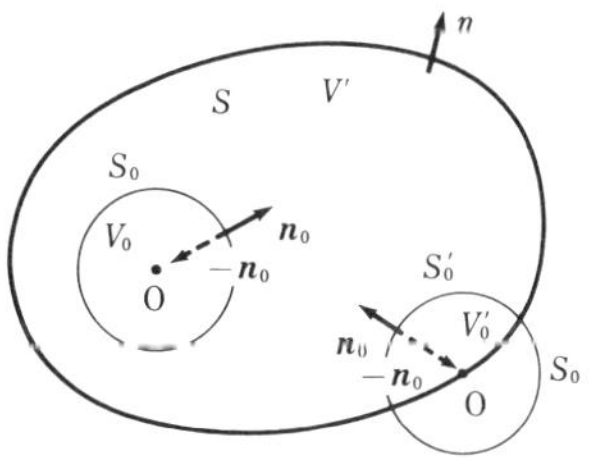

図 7.3

法線ベクトルは $-\boldsymbol{n}_0$ である．V' に対しては (1) が成り立つ．V' の境界は $S-S_0$ であるから

$$\iint_{S-S_0} \frac{\boldsymbol{r}}{r^3}\cdot\boldsymbol{n}dS = \left(\iint_S - \iint_{S_0}\right)\frac{\boldsymbol{r}}{r^3}\cdot\boldsymbol{n}dS = 0$$

球面 S_0 上の積分については例題 6.3 を用いて

$$\iint_S \frac{\boldsymbol{r}}{r^3}\cdot\boldsymbol{n}dS = \iint_{S_0} \frac{\boldsymbol{r}}{r^3}\cdot\boldsymbol{n}dS = 4\pi$$

(3)　O を中心として十分小さい半径 c の球面 S_0 を作り，S の内部にある S_0 および V_0 の部分を S_0', V_0' とし，$V' = V - V_0'$ とする．V' の境界は $S - S_0'$ であり，(2) と同様にして

$$\iint_S \frac{\boldsymbol{r}}{r^3}\cdot\boldsymbol{n}dS = \iint_{S_0'} \frac{\boldsymbol{r}}{r^3}\cdot\boldsymbol{n}dS$$

が成り立つ．$c\to 0$ とすれば V_0' は近似的に，O における S の接平面で分けられた半球であり，右辺の積分は 2π に収束する．　終

[**例題 7.4**]　例題 6.4 の単位上半球 V : $x^2+y^2+z^2 \leqq 1$, $z \geqq 0$ の境界 S 上におけるベクトル場 $\boldsymbol{a} = (x+y, y-x, z^2)$ の面積分を，発散定理によって求めよ．

解

$$\nabla\cdot\boldsymbol{a} = 1+1+2z = 2+2z$$

発散定理を用い，体積分には空間の極座標 $(r,\ \theta,\ \varphi)$ を用いる．そのとき体積素は，$dV = r^2\sin\theta drd\theta d\varphi$ であり，半球の体積は $V = \dfrac{2}{3}\pi$ である．

$$\begin{aligned}\iint_S \boldsymbol{a}\cdot\boldsymbol{n}dS &= \iiint_V \nabla\cdot\boldsymbol{a}dV = \iiint_V (2+2z)dxdydz \\ &= \iiint_V 2dV + \int_0^1\int_0^{\pi/2}\int_0^{2\pi} 2(r\cos\theta)r^2\sin\theta d\varphi d\theta dr \\ &= \frac{4}{3}\pi + 4\pi\int_0^1 r^3\left[\frac{1}{2}\sin^2\theta\right]_0^{\pi/2}dr \\ &= \frac{4}{3}\pi + \frac{1}{2}\pi = \frac{11}{6}\pi\end{aligned}$$

これは例題 6.4 の面積分の値と同じである．　終

問題 7.2 次のベクトル場 $\boldsymbol{a}$ と立体 V およびその境界 S について，ガウスの発散定理を確かめよ．

(1)　$\boldsymbol{a} = (2xy,\ yz^2,\ xz)$　　V : 立方体 $0 \leqq x \leqq 1, 0 \leqq y \leqq 1, 0 \leqq z \leqq 1$

(2)　$\boldsymbol{a} = (xz,\ yz,\ xy + z^2)$　V : 単位上半球　$x^2 + y^2 + z^2 \leqq 1,\ z \geqq 0$

演習問題 4

1.　$\boldsymbol{a}$ を t のベクトル関数とするとき，次の性質を証明せよ．

(1)　$\boldsymbol{a} \times \boldsymbol{a}' = \boldsymbol{0}$ ならば，$\boldsymbol{a}$ の方向は一定である．

(2)　$|\boldsymbol{a}\ \ \boldsymbol{a}'\ \ \boldsymbol{a}''| = 0$ ならば $\boldsymbol{a} \times \boldsymbol{a}'$ の方向は一定である．

2.　次の曲線について，弧長媒介変数 s を t で表し，$\boldsymbol{t}, \boldsymbol{n}, \boldsymbol{b}$ および曲率 κ，捩率 τ を求めよ．

(1)　$\boldsymbol{r} = \left(t - \dfrac{t^3}{3},\ t^2,\ t + \dfrac{t^3}{3}\right)$　　(2)　$\boldsymbol{r} = 2(\sin^{-1} t + t\sqrt{1 - t^2},\ t^2,\ 2t)$

3.　$\theta(t)$ が時間 t の関数であるとき，半径 c の円周上の運動 $\boldsymbol{r} = (c\cos\theta(t),\ c\sin\theta(t))$ の加速度の接線成分 a_t，法線成分 a_n を求めよ．

4.　任意の閉曲線 C : $\boldsymbol{r} = \boldsymbol{r}(s)$ について，その長さを l とし単位接線ベクトルを $\boldsymbol{t} = \boldsymbol{r}'(s)$ とするとき，次の式を証明せよ．

(1)　$\displaystyle\int_C \boldsymbol{r} \cdot d\boldsymbol{r} = 0$　　(2)　$\displaystyle\int_C \boldsymbol{t} \cdot d\boldsymbol{r} = l$

5.　次のベクトル場 $\boldsymbol{a}$ と曲面 S およびその境界 C についてストークスの定理を確かめよ．S の表面は z の増加する側とする．

(1)　$\boldsymbol{a} = (2xy - 2y,\ x^2,\ yz)$　S : xy 平面上の円 $x^2 + y^2 \leqq 9,\ z = 0$

(2)　$\boldsymbol{a} = (2x^2 - xy,\ x - y^2,\ xz)$
　　S : 単位球面の上半分 $x^2 + y^2 + z^2 = 1,\ z \geqq 0$

(3)　$\boldsymbol{a} = (y - z,\ z - x,\ x - y)$
　　S : 三角形 $x + y + z = 1,\ x \geqq 0,\ y \geqq 0,\ z \geqq 0$

6.　次のベクトル場 $\boldsymbol{a}$ と立体 V およびその境界 S について，ガウスの発散定理を確かめよ．

(1)　$\boldsymbol{a} = (x - y,\ 2x,\ z)$　　V : 単位上半球　$x^2 + y^2 + x^2 \leqq 1,\ z \geqq 0$

(2)　$\boldsymbol{a} = (x^2,\ y^2,\ -(x + y)z)$　V : 立方体　$0 \leqq x \leqq 2, 0 \leqq y \leqq 2, 0 \leqq z \leqq 2$

(3)　$\boldsymbol{a} = \boldsymbol{r} = (x,\ y,\ z)$　　V : 平面　$x + y + z = 1$ と 3 つの座標平面で囲まれた三角すい

付　録

三角関数に関する公式

加法定理

(1) $$\sin(x+y) = \sin x\cos y + \cos x\sin y$$

(2) $$\sin(x-y) = \sin x\cos y - \cos x\sin y$$

(3) $$\cos(x+y) = \cos x\cos y - \sin x\sin y$$

(4) $$\cos(x-y) = \cos x\cos y + \sin x\sin y$$

倍角の公式

(1) $$\sin 2x = 2\sin x\cos x$$

(2) $$\cos 2x = \cos^2 x - \sin^2 x = 2\cos^2 x - 1 = 1 - 2\sin^2 x$$

積を和と差になおす公式

(1) $$\sin x\sin y = -\frac{1}{2}\{\cos(x+y) - \cos(x-y)\}$$

(2) $$\cos x\cos y = \frac{1}{2}\{\cos(x+y) + \cos(x-y)\}$$

(3) $$\sin x\cos y = \frac{1}{2}\{\sin(x+y) + \sin(x-y)\}$$

(4) $$\cos x\sin y = \frac{1}{2}\{\sin(x+y) - \sin(x-y)\}$$

和と差を積になおす公式

(1) $$\sin A + \sin B = 2\sin\frac{A+B}{2}\cos\frac{A-B}{2}$$

(2) $$\sin A - \sin B = 2\cos\frac{A+B}{2}\sin\frac{A-B}{2}$$

(3) $$\cos A + \cos B = 2\cos\frac{A+B}{2}\cos\frac{A-B}{2}$$

(4) $$\cos A - \cos B = -2\sin\frac{A+B}{2}\sin\frac{A-B}{2}$$

双曲線関数の定義

$$\sinh x = \frac{1}{2}(e^x - e^{-x}), \quad \cosh x = \frac{1}{2}(e^x + e^{-x})$$

$$\tanh x = \frac{\sinh x}{\cosh x} = \frac{e^x - e^{-x}}{e^x + e^{-x}}$$

で定義される関数を順に**ハイパボリック・サイン**，**ハイパボリック・コサイン**，**ハイパボリック・タンジェント**といい，まとめて**双曲線関数**という．

公式　$\cosh^2 x - \sinh^2 x = 1, \quad 1 - \tanh^2 x = \dfrac{1}{\cosh^2 x}$

加法定理

(1)　$\sinh(x+y) = \sinh x \cosh y + \cosh x \sinh y$

(2)　$\sinh(x-y) = \sinh x \cosh y - \cosh x \sinh y$

(3)　$\cosh(x+y) = \cosh x \cosh y + \sinh x \sinh y$

(4)　$\cosh(x-y) = \cosh x \cosh y - \sinh x \sinh y$

双曲線関数の導関数

$$(\sinh x)' = \cosh x, \quad (\cosh x)' = \sinh x$$

$$(\tanh x)' = \frac{1}{\cosh^2 x}$$

線積分とグリーンの定理

xy 平面上で曲線 C が媒介変数方程式

(1)　$\mathrm{P}(t) : x = x(t), \quad y = y(t) \quad \alpha \leqq t \leqq \beta$

で表され，$\mathrm{P}(\alpha) = \mathrm{A}$, $\mathrm{P}(\beta) = \mathrm{B}$ であるとき，C を点 A から B への**有向曲線**といい, $C = \mathrm{AB}$ で表す (図 1).

この曲線に対して，$t' = \alpha + \beta - t$ とおけば，$\mathrm{P}(t')$, $\alpha \leqq t' \leqq \beta$, で表される曲線は，$r' = \alpha$ のとき $\mathrm{P}(t') = \mathrm{B}$, $t' = \beta$ のとき $\mathrm{P}(t') = \mathrm{A}$ である．これを C の**逆向き**の有向曲線といい，$-C$ で表す．$C' = \mathrm{BC}$ であるとき，C と C' を連結して得られる A から C への有向曲線を $C + C'$ で表す.

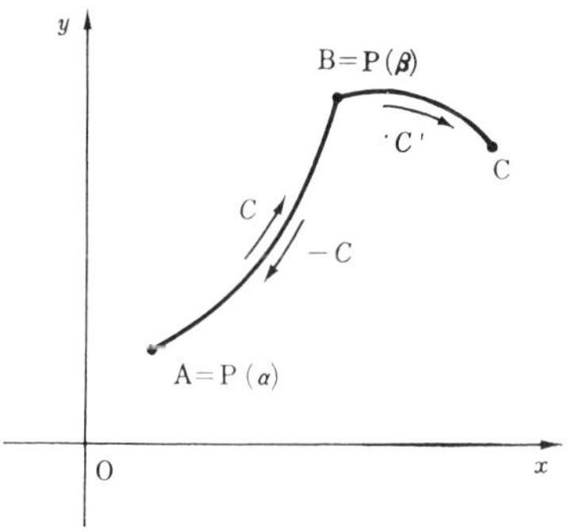

図 1

関数 $x(t)$, $y(t)$ が微分可能であり，その導関数 $\dfrac{dx}{dt}$, $\dfrac{dy}{dt}$ が連続であるとき，C は**滑らかな曲線**であるという．また有限個の滑らかな曲線をつないで得られる曲線を**区分的に滑らかな曲線**という.

$P(x, y)$, $Q(x, y)$ を x, y の関数として，方程式の (1) 曲線 C に対し定積分

(2)
$$\int_\alpha^\beta \left(P(x, y)\frac{dx}{dt} + Q(x, y)\frac{dy}{dt}\right)dt$$

を考える．曲線の他の媒介変数 s をとると，変数変換 $t = t(s)$ によって

$$\frac{dx}{dt}dt = \frac{dx}{dt}\frac{dt}{ds}ds = \frac{dx}{ds}ds, \quad \frac{dy}{dt}dt = \frac{dy}{dt}\frac{dt}{ds}ds = \frac{dy}{ds}ds$$

であるから，定積分 (2) の値は変わらない．それゆえ定積分 (2) を

$$\int_C (P\,dx + Q\,dy)$$

の形で表し，曲線 C に沿っての**線積分**といい，曲線 C をその**積分路**という．

曲線 $C = \mathrm{AB}$ が x を変数として区間 $[a, b]$ で方程式 $y = f(x)$ で表されているとき，C に沿っての線積分 (2) は

$$\int_a^b \left(P(x, f(x)) + Q(x, f(x))\frac{dy}{dx}\right)dx$$

で計算される．線積分について次の式が成り立つ．

> [**1**]　曲線 C, $-C$, $C + C'$ について
>
> (1) $$\int_{-C}(P\,dx + Q\,dy) = -\int_C (P\,dx + Q\,dy)$$
>
> (2) $$\int_{C+C'}(P\,dx + Q\,dy) = \int_C (P\,dx + Q\,dy) + \int_{C'}(P\,dx + Q\,dy)$$

1 点から出発してその点にもどる曲線を**閉曲線**といい，それが途中ではそれ自身に交わることのないとき，**単一閉曲線**という．その向きとしてそれが囲んでいる内部の領域を左手に見て進む方向を曲線の**正の向き**にとる．円についていえば，時計の針の回転と逆の向きの回転方向を正の向きにとる．

> [**2**]　**グリーンの定理**　C を単一閉曲線とし，D をその周および内部からなる閉領域とする．関数 $P(x, y)$, $Q(x, y)$ が D で連続な偏導関数をもつとき，
>
> $$\int_C (P\,dx + Q\,dy) = \iint_D \left(\frac{\partial Q}{\partial x} - \frac{\partial P}{\partial y}\right)dxdy$$

証明　まず，曲線 C が座標軸に平行な直線と 2 個以内の点で交わるような場合を考える．図 2 のように点 A，C，B，D をとり，曲線 C は直線 $x = a$, $x = b$ の

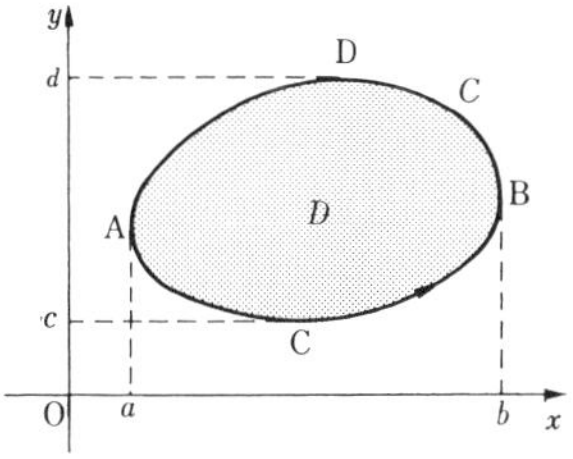

図 2

間にあるものとし，曲線 ACB，ADB の方程式をそれぞれ

$$y = f(x),\ y = g(x)\ (a \leqq x \leqq b)$$

とする．そのとき

$$\begin{aligned}
\iint_D \frac{\partial P}{\partial y}\,dxdy &= \int_a^b \int_{f(x)}^{g(x)} \frac{\partial P}{\partial y}\,dydx \\
&= \int_a^b \Big[P(x,y)\Big]_{f(x)}^{g(x)} dx \\
&= \int_u^b \{P(x,g(x)) - P(x,f(x))\}dx \\
&= -\left\{\int_b^a P(x,g(x))dx + \int_a^b P(x,f(x))\right\} dx \\
&= -\left\{\int_{\mathrm{BDA}} P\,dx + \int_{\mathrm{ACB}} P\,dx\right\} \\
&= -\int_C P\,dx
\end{aligned}$$

である．曲線 CAD，CBD の方程式をそれぞれ

$$x = h(y),\ x = k(y)\ \ (c \leqq y \leqq d)$$

として，同様な方法により

$$\begin{aligned}
\iint_D \frac{\partial Q}{\partial x}\,dxdy &= \int_c^d \int_{h(x)}^{k(x)} \frac{\partial Q}{\partial x}\,dxdy = \int_c^d \Big[Q(x,y)\Big]_{h(x)}^{k(x)} dy \\
&= \int_c^d \{Q(k(y),y) - Q(h(y),y)\}dy \\
&= \int_c^d Q(k(y),y)dy + \int_d^c Q(h(y),y)dy \\
&= \int_{\mathrm{CBD}} Q\,dy + \int_{\mathrm{DAC}} P\,dy \\
&= \int_C Q\,dy
\end{aligned}$$

を得る．この 2 つの式からグリーンの定理が導かれる．

曲線 C が座標軸に平行な直線と多くの点で交わる場合には，領域 D をいくつかの部分に分けて，各部分の周の曲線はそれらの直線に 2 個以内の点で交わるようにする．たとえば図 3 のような場合，D を線分 EF で 2 つの部分 D_1, D_2 に分ける．そのとき，被積分関数を省略して書けば，前半で証明した結果により

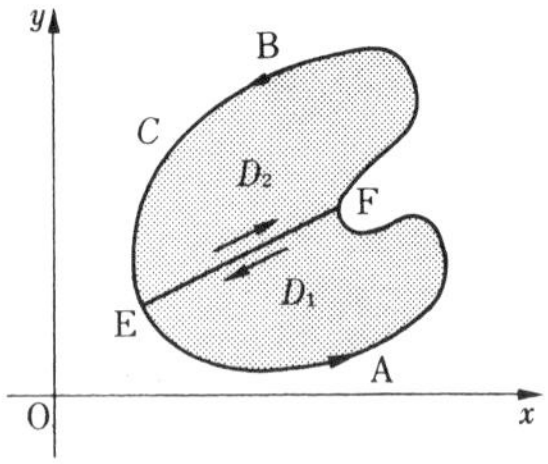

図 3

$$\int_{\mathrm{EAFE}} = \iint_{D_1}, \quad \int_{\mathrm{EFBE}} = \iint_{D_2}$$

である．ゆえに

$$\iint_D = \iint_{D_1} + \iint_{D_2} = \int_{\mathrm{EAF}} + \int_{\mathrm{FE}} + \int_{\mathrm{EF}} + \int_{\mathrm{FBE}}$$

$$= \int_{\mathrm{EAF}} - \int_{\mathrm{EF}} + \int_{\mathrm{EF}} + \int_{\mathrm{FBE}} = \int_{\mathrm{EAF}} + \int_{\mathrm{FBE}} = \int_C$$ 終

[**例題 1**]　図 4 のように，原点 O を中心とし半径 a の円周の第 1 象限にある部分を C_1 とし，その半径の有向線分を $C_2 = \mathrm{BO}$, $C_3 = \mathrm{OA}$，それらを連結した閉曲線を $C = C_1 + C_2 + C_3$ とする．積分路を C_1, C_2, C_3 および C とする場合に次の線積分を求めよ．また，C で囲まれた領域を D として，それぞれの場合にグリーンの定理が成り立つことを確かめよ．

(1) $\displaystyle\int x^2\,dx$　　　(2) $\displaystyle\int x^2\,dy$

解　(1) 各曲線での x の変化する範囲と，C_2 上では $x=0$ であることに注意して

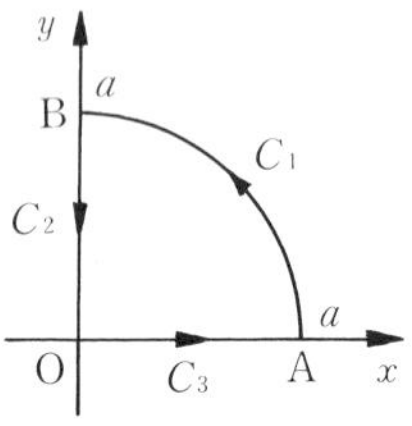

図 4

$$\int_{C_1} x^2\,dx = \int_a^0 x^2\,dx = -\frac{a^3}{3}$$

$$\int_{C_2} x^2\,dx = 0, \quad \int_{C_3} x^2\,dx = \int_0^a x^2\,dx = \frac{a^3}{3}$$

$$\int_C x^2\,dx = -\frac{a^3}{3} + \frac{a^3}{3} = 0$$

グリーンの定理で，$P = x^2$, $Q = 0$ とすると $\dfrac{\partial P}{\partial y} = 0$ であるから，

$$\iint_D \frac{\partial P}{\partial y}\,dxdy = 0$$

となり，$\displaystyle\int_C x^2\,dx = 0$ と一致する．

(2) C_1 上で $x^2 = a^2 - y^2$，C_3 上で $dy = 0$ であるから

$$\int_{C_1} x^2\,dy = \int_0^a (a^2 - y^2)\,dy = \left[a^2 x - \frac{x^3}{3}\right]_0^a = \frac{2}{3}a^3$$

$$\int_{C_2} x^2\,dy = 0, \quad \int_{C_3} x^2\,dy = 0, \quad \int_C x^2\,dy = \frac{2}{3}a^3$$

$P = 0,\ Q = x^2$ とすると $\dfrac{\partial Q}{\partial x} = 2x$ であるから，

$$\iint_D 2x dx dy = \int_0^a \int_0^{\sqrt{a^2-y^2}} 2x\,dxdy = \int_0^a \left[x^2\right]_0^{\sqrt{a^2-y^2}} dy$$
$$= \int_0^a (a^2 - y^2)\,dy = \frac{2}{3}a^3$$

となり，$\displaystyle\int_C x^2\,dy = \frac{2}{3}a^3$ と一致する． 終

［**例題 2**］ 閉曲線 C で囲まれた領域 D の面積 S は次の式で与えられる．

$$S = \frac{1}{2}\int_C (xdy - ydx)$$

証明 $P = -y,\ Q = x$ として，グリーンの定理により

$$\int_C (xdy - ydx) = 2\iint_D dxdy = 2S$$

問題 1 次の線積分を求めよ．

(1) $\displaystyle\int_C y^3\,dx$ C : A(1, 0), B(0, 1) を結ぶ線分 AB

(2) $\displaystyle\int_C (xy\,dx - y^2\,dy)$ C : 放物線 $y = x^2$ の $-1 \leqq x \leqq 1$ の部分

(3) $\displaystyle\int_C (xy^2\,dx + x^3\,dy)$ C : 単位円の上半分 A(1, 0) から B(-1, 0)

問題 2 グリーンの定理を用いて次の線積分を求めよ．

(1) $\displaystyle\int_C (2y\,dx + 3x\,dy)$ C : 例題 1 の閉曲線 C

(2) $\displaystyle\int_C (x^2 y\,dx - xy^2\,dy)$ C : 単位円

問題・演習問題の解答

第 1 章　(2 ～ 41 ページ)

1.1　(1) $\dfrac{2}{s^2}-\dfrac{3}{s}$　(2) $\dfrac{2}{s^3}$　(3) $\dfrac{\sqrt{\pi}}{2s^{\frac{3}{2}}}$

1.2　$\dfrac{1}{s}(e^{-as}-e^{-bs})$

2.1　(1) $\dfrac{2}{s^3}-\dfrac{6}{s^2}+\dfrac{9}{s}$　(2) $\dfrac{a-b}{(s-a)(s-b)}$　(3) $\dfrac{3}{s^2+9}$

(4) $\dfrac{\omega\cos\theta+s\sin\theta}{s^2+\omega^2}$　(5) $\dfrac{2}{s(s^2+4)}$　(6) $\dfrac{2\lambda^2 s}{s^4-\lambda^4}$

2.2　(1) $\mathcal{L}[f(t-\lambda)]=\dfrac{2e^{-\lambda s}}{s^3}$,　$\mathcal{L}[f(t+\lambda)]=\dfrac{2}{s^3}+\dfrac{2\lambda}{s^2}+\dfrac{\lambda^2}{s}$

(2) $\mathcal{L}[f(t-\lambda)]=\dfrac{e^{-\lambda s}s}{s^2+1}$,　$\mathcal{L}[f(t+\lambda)]=\dfrac{s\cos\lambda-\sin\lambda}{s^2+1}$

2.3　(1) $\dfrac{2}{(s-\mu)^3}-\dfrac{4}{(s-\mu)^2}+\dfrac{4}{s-\mu}$　(2) $\dfrac{\lambda}{(s-\mu)^2+\lambda^2}$

(3) $\dfrac{s-\mu}{(s-\mu)^2-\lambda^2}$

2.4　(1) $\dfrac{1}{(s-\lambda)^2}$　(2) $\dfrac{\lambda}{s^2+\lambda^2}$　(3) $\dfrac{n!}{s^{n+1}}$

2.5　(1) $\dfrac{1}{(s-\lambda)^2}$　(2) $\dfrac{2}{(s-\lambda)^3}$　(3) $\dfrac{s^2-\lambda^2}{(s^2+\lambda^2)^2}$　(4) $\dfrac{2s(s^2-3\lambda^2)}{(s^2+\lambda^2)^3}$

2.6　(1) $\dfrac{1}{s(s-\lambda)}$　(2) $\dfrac{1}{s^2+\lambda^2}$　(3) $\dfrac{1}{s(s^2+\lambda^2)}$

2.7　(1) $\log\dfrac{s-\lambda}{s}$　(2) $\dfrac{1}{2}\log\dfrac{s+\lambda}{s-\lambda}$

2.8　(合成積，ラプラス変換の順)　(1) $\dfrac{1}{\lambda^2}(e^{\lambda t}-\lambda t-1)$,　$\dfrac{1}{s^2(s-\lambda)}$

(2) $\dfrac{1}{\lambda^2+\mu^2}(\mu e^{\lambda t}-\lambda\sin\mu t-\mu\cos\mu t)$,　$\dfrac{\mu}{(s-\lambda)(s^2+\mu^2)}$

(3)　$\dfrac{1}{2\lambda}(\sin\lambda t + \lambda t\cos\lambda t)$, 　$\dfrac{s^2}{(s^2+\lambda^2)^2}$

3.1　(1)　$\dfrac{1}{3}e^{\frac{5}{3}t}$　(2)　$\dfrac{1}{2}(t-1)^2U(t-1)$　(3)　$e^{5t}(1+5t)$

(4)　$\dfrac{1}{\sqrt{3}}\sin\sqrt{3}t$　(5)　$\cos\lambda(t-\pi)\,U(t-\pi)$　(6)　$e^{-3t}(\cos t - 3\sin t)$

3.2　(1)　$e^{3t}-e^{-2t}$　(2)　$3e^{2t}+e^{-t}$

(3)　$\dfrac{1}{5}\left(t-\dfrac{1}{\sqrt{5}}\sin\sqrt{5}t\right)$　(4)　$e^{-3t}-e^{-2t}\left(\cos 2t-\dfrac{1}{2}\sin 2t\right)$

3.3　(1)　$\dfrac{e^{\lambda t}-e^{\mu t}}{\lambda-\mu}$　(2)　$\dfrac{\lambda e^{\lambda t}-\mu e^{\mu t}}{\lambda-\mu}$　(3)　$\dfrac{1}{\lambda^2}(\lambda t-1+e^{-\lambda t})$

3.4　証明略

4.1　(1)　$x=3e^{2t}$　(2)　$x=e^t$

(3)　$x=4e^t-\cos t+\sin t$　(4)　$x=2e^{3t}+e^{-2t}$

(5)　$x=e^{2t}(1-t)$　(6)　$x=e^{-3t}(\cos t+4\sin t)$

(7)　$x=5\sin t+(2-t)\cos t$　(8)　$x=(t+2)e^{-t}+t-2$

4.2　(1)　$x=3e^{2t}+e^{2(t-1)}U(t-1)$　(2)　$x=\dfrac{1}{2}\sin 2t$

(3)　$x=e^{-t}+\{1-e^{-(t-2)}\}U(t-2)$

(4)　$x=2e^t-e^{2t}+\dfrac{1}{2}\{1-2e^{t-3}+e^{2(t-3)}\}U(t-3)$

4.3　(1)　$x=3e^t-e^{-t}$, 　$y=e^t-e^{-t}$

(2)　$x=e^{-6t}\sin t$, 　$y=e^{-6t}(\cos t+\sin t)$

(3)　$x=e^{3t}$, 　$y=2e^{3t}$

4.4　(1)　$x=\dfrac{a}{m(\varphi^2-\omega^2)}\left(\dfrac{\varphi}{\omega}\sin\omega t-\sin\varphi t\right)$　$\left(\omega=\sqrt{\dfrac{k}{m}}\right)$

(2)　$x=\dfrac{1}{\sqrt{km}}\sin\omega t$

5.1　(1)　$x=\dfrac{e^{3t}-e^{2t}}{e^3-e^2}$　(2)　$x=\dfrac{1}{8}\{\cos t-\sin t-e^{2t}(\cos t-9e^{-\pi}\sin t)\}$

(3)　$x=te^t$　(4)　λ が整数でないとき　$x=\dfrac{1}{2\lambda}(t-\pi)\sin\lambda t$,

$\lambda=n$ (整数) のとき　$x=\dfrac{1}{2\lambda}(t+A)\sin nt$ (A は任意定数)

6.1　$y=\sin\frac{\pi}{l}x\cos\frac{\pi c}{l}t$

6.2　$y=ax$

6.3　$s\neq\frac{\pi}{l}$ のとき $u(x,\,y)=\frac{l}{\pi}\sin\frac{\pi}{l}x\sinh\frac{\pi}{l}y$

演習問題 1　(41 ～ 42 ページ)

1.　(1) $\frac{2}{s^3}-\frac{3}{s^2}+\frac{2}{s}$　(2) $\frac{2\lambda^2}{s(s^2+4\lambda^2)}$　(3) $\frac{s^2+2\lambda^2}{s(s^2+4\lambda^2)}$

(4) $\frac{6e^{-2s}}{s^4}$　(5) $\frac{6}{s^4}+\frac{12}{s^3}+\frac{12}{s^2}+\frac{8}{s}$　(6) $\frac{\Gamma(\lambda+1)}{(s+\mu)^{\lambda+1}}$

(7) $\frac{2\lambda s}{(s^2-\lambda^2)^2}$　(8) $\frac{2\lambda(3s^2+\lambda^2)}{(s^2-\lambda^2)^3}$　(9) $\frac{2\lambda(s-\mu)}{\{(s-\mu)^2+\lambda^2)\}^2}$

(10) $\frac{1}{s^2+\lambda^2}$

2.　(1) $\frac{2\lambda\mu s}{\{s^2+(\lambda+\mu)^2)\}\{s^2+(\lambda-\mu)^2)\}}$

(2) $\frac{s(s^2+\lambda^2+\mu^2)}{\{s^2+(\lambda+\mu)^2)\}\{s^2+(\lambda-\mu)^2)\}}$

(3) $\frac{\lambda(s^2+\lambda^2-\mu^2)}{\{s^2+(\lambda+\mu)^2)\}\{s^2+(\lambda-\mu)^2)\}}$

3.　(1) $\frac{e^{\lambda t}t^2}{2}$　(2) $3e^{4t}+e^{-t}$　(3) $e^{-t}(\cos t+2\sin t)$

(4) $(t-2)U(t-2)$　(5) $e^t+e^{2t}(t-1)$　(6) $\frac{1}{\lambda^2}(\cosh\lambda t-1)$

(7) $\frac{1}{2}(e^{-2t}+\cos 2t-\sin 2t)$　(8) $2e^{-t}\cos 2t-e^{2t}$

4.　(1) $x=\frac{1}{6}(e^t-e^{-5t})$　(2) $x=(1-t)e^{3t}$

(3) $x=e^{2t}(-\sin 3t+2\cos 3t)$　(4) $x=4e^t+e^{-4t}+e^{2t}$

(5) $x=\frac{t^3e^t}{6}$　(6) $x=e^{-t}\cos t-2\cos 2t-\sin 2t$

(7) $x=e^{-2(t-\pi)}\sin(t-\pi)U(t-\pi)$　(8) $x=\frac{3}{16}(1-\cos 2t)+\frac{t^2}{8}$

5.　(1) $x=1-t+\sin t,\quad y=1+t-\cos t$

(2) $x=2te^{2t}+e^{3t},\quad y=2(t-1)e^{2t}+2e^{3t}$

(3) $x=2e^t+\sin t-2\cos t,\quad y=\cos t-2\sin t-2e^t$

6. 伝達関数を $W(s)$, $\mathcal{L}[k(t)] = K(s)$ とする．$c_0 = c_1 = 0$ であるから $H_0(s) = 0$ であり，§4 の式 (*8*) と (*10*) により $X(s) = W(s)F(s) = K(s)sF(s) = K(s)\{f(0)+\mathcal{L}[f'(t)]\} = f(0)\mathcal{L}[k(t)]+\mathcal{L}[k(t)*f'(t)] = \mathcal{L}[f(0)k(t)+k(t)*f'(t)]$. $x(t) = f(0)k(t) + k(t) * f'(t)$

第 2 章 (44 ~ 81 ページ)

(とくに述べない場合 $\sum$ は $n = 1$ から ∞ までの総和を表す)

1.1 グラフ略 (1) $\dfrac{\pi}{2} - \dfrac{4}{\pi}\sum \dfrac{1}{(2n-1)^2}\cos(2n-1)x$, $f(x)$ は連続

(2) $2\sum \dfrac{1}{n}\sin nx$, $f(-0) = -\pi$, $f(+0) = \pi$

(3) $\dfrac{\pi}{4} + \dfrac{2}{\pi}\sum \dfrac{1}{(2n-1)^2}\cos(2n-1)x + \sum \dfrac{1}{n}\sin nx$ $f(-0) = 0$, $f(+0) = \pi$

(4) $\dfrac{\pi^2}{3} + 4\sum \dfrac{(-1)^n}{n^2}\cos nx$, $f(x)$ は連続

2.1 (余弦級数, 正弦級数の順) (1) 1, $\dfrac{4}{\pi}\sum \dfrac{1}{n}\sin nx$

(2) $\dfrac{2}{\pi} - \dfrac{4}{\pi}\sum \dfrac{1}{4n^2-1}\cos 2nx$, $\sin x$

2.2 (複素形, 実数形の順)

(1) $1 + \dfrac{2}{\pi i}\sum \dfrac{1}{2n-1}\{e^{i(2n-1)x} - e^{-i(2n-1)x}\}$,

$1 + \dfrac{4}{\pi}\sum \dfrac{1}{2n-1}\sin(2n-1)x$

(2) $\dfrac{1}{i}\sum \dfrac{(-1)^{n-1}}{n}(e^{inx} - e^{-inx})$, $2\sum \dfrac{(-1)^{n-1}}{n}\sin nx$

(3) $\dfrac{1}{8}(e^{3ix} + 3e^{ix} + 3e^{-ix} + e^{-3ix})$, $\dfrac{1}{4}(\cos 3x + 3\cos x)$

3.1 (1) $\dfrac{4}{\pi}\sum \dfrac{1}{2n-1}\sin\dfrac{(2n-1)\pi x}{l}$

(2) $\dfrac{l}{2} - \dfrac{4l}{\pi^2}\sum \dfrac{1}{(2n-1)^2}\cos\dfrac{(2n-1)\pi x}{l}$

3.2 余弦級数 $\dfrac{l^2}{6} - \dfrac{l^2}{\pi^2}\sum \dfrac{1}{n^2}\cos\dfrac{2n\pi x}{l}$

正弦級数　$\dfrac{8l^2}{\pi^3}\sum\dfrac{1}{(2n-1)^3}\sin\dfrac{(2n-1)\pi x}{l}$

4.1　$x^2=\dfrac{\pi^2}{3}+4\sum\dfrac{(-1)^n}{n^2}\cos nx$

$\Bigl[$ 項別積分は $4\Bigl\{\sum\dfrac{(-1)^{n-1}}{n^2}-\sum\dfrac{(-1)^{n-1}}{n^2}\sin nx\Bigr\}$

フーリエ級数の定数項は $\dfrac{\pi^2}{3}=4\sum\dfrac{(-1)^{n-1}}{n^2}$.

4.2　x^2 のフーリエ級数の項別微分は $4\sum\dfrac{(-1)^{n+1}}{n}\sin nx$ であり，これは $2x$ のフーリエ級数である．項別積分は $\dfrac{\pi^2}{3}x+4\sum\dfrac{(-1)^n}{n^3}\sin nx$. これに x のフーリエ級数を代入すれば $\dfrac{2}{3}\sum(-1)^{n+1}\left(\dfrac{\pi^2}{n}-\dfrac{6}{n^2}\right)\sin nx$ となり，これは $\dfrac{x^3}{3}$ のフーリエ級数である．

4.3　証明略

5.1　$y=\sin\dfrac{\pi x}{l}\cos\dfrac{\pi ct}{l}$

5.2　$y=\dfrac{4l^2}{\pi^3 c}\sum\dfrac{(-1)^{n-1}}{(2n-1)^3}\sin\dfrac{(2n-1)\pi x}{l}\sin\dfrac{(2n-1)\pi ct}{l}$

6.1　$y=a\sin\dfrac{2\pi x}{l}\exp\Bigl\{-\Bigl(\dfrac{2\pi c}{l}\Bigr)^2 t\Bigr\}$

6.2　$y=\dfrac{2l}{\pi}\sum\dfrac{(-1)^{n-1}}{n}\sin\dfrac{n\pi x}{l}\exp\Bigl\{-\Bigl(\dfrac{n\pi c}{l}\Bigr)^2 t\Bigr\}$

7.1　$u=\dfrac{3}{4\sinh m}\sin x\sinh(m-y)-\dfrac{1}{4\sinh 3m}\sin 3x\sinh 3(m-y)$

7.2　$u=\sin\dfrac{\pi x}{l}\cosh\dfrac{\pi y}{l}+\dfrac{l}{4\pi}\left(\sin\dfrac{\pi x}{l}\sinh\dfrac{\pi y}{l}+\sin\dfrac{3\pi x}{l}\sinh\dfrac{3\pi y}{l}\right)$

7.3　$u=\dfrac{3}{4}\left(\dfrac{r}{c}\right)^2\cos\theta+\dfrac{1}{4}\left(\dfrac{r}{c}\right)^3\cos 3\theta$

演習問題 2 （81 ～ 82 ページ）

1.　(1)　$\dfrac{3}{2}+\dfrac{2}{\pi}\sum\dfrac{1}{(2n-1)}\sin(2n-1)x$

(2)　$\dfrac{\pi}{2}+4\sum\dfrac{1}{(2n-1)}\sin(2n-1)x-\sum\dfrac{1}{n}\sin 2nx$

(3)　$\cos x + \dfrac{8}{\pi}\sum \dfrac{n}{4n^2-1}\sin 2nx$

(4)　$1 - \dfrac{\cos x}{2} - 2\sum_{n=2}^{\infty}\dfrac{(-1)^n}{n^2-1}\cos nx$

2.　(余弦級数, 正弦級数の順)　(1)　$\dfrac{8}{\pi^2}\sum \dfrac{1}{(2n-1)^2}\cos\dfrac{(2n-1)\pi x}{2}$, $\dfrac{2}{\pi}\sum\dfrac{1}{n}\sin n\pi x$

(2)　$\dfrac{e^\pi - 1}{\pi} - \dfrac{2}{\pi}\sum\dfrac{1-(-1)^n e^\pi}{n^2+1}\cos nx$,　$\dfrac{2}{\pi}\sum\dfrac{n\{1-(-1)^n e^\pi\}}{n^2+1}\sin nx$

3.　(複素形, 実数形の順)

(1)　$\dfrac{\pi}{2} - \dfrac{2}{\pi}\sum\dfrac{1}{(2n-1)^2}(e^{inx}+e^{-inx})$,　$\dfrac{\pi}{2} - \dfrac{4}{\pi}\sum\dfrac{1}{(2n-1)^2}\cos(2n-1)x$

(2)　$-\dfrac{1}{4}\{e^{2ix} - 2 + e^{-2ix}\}$,　$\dfrac{1}{2}(1-\cos 2x)$

(3)　$\dfrac{1}{\pi}\sum_{n=-\infty}^{\infty}\dfrac{(-1)^n e^\pi - 1}{1+n^2}e^{inx}$,　$\dfrac{e^\pi - 1}{\pi} + \dfrac{2}{\pi}\sum\dfrac{(-1)^n e^\pi - 1}{1+n^2}\cos nx$

4.　(1)　$\dfrac{a}{l} + \dfrac{2}{\pi}\sum\dfrac{1}{n}\sin\dfrac{n\pi a}{l}\cos\dfrac{n\pi x}{l}$

(2)　$\dfrac{2l}{\pi}\sum\dfrac{1}{n}\sin\dfrac{n\pi x}{l}$

(3)　$\dfrac{3l}{4} - \dfrac{2l}{\pi^2}\sum\dfrac{1}{(2n-1)^2}\cos\dfrac{(2n-1)\pi x}{l} - \dfrac{l}{\pi}\sum\dfrac{1}{n}\sin\dfrac{n\pi x}{l}$

5.　$f(x) \sim \dfrac{8}{\pi}\sum\dfrac{n}{4n^2-1}\sin 2nx$,　$|\sin x| = \dfrac{2}{\pi} - \dfrac{4}{\pi}\sum\dfrac{1}{4n^2-1}\cos 2nx$

6.　(1)　$y = lx - x^2 - c^2t^2 + \dfrac{1}{2}lt - xt$

$$= \frac{8l^2}{\pi^3}\sum\frac{1}{(2n-1)^3}\sin\frac{(2n-1)\pi x}{l}\cos\frac{(2n-1)\pi ct}{l}$$

$$+\frac{2l^2}{\pi^2 c}\sum\sin\frac{2n\pi x}{l}\sin\frac{2n\pi ct}{l}$$

(2)　$y = \dfrac{2l}{3\pi c}\sin\dfrac{3\pi x}{2l}\sin\dfrac{3\pi ct}{2l}$

7.　(1)　$u = \dfrac{1}{\sinh(\pi m/l)}\sin\dfrac{\pi x}{l}\sinh\pi(m-y) + \dfrac{1}{\sinh(\pi l/m)}\sin\dfrac{\pi y}{m}\sinh\pi(l-x)$

(2)　$u = -\dfrac{1}{\sinh m}\cos\dfrac{\pi x}{l}\cosh(m-y)$

第 3 章 (84 ～ 127 ページ)

1.1 (1) $z_1z_2 = r_1r_2(\cos\theta_1 + i\sin\theta_1)(\cos\theta_2 + i\sin\theta_2) = r_1r_2\{(\cos\theta_1\cos\theta_2 - \sin\theta_1\sin\theta_2) + i(\sin\theta_1\cos\theta_2 + \cos\theta_1\sin\theta_2)\} = r_1r_2\{\cos(\theta_1+\theta_2) + i\sin(\theta_1+\theta_2)\}$

(2) 以下証明略

1.2 (1) $-2+2i$ (2) $-8-8\sqrt{3}i$ (3) i

1.3 (1) $\dfrac{1}{\sqrt{2}} + \dfrac{i}{\sqrt{2}},\ -\dfrac{1}{\sqrt{2}} - \dfrac{i}{\sqrt{2}}$ (2) $1,\ -\dfrac{1}{2} + \dfrac{\sqrt{3}}{2}i,\ -\dfrac{1}{2} - \dfrac{\sqrt{3}}{2}i$

(3) $1+\sqrt{3}i,\ -\sqrt{3}+i,\ -1-\sqrt{3}i,\ \sqrt{3}-i$

1.4 (1) $\sqrt{2}e^{i3\pi/4}$ (2) $2\sqrt{3}e^{-\pi i/3}$ (3) $4e^{i\pi}$ (4) $e^{i\pi/2}$

1.5 (1) $u = x^3 - 3xy^2,\quad v = 3x^2y - y^3$

(2) $u = \dfrac{x^2+y^2+x}{(x+1)^2+y^2},\quad v = \dfrac{y}{(x+1)^2+y^2}$

(3) $u = \dfrac{x^2+y^2-1}{x^2+(y-1)^2},\quad v = \dfrac{2x}{x^2+(y-1)^2}$

2.1 例題 1.2 (2) によって像の方程式は，$D(u^2+v^2) + 2Bu - 2Cv + A = 0$ となる．原点を通る直線 ($A = D = 0$) は原点を通る直線に，その他の直線 ($A = 0,\ D \neq 0$) は原点を通る円に，原点を通る円 ($A \neq 0,\ D = 0$) は直線に，その他の円 ($A \neq 0,\ D \neq 0$) は円に変換される．

2.2 (1) $w = \dfrac{-z+i}{z+i}$ (2) $w = \dfrac{z}{z-2i}$

2.3 (1) ie (2) $\dfrac{1}{2e^2}(-1+\sqrt{3}i)$ (3) $\cos 1 - i\sin 1$

2.4 (1) $-\dfrac{i}{2}\left(e - \dfrac{1}{e}\right)$ (2) $\dfrac{e^2+e^{-2}}{4} - i\dfrac{\sqrt{3}(e^2-e^{-2})}{4}$ (3) $i\dfrac{e^y - e^{-y}}{2}$

2.5 証明略

2.6 (1) 証明略

(2)
$$\begin{aligned}
\sin(x+iy) &= \sin x\cosh y + i\cos x\sinh y\\
\cos(x+iy) &= \cos x\cosh y - i\sin x\sinh y\\
\sinh(x+iy) &= \sinh x\cos y + i\cosh x\sin y\\
\cosh(x+iy) &= \cosh x\cos y + i\sinh x\sin y
\end{aligned}$$

2.7 (1) $\pm\dfrac{1+i}{\sqrt{2}}$ (2) $-2,\ 1 \pm i\sqrt{3}$ (3) $1+2n\pi i$

(4) $(2n+1)\pi i$ (5) $\log_e 2 + \left(\dfrac{5}{6} + 2n\right)\pi i$

2.8　証明略

3.1　(1)　正則でない　(2)　$2z$　(3)　$\dfrac{-1}{(z+1)^2}$

3.2　(1)　$3z^2-8z$　(2)　$(z-3i)(3z+4-3i)$　(3)　$\dfrac{-2i}{(z-i)^2}$

(4)　$2e^{2z-4i}$　(5)　$\dfrac{1}{\cos^2 z}$　(6)　$\dfrac{2z+1}{z^2+z+1}$

3.3　証明略. [§2 の (*9*) , (*11*) を用いる]

正則でない点は　(1)　$z=\pm 1$　(2)　$z=\pm i$

3.4　(1)　$\dfrac{z-2}{\sqrt{z^2-4z+5}}$　(2)　$\dfrac{1}{\sqrt{z^2+a}}$

(3)　$\dfrac{1}{\sqrt{2-z^2-2iz}}$　(4)　$\dfrac{1}{z^2-2iz}$

4.1　(1)　$\displaystyle\int_{C_1} f(z)dz = \int_{C_2} f(z)dz = -\frac{8}{3}$

(2)　$\displaystyle\int_{C_1} f(z)dz = -\frac{4}{3}+4\sqrt{3}i,\quad \int_{C_2} f(z)dz = \frac{4}{3}(1+i\sqrt{3})$

4.2　(1)　0　(2)　$8\pi i$　(3)　πi　(4)　$\dfrac{\pi}{2}i$

4.3　(1)　$\dfrac{(1+i)^3}{3}$　(2)　$1+i$　(3)　$\cos 2+1$　(4)　$\dfrac{\pi i}{2}$

4.4　(1)　0　(2)　$-4\pi i$　(3)　$2\pi i$　(4)　$\dfrac{\pi i}{2}$　(5)　$2\pi i$　(6)　0

5.1　(1)　$|z|<1$　(2)　$|z+i|<1$　(3)　全平面

5.2　(1)　$1-(z-1)+(z-1)^2-\cdots+(-1)^n(z-1)^n+\cdots,\quad r=1$

(2)　$\dfrac{1}{1-i}\left\{1+\dfrac{z-i}{1-i}+\left(\dfrac{z-i}{1-i}\right)^2+\cdots+\left(\dfrac{z-i}{1-i}\right)^n+\cdots\right\},\quad r=\sqrt{2}$

(3)　$-(z-i\pi)-\dfrac{1}{2!}(z-i\pi)^2-\dfrac{1}{3!}(z-i\pi)^3-\cdots-\dfrac{1}{n!}(z-i\pi)^n-\cdots,\ r=+\infty$

(4)　$\log(-1)+(z+1)+\dfrac{1}{2}(z+1)^2+\dfrac{1}{3}(z+1)^3-\cdots+\dfrac{1}{n}(z+1)^n+\cdots,\quad r=1$

5.3　(1)　$\dfrac{1}{2}z+\dfrac{3}{4}z^2+\dfrac{7}{8}z^3+\cdots+\left(1-\dfrac{1}{2^n}\right)z^n+\cdots$

(2)　$\cdots-\dfrac{1}{z^n}-\cdots-\dfrac{1}{z^2}-\dfrac{1}{z}-\dfrac{1}{2}-\dfrac{z}{4}-\dfrac{z^2}{8}-\cdots-\dfrac{z^n}{2^{n+1}}-\cdots$

(3)　$\dfrac{1}{z}+\dfrac{3}{z^2}+\dfrac{7}{z^3}+\cdots+\dfrac{2^n-1}{z^n}+\cdots$

5.4　(1)　$\dfrac{1}{(z-1)^2}-\dfrac{1}{z-1}+1-(z-1)+(z-1)^2-\cdots+(-1)^n(z-1)^n+\cdots$

(2)　$\dfrac{1}{2i(z-i)}+\dfrac{1}{4}+\dfrac{i}{8}(z-i)+\cdots+\dfrac{i^{n-1}}{2^{n+1}}(z-i)^n+\cdots$

(3)　$\dfrac{1}{3!}-\dfrac{z^2}{5!}+\cdots+\dfrac{(-1)^n}{(2n+3)!}z^{2n}+\cdots$

(4)　$\dfrac{1}{z^2}+\dfrac{1}{z}+z+\dfrac{1}{2!}+\dfrac{z}{3!}+\cdots+\dfrac{z^n}{(n+2)!}+\cdots$

5.5　(留数，積分の値の順)　(1)　$\mathrm{Res}[-1]=-1,\quad -2\pi i$

(2)　$\mathrm{Res}[0]=i,\quad \mathrm{Res}[i]=-i,\quad 0$　　(3)　$\mathrm{Res}[2]=1,\quad 2\pi i$

(4)　$\mathrm{Res}[i]=-\dfrac{i}{4},\quad \mathrm{Res}[-i]=\dfrac{i}{4},\quad \dfrac{\pi}{2}$　　(5)　$\mathrm{Res}[1]=e,\quad 2\pi ei$

6.1　(1)　π　　(2)　$\dfrac{\pi}{2}$　　(3)　$\dfrac{\pi}{6}$　　(4)　$\dfrac{\sqrt{2}}{2}\pi$

6.2　(1)　$\dfrac{3}{2}\pi$　　(2)　$\dfrac{2\sqrt{3}}{3}\pi$

6.3　証明略　$\left[f(z)=\dfrac{1-e^{imz}}{z^2}\right.$ を図 6.3 の曲線 C で積分する$\left.\right]$

6.4　(1)　$\dfrac{\pi}{e}$　　(2)　$\dfrac{\pi}{2e}$

演習問題 3　(127 ~ 128 ページ)

1.　実軸に関して P, Q と対称な点を P′, Q′ とするとき，(1)　原点 O と P′, Q′ を通る円　(2)　OP′ を直径とする円　(3)　$-\dfrac{i}{2}$ を通り実軸に平行な直線

2.　(1)　$\sin 1$　　(2)　$2i$　　(3)　-1　　(4)　$1+i\left(\dfrac{\pi}{2}-1\right)$

3.　(1)　$\dfrac{\pi i}{4}$　　(2)　$-2\pi i$　　(3)　0　　(4)　$\pi i\left(\sqrt{e}-\dfrac{1}{\sqrt{e}}\right)$

(5)　0　　(6)　$\dfrac{\pi i}{8}$

4.　(1)　$\dfrac{\pi}{e}$　　(2)　$-\pi e$　　(3)　$\pi\left(\dfrac{1}{e}-e\right)$

5.　(留数，積分の値の順)　(1)　$\mathrm{Res}[0]=-2,\quad \mathrm{Res}[1]=-1,\quad 2\pi i$

(2)　$\mathrm{Res}[2]=\dfrac{1}{9},\quad \mathrm{Res}[1]=-\dfrac{1}{9},\quad -\dfrac{2}{9}\pi i$

(3)　$\mathrm{Res}[0] = -\dfrac{1}{2}$,　$-\pi i$　　(4)　$\mathrm{Res}[0] = 0$,　0

6. (1)　$\dfrac{2}{3}\pi i$　(2)　$2\pi i$　(3)　πi　(4)　$2\pi i$　(5)　πi　(6)　$\dfrac{8}{3}\pi i$

7. (1)　$\dfrac{\pi}{6}$　　(2)　$\dfrac{2}{3e}\pi$　　(3)　$\dfrac{2\pi}{\sqrt{1-a^2}}$

(4)　$2\pi(2-\sqrt{3})$　(5)　$\sqrt{2}\pi$　(6)　$\dfrac{\pi}{2}$

8. 証明略 $\Big[$ e^{iz^2} は正則であるから $\displaystyle\int_C e^{iz^2}\,dz = \Big(\int_{\mathrm{OA}} + \int_{\mathrm{AB}} + \int_{\mathrm{BO}}\Big) e^{iz^2}\,dz$

$$= \int_0^R e^{ix^2}\,dx + \int_0^{\pi/4} e^{iR^2 e^{2i\theta}} iRe^{i\theta} d\theta + \int_R^0 e^{-r^2} e^{i\pi/4}\,dr = 0$$

第 1 の積分を極形式で表し，第 2 項，第 3 項を移項して

$$\int_0^R (\cos x^2 + i \sin x^2) dx = e^{i\pi/4} \int_0^R e^{-r^2} dr - \int_0^{\pi/4} e^{iR^2(\cos 2\theta + i \sin 2\theta)} iRe^{i\theta} d\theta$$

ここで $R \to +\infty$ とする $\Big]$

第 4 章　(130 ～ 171 ページ)

1.1　(1)　g 上に O'，l 上に P' をとる．$\overrightarrow{\mathrm{OO}'} = \alpha \boldsymbol{g}$，$\overrightarrow{\mathrm{PP}'} = \beta \boldsymbol{F}$ と書ける．

$\boldsymbol{r}' = \overrightarrow{\mathrm{O}'\mathrm{P}'} = \overrightarrow{\mathrm{OP}} + \overrightarrow{\mathrm{PP}'} - \overrightarrow{\mathrm{OO}'} = \boldsymbol{r} + \beta\boldsymbol{F} - \alpha\boldsymbol{g}$．$|\boldsymbol{g}\ \ \boldsymbol{r}'\ \ \boldsymbol{F}| = |\boldsymbol{g}\ \ \boldsymbol{r} + \beta\boldsymbol{F} - \alpha\boldsymbol{g}\ \ \boldsymbol{F}| = |\boldsymbol{g}\ \ \boldsymbol{r}\ \ \boldsymbol{F}|$　(2)　(1) により O, P が g と l の最短の位置にあるようにとる．$\boldsymbol{r} = \overrightarrow{\mathrm{OP}}$ は g, l の双方に垂直である．$M_g = |\boldsymbol{g}\ \ \boldsymbol{r}\ \ \boldsymbol{F}| = (\boldsymbol{g} \times \boldsymbol{r}) \cdot \boldsymbol{F}$ と表されるが，$\boldsymbol{g} \times \boldsymbol{r}$ は $\boldsymbol{g}$ と $\boldsymbol{r}$ に垂直で大きさが h である．$\boldsymbol{F}$ の $\boldsymbol{g} \times \boldsymbol{r}$ 上への正射影は $\boldsymbol{F}'$ と一致する．したがって $(\boldsymbol{g} \times \boldsymbol{r}) \cdot \boldsymbol{F} = h|\boldsymbol{F}'|$

2.1　$\boldsymbol{a}' = (2t,\ 2,\ 1)$,　$\boldsymbol{b}' = (1,\ 1,\ 1)$,　$|\boldsymbol{a}'| = \sqrt{4t^2+5}$,　$|\boldsymbol{b}'| = \sqrt{3}$,
$(\boldsymbol{a} \cdot \boldsymbol{b})' = 3t^2 + 6t - 5$,　$(\boldsymbol{a} \times \boldsymbol{b})' = (2t+3,\ -3t^2-2t,\ 3t^2-8t+3)$

2.2　(1)　$\boldsymbol{a}' = (-3\sin t,\ 3\cos t,\ 4)$, $|\boldsymbol{a}'| = 5$, $\boldsymbol{a}'' = (-3\cos t,\ -3\sin t,\ 0)$, $|\boldsymbol{a}''| = 3$

(2)　$\boldsymbol{a}' = (e^t,\ -e^{-t},\ 2)$,　$|\boldsymbol{a}'| = (e^{2t} + e^{-2t} + 4)^{1/2}$
$\boldsymbol{a}'' = (e^t,\ e^{-t},\ 0)$,　$|\boldsymbol{a}''| = (e^{2t} + e^{-2t})^{1/2}$

3.1　(1)　$s = t + \dfrac{2}{3}t^3$, $\boldsymbol{t} = \dfrac{1}{1+2t^2}(1,\ 2t,\ 2t^2)$, $\boldsymbol{n} = \dfrac{1}{1+2t^2}(-2t,\ 1-2t^2,\ 2t)$,

$$\boldsymbol{b} = \frac{1}{1+2t^2}(2t^2,\ -2t,\ 1), \quad \kappa = \frac{2}{(1+2t^2)^2}, \quad \tau = \frac{2}{(1+2t^2)^2}$$

(2)　$s = t, \quad \boldsymbol{t} = \frac{1}{t^2+1}(1,\ \sqrt{2}t,\ t^2), \quad \boldsymbol{n} = \frac{1}{t^2+1}(-\sqrt{2}t,\ 1-t^2,\ \sqrt{2}t),$

$$\boldsymbol{b} = \frac{1}{t^2+1}(t^2,\ -\sqrt{2}\,t,\ 1), \quad \kappa = \frac{\sqrt{2}}{t^2+1}, \quad \tau = \frac{\sqrt{2}}{t^2+1}$$

3.2　$\boldsymbol{v} = (t+1,\ t-1,\ 2\sqrt{t}),\ \boldsymbol{a} = \left(1,\ 1,\ \frac{1}{\sqrt{t}}\right),\ a_t = \sqrt{2},\ a_n = \frac{1}{\sqrt{t}},$

$\boldsymbol{a} = \sqrt{2}\boldsymbol{t} + \frac{1}{\sqrt{t}}\boldsymbol{n}$

3.3　中心力は $\boldsymbol{F} = f(\mathrm{P})\boldsymbol{r}$ と表される．$f(\mathrm{P})$ は点 P の関数．運動方程式は，$m\dot{\boldsymbol{v}} = f(\mathrm{P})\boldsymbol{r}$. $\dot{\boldsymbol{v}} \parallel \boldsymbol{r}$. $(\boldsymbol{r}\times\boldsymbol{v})^{\cdot} = \dot{\boldsymbol{r}}\times\dot{\boldsymbol{r}} + \boldsymbol{r}\times\dot{\boldsymbol{v}} = \boldsymbol{0}$. ゆえに $\boldsymbol{r}\times\boldsymbol{v}$ は定ベクトル．$\boldsymbol{r}$ は点 O を通り定ベクトルに垂直であるから定平面上にある．

4.1　原点 (0, 0) が特異点，図略　(1)　$y = Cx^2$（C は任意定数），原点をから出る放物線　(2)　$x^2 + y^2 = C$（C は任意定数），原点を中心とする同心円

4.2　(1)　平行な平面族，$\nabla f = (1,\ 2,\ -2)$, $\boldsymbol{n} = \frac{1}{3}(1,\ 2,\ -2)$　(2)　原点を中心とする同心球面，$\nabla f = (2x,\ 2y,\ 2z)$, $\boldsymbol{n} = \frac{1}{k}(x,\ y,\ z)$（$k$ は球の半径）

4.3　証明略

4.4　(1)　$\nabla\cdot\boldsymbol{a} = 6xy^2z + 2x^3z$, $\nabla\times\boldsymbol{a} = \boldsymbol{0}$, $\Delta\boldsymbol{a} = 6\left(y^2z + x^2z,\ 2xyz,\ xy^2 + \frac{x^3}{3}\right)$
$f = x^3y^2z + C$（C は任意定数）　(2)　$\nabla\cdot\boldsymbol{a} = -2x\sin y\cos z$,　$\nabla\times\boldsymbol{a} = \boldsymbol{0}$, $\Delta\boldsymbol{a} = 2(-\sin y\cos z,\ -x\cos y\cos z,\ x\sin y\sin z)$,　$f = x\sin y\cos z + C$（C は任意定数）

4.5　(1)　$\frac{\boldsymbol{r}}{r}$　(2)　$\boldsymbol{0}$　(3)　0　(4)　$\frac{1}{r^2}$

4.6　証明略［運動方程式は $m\ddot{\boldsymbol{r}} = -m\boldsymbol{g} - k\boldsymbol{r}$］

5.1　(1)　$\frac{1}{3}$　(2)　$\frac{1}{3}(\pi^3 - 2)$

5.2　$U = -x^2y + 2xyz + z + C$（C は任意定数）

6.1　(1)　$\boldsymbol{n} = \frac{1}{\sqrt{1+a^2}}(\cos u,\ \sin u,\ a)$, $g_{11} = a^2v^2$, $g_{12} = 0$, $g_{22} = 1 + a^2$

$dS = a\sqrt{1+a^2}\,v\,du\,dv, \quad S = \pi a\sqrt{1+a^2}h^2$

(2)　$\boldsymbol{n} = (\cos u\cos v,\ \sin u\cos v,\ \sin v)$, $g_{11} = (b + a\cos v)^2$, $g_{12} = 0$, $g_{22} = a^2$, $dS = a(b + a\cos v)\,du\,dv$, $S = 4\pi^2ab$

6.2　(1)　$-\dfrac{8}{3}$　　(2)　4π

7.1　面積分と線積分の値　(1)　$\dfrac{1}{2}$　　(2)　2π

7.2　体積分と面積分の値　(1)　$\dfrac{11}{6}$　　(2)　π

演習問題　**4**　(171 ページ)

1.　(1)　$\boldsymbol{a}' /\!/ \boldsymbol{a}$ であるから，$\boldsymbol{a}' = f(t)\boldsymbol{a}$ と書ける．成分で表すと $a_i' = f(t)a_i$ $(i = 1, 2, 3)$. これを a_i について解くと $a_i = g(t)c_i$, (c_iは積分定数) の形に表される．$\boldsymbol{c} = (c_1,\ c_2,\ c_3)$ として $\boldsymbol{a} = g(t)\boldsymbol{c}$

(2)　定理 [1.3] (2) を用いると $(\boldsymbol{a}\times\boldsymbol{a}')\times(\boldsymbol{a}\times\boldsymbol{a}')' = (\boldsymbol{a}\times\boldsymbol{a}')\times(\boldsymbol{a}'\times\boldsymbol{a}'+\boldsymbol{a}\times\boldsymbol{a}'')$
$= (\boldsymbol{a}\times\boldsymbol{a}')\times(\boldsymbol{a}\times\boldsymbol{a}'') = \{(\boldsymbol{a}\times\boldsymbol{a}')\cdot\boldsymbol{a}''\}\boldsymbol{a} - \{(\boldsymbol{a}\times\boldsymbol{a}')\cdot\boldsymbol{a}\}\boldsymbol{a}''$
$= |\,\boldsymbol{a}\ \ \boldsymbol{a}'\ \ \boldsymbol{a}''\,|\boldsymbol{a} - |\,\boldsymbol{a}\ \ \boldsymbol{a}'\ \ \boldsymbol{a})\,|\boldsymbol{a}'' = \boldsymbol{0}$. (1) により $\boldsymbol{a}\times\boldsymbol{a}'$ は定方向

2.　(1)　$s = \sqrt{2}\left(t + \dfrac{t^3}{3}\right),\quad \boldsymbol{t} = \dfrac{1}{\sqrt{2}(1+t^2)}(1-t^2,\ 2t,\ 1+t^2),$

$\boldsymbol{n} = \dfrac{1}{1+t^2}(-2t, 1-t^2,\ 0),\ \boldsymbol{b} = \dfrac{1}{\sqrt{2}(t^2+1)}(t^2-1,\ -2t,\ 1+t^2),$

$\kappa = \dfrac{1}{(1+t^2)^2},\quad \tau = \dfrac{1}{(1+t^2)^2}$

(2)　$s = 4\sqrt{2}t,\quad \boldsymbol{t} = \dfrac{1}{\sqrt{2}}(\sqrt{1-t^2},\ t,\ 1),\quad \boldsymbol{n} = (-t, \sqrt{1-t^2},\ 0)$

$\boldsymbol{b} = \dfrac{1}{\sqrt{2}}(-\sqrt{1-t^2},\ -t,\ 1),\quad \kappa = \dfrac{1}{(1+t^?)^?},\quad \tau = \dfrac{1}{(1+t^?)^?}$

3.　$a_t = c\dfrac{d^2\theta}{dt^2},\quad a_n = c\left(\dfrac{d\theta}{dt}\right)^2$

4.　証明略 [(1)　$2\boldsymbol{r}\cdot d\boldsymbol{r} = d|\,\boldsymbol{r}|^2$　(2)　$\boldsymbol{t}\cdot d\boldsymbol{r} = \boldsymbol{t}\cdot\boldsymbol{t}ds = ds$]

5.　(1)　18π　　(2)　π　　(3)　-3

6.　(1)　$\dfrac{4}{3}\pi$　　(2)　16　　(3)　$\dfrac{1}{2}$

付　録　(177 ページ)

1.　(1)　$-\dfrac{1}{4}$　　(2)　0　　(3)　$\dfrac{3}{8}\pi$

2.　(1)　$\dfrac{\pi}{4}$　　(2)　$-\dfrac{\pi}{2}$

索　　引

あ　行

位置エネルギー (potential energy) 152
1次 (分数) 関数 (linear (fracticnal) function) 89
1のべき根 (power root of 1) 86
移動法則 (law of shifting) 9
インディシャル応答 (indicial response) 29
インパルス応答 (impulse response) 28
インピーダンス (inpedance) 27
渦なし (irrotational) 150, 156
運動エネルギー (kinetic energy) 152
運動方程式 (equation of motion) 145
運動量 (momentum) 144
n 乗根 (the n-th power root) 86, 94
円円対応 (circular correspondence) 91
円弧三角形 (circular triangle) 91
オイラーの公式 (Euler's formula) 87
応答関数 (response function) 28
重み関数 (weight function) 28

か　行

外　積 (outer product) 131
解析関数 (analytic function) 98
回　転 (rotation) 90
　ベクトルの —— (—— of vector) 150
外　力 (driving force) 28
ガウスの発散定理 (Gauss' divergence theorem) 167
ガウス平面 (Gaussian plane) 84
角運動量 (angular momentum) 145
拡散方程式 (diffusion equation) 38
重ね合せの原理 (principle of superposition) 67
加速度ベクトル (acceleration vector) 143
ガンマ関数 (gamma function) 3
ギッブス現象 (Gibbs' phenomenon) 50
軌　道 (orbit) 143
基本量 (fundamental quantities) 158
逆三角関数 (inverse trigonometric functions) 97
境　界 (boundary) 161
境界値問題 (boundary value problem) 31, 35, 66
共役複素数 (conjugate complex number) 85
極 (pole) 118
極形式 (polar form) 85
極限値 (limit value) 97
曲線弧の長さ (arc length) 137
曲線座標 (curvilinear coordinates) 157
曲　率 (curvature) 139, 141
虚　軸 (imaginary axis) 84
虚数部分 (imaginary part) 84
区分的に滑らか (piecewisely smooth) 50, 173
区分的に連続 (piecewisely continuous) 2, 50
グリーンの定理 (Green's theorem) 174
原関数 (primitive function) 2
原始関数 (primitive function) 110
原始ベクトル関数 (primitive vector function) 136
合成積 (convolution) 16
合成法則 (law of convolution) 17, 21
勾　配 (gradient) 147, 149
項別積分 (termwise integration) 61, 114
項別微分 (termwise differentiation) 63, 114
コーシーの積分定理 (Cauchy's integral theorem) 106
コーシーの積分表示 (Cauchy's integral expression) 110
コーシー・リーマンの微分方程式 (Cauchy-

Riemann's differential equation) 99
弧長媒介変数 (arc length) 105, 138
固有関数 (characteristic function) 32
固有値 (characteristic value) 32
孤立特異点 (isolated singularity) 118

さ 行

座標曲線 (coordinate curves) 157
作用線 (line of action) 133
三角関数 (trigonometric functions) 5, 23, 93, 172
三重積 (triple product) 132
指数関数 (cxponcntial function) 92
実関数 (real function) 87
実 軸 (real axis) 84
実数形 (real) 55
実積分 (real integral) 103, 121
実数部分 (real part) 84
写 像 (mapping) 89
収束円 (convergence circe) 113
収束半径 (convergenc radius) 113
従法線 (binormal) 139
出 力 (output) 28
主法線 (principal normal) 139
衝撃関数 (impulsive function) 6
常ら線 (helix) 142
初期条件 (initial condition) 24, 35, 64
初期値問題 (initial value problem) 24, 35, 64
除去可能特異点 (removable singularity) 118
伸 縮 (dilatation) 90
真性特異点 (essential singularity) 118
垂 直 (perpendicular) 130, 134
スカラー場 (scalar field) 145
スカラー・ポテンシャル (scalar potential) 152
ストークスの定理 (Stokes' theorem) 166
整級数 (power series) 112
正射影 (orthogonal projection) 131
正則関数 (regular function) 98
正の向き (positive direction) 106, 174
積分公式 (integral formula) 164
積分定理 (integral theorem) 106
積分法則 (law of integral) 15
積分路 (path of integration) 103, 174
接触平面 (osculating plane) 139
接線成分 (tangential component) 144
接線ベクトル (tangent vector) 137
絶対収束 (absolute convergence) 116
絶対値 (absolute value) 84
接平面 (tangent plane) 158
線形微分方程式 (linear differential equation) 26
線形法則 (law of linearity) 7
線積分 (line integral) 102, 153, 174
線 素 (line element) 138
　曲面の—— (—— of surface) 159
像 (image) 89
　——関数 (—— function) 2
　——の移動法則 (law of shifting of ——) 12
　——の積分法則 (law of integral of ——) 16
　——の微分法則 (law of differential of ——) 14
　——方程式 (—— equation) 25
双曲線関数 (hyperbolic functions) 5, 94, 172
線形微分方程式 (linear differential equation) 26
相似法則 (law of similitude) 8
速度ベクトル (velocity vector) 143
速度モーメント (moment of velocity) 145

た 行

対数関数 (logarithmic function) 95
体積分 (cubic integral) 162
単位インパルス (unit impulse) 28
単位広答 (unit response) 29

単位関数 (unit function) 3
単位従法線ベクトル (unit binormal vector) 139
単位主法線ベクトル (unit principal normal vector) 139
単位接線ベクトル (unit tangent vector) 138
単一閉曲線 (simple closed curve) 106, 174
単位ベクトル (unit vector) 130
——関数 (—— function) 133
単位法線ベクトル (unit normal vector) 132, 149, 158
単連結 (simply connected) 109, 168
調和関数 (harmonic function) 39, 102, 150
直　交 (orthogonal) 89, 134
定傾曲線 (helix) 142
テイラー展開 (Taylor's expansion) 115
ディリクレ問題 (Dirichlet prohlem) 75
円領域の—— (—— in circular domain) 78
デュアメルの合成定理 (Duhamel's theorem of convolution) 28
デルタ関数 (delta function) 6
伝達関数 (transfer function) 28
等位面 (level surface) 148
導関数 (derivative) 98
特異点 (singularity, singular point) 118
曲線の—— (—— of curve) 137
曲面の—— (—— of surface) 157
流線の—— (—— of flow) 146
特殊解 (special solution) 24
特性関数 (characteristic function) 27
特性方程式 (characteristic equation) 27
ド・モアブルの定理 (de Moivre's theorem) 85

な　行

内　積 (inner product) 130
長　さ (length) 137
滑らか (smooth) 137, 173
入　力 (input) 28
熱拡散率 (thermal diffusivity) 38
熱伝導方程式 (conductional equation of heat) 38, 72
ノイマン問題 (Neumann problem) 75

は　行

媒介変数 (parameter) 157
パーセヴァルの等式 (Parseval's equality) 64
発　散 (divergence) 149
波動公式 (wave formula) 65
波動方程式 (wave equation) 36, 65
ハミルトンの微分演算子 (Hamilton's differential operator) 147
微分可能 (differentiable) 98, 137
微分係数 (differential coeffcient) 98
微分法則 (law of differential) 13
微分方程式 (differential equation) 24
複素形フーリエ級数 (complex Fourier series) 55
複素積分 (complex integral) 102
複素数平面 (complex plane) 84
複素(変数)関数 (complex (variable) function) 87
負べき級数 (negative power series) 114
フーリエ級数 (Fourier series) 44
フーリエ係数 (Fourier coefficient) 46
フーリエ正弦･余弦係数 (Fourier sine/cosine coefficient) 46
フーリエ正弦･余弦展開 (Fourier sine/cosine expansion) 52
フーリエ展開 (Fourier expansion) 46
フルネー・セレーの公式 (Frenet-Serret's formula) 139
分岐・分枝 (branch) 95
閉曲線 (closed curve) 106, 174
閉曲面 (closed surface) 161
平行移動 (translation) 90

平面曲線 (plane curve) 141
べき級数 (power series) 112
ベクトル関数 (vector function) 133
ベクトル積 (vector product) 131
ベクトル導関数 (vector derivative) 134
ベクトル場 (vector field) 145
ベクトル方程式 (vector equation)
曲線の—— (—— of curve) 137
曲面の—— (—— of surface) 157
直線の—— (—— of straight line) 132
ベクトル・ポテンシャル (vector potential) 152
偏角 (argument) 84
変数分離解 (soltion of seperated variables) 68
偏微分方程式 (partial differential equation) 35
方向の微分係数 (differential coeffcient of direction) 148
方向ベクトル (direction vector) 132
法 線 (normal) 158
——成分 (—— component) 144
——ベクトル (—— vector) 132
法平面 (normal plane) 139
保存力場 (conservation force field) 152
ポテンシャル (potential) 152, 155, 168

ま 行

マクローリン展開 (Maclaurin's expansion) 115
無限遠点 (infinite point) 90
面 積 (area) 159
——素 (—— element) 159
——速度ベクトル (—— velocity vector) 145
曲面の—— (—— of surface) 159
平行四辺形の—— (—— of parallelogram) 131
面積分 (surfacc integral) 161
モーメント (moment) 133, 145

や 行

有向曲線 (oriented curve) 173
有向曲面 (oriented surface) 161
有向平面 (oriented plane) 132

ら 行

ラプラシアン (Laplacian) 39, 102, 150
ラプラス逆変換 (inverse Laplace transform) 18
ラプラス変換 (Laplace transform) 2
ラプラス方程式 (Laplace equation) 39, 75, 102, 150
極座標における—— (—— in polar coordinates) 79
留 数 (residue) 118
——定理 (—— theorem) 119
流 線 (flow) 146
累乗根 (roots of the powers) 94
捩 率 (torsion) 139, 141
連 続 (continuous) 98
連続的変形可能 (cotinuously deformable) 168
連立微分方程式 (simultaneous differential equation) 30
ローラン展開 (Laurant's expansion) 116

わ 行

湧き出しなし (solenoidal) 149

著 者 紹 介

田代嘉宏（たしろ・よしひろ）

岡山大学名誉教授

広島大学名誉教授

理学博士

工科の数学
応用解析

2002年4月15日　第1版第1刷発行
2024年4月5日　第1版第8刷発行

著　者　田代嘉宏
発行者　森北博巳
発行所　**森北出版株式会社**
東京都千代田区富士見1-4-11（〒102-0071）
電話 03-3265-8341／FAX 03-3264-8709
https://www.morikita.co.jp/
日本書籍出版協会・自然科学書協会　会員

印刷/太洋社・製本/協栄製本

Printed in Japan／ISBN978-4-627-04951-2